Wiebke Lüth

Kunden lesen

Wie Sie in drei Sekunden wissen,
wie Ihr Gegenüber tickt

REDLINE | VERLAG

Bibliografische Information der Deutschen Nationalbibliothek:
Die Deutsche Nationalbibliothek verzeichnet diese Publikation in der Deutschen National-
bibliografie; detaillierte bibliografische Daten sind im Internet über **http://d-nb.de** abrufbar.

Für Fragen und Anregungen:
lueth@redline-verlag.de

1. Auflage 2012

© 2012 by Redline Verlag, ein Imprint der Münchner Verlagsgruppe GmbH,
Nymphenburger Straße 86
D-80636 München
Tel.: 089 651285-0
Fax: 089 652096

Redaktion: Ulrike Kroneck, Melle-Buer
Umschlagabbildung: iStockphoto.com
Satz: Georg Stadler, München
Druck: Konrad Triltsch GmbH, Ochsenfurt
Printed in Germany

ISBN Print 978-3-86881-345-6
ISBN E-Book (PDF) 978-3-86414-291-8

Weitere Informationen zum Verlag finden sie unter

www.redline-verlag.de

Beachten Sie auch unsere weiteren Imprints unter
www.muenchner-verlagsgruppe.de

Inhalt

Vorwort

Vielen Dank, dass Sie dieses Buch gekauft haben oder sich haben schenken lassen. Seit vielen Jahren bitten mich die Teilnehmer meiner Face Communication Seminare, dass ich dieses Buch schreibe. Und so bin ich sehr glücklich, dass Sie heute dieses Werk in Ihren Händen halten. Es ist das Ergebnis jahrelanger Recherche, intensiver Beobachtungen und Anwendung. Und genau hier liegt für mich der Hauptfokus: Ich wollte ein Buch schreiben, das absolut alltagstauglich ist. Keine Faktensammlung für Theoretiker, sondern ein Werkzeug mit konkretem Nutzen.

Gleichzeitig war mein Wunsch, dass sich in diesem Buch jeder Leser auch selbst wiederfindet. Schließlich haben wir alle ein Gesicht, und Face Communication ist für mich vor allem auch eine Möglichkeit, dass Menschen sich selbst besser kennenlernen. Viele Teilnehmer berichten mir, dass sie sich und andere noch nie so gut verstanden haben wie während und nach den Seminartagen. Und ich erlebe es immer wieder, wie hierbei ein großartiger Wandel stattfindet: Das Wissen um ihre eigenen Stärken und den Vorteil jeder einzelnen Gesichtsstruktur hilft den Menschen sichtlich dabei, sich selbst so anzunehmen, wie sie sind.

Ich selbst bin von Face Communication absolut begeistert, das werden Sie sicherlich beim Lesen dieses Buches merken. Denn ich habe in Tausenden Fällen dieses Wissen überprüft und im Alltag finde ich an jedem einzelnen Tag heraus, dass es wirklich wahr ist: Bestimmte Gesichtsstrukturen sind verlässliche Hinweise darauf, wie ein Mensch sich verhält.

Als ich vor vielen Jahren zum ersten Mal mit diesem Wissen in Berührung kam, habe ich mir zunächst einige wenige Freunde, Bekannte und Verwandte herausgesucht, von denen ich wusste, wie ihre Gesichter aussehen und was ihre hervorstechenden Merkmale sind. Das ist ein wichtiger Tipp, den ich Ihnen für das Lesen dieses Buches mit auf den Weg geben möchte: Suchen Sie sich am besten für jede Struktur ein oder zwei Menschen, die Sie gut kennen und bei denen Sie sicher sind, dass sie dieses Gesichtsmerkmal haben. Denn dann werden Sie nach kurzer Zeit ebenso erstaunt wie begeistert feststellen, auf welchen Schatz Sie gestoßen sind.

Das Ziel meiner Arbeit ist es, an jedem einzelnen Tag dafür zu sorgen, dass Menschen mit sich selbst und anderen liebevoller umgehen. Und so möchte ich auch dieses Buch verstanden wissen, selbst wenn es sich um einen Ratgeber für den Businessbereich handelt. Ich bin fest davon überzeugt, dass die Verkäufer am besten sind, die sich wirklich für ihre Kunden interessieren und denen es ein echtes Anliegen ist, den Kunden optimal zu beraten und ihm das beste Produkt oder die genau richtige Dienstleistung mit Freude zu verkaufen. Wenn Sie das von mir hier wiedergegebene Wissen und die vielen Beschreibungen alltäglicher Verkaufssituationen in diesem Sinne nutzen, bin ich sicher, dass Sie noch viel erfolgreicher sein werden als bisher. Wenn wir sozusagen gemeinsam dazu beitragen, dass diese Welt ein noch schönerer, freundlicherer und positiverer Ort wird, habe ich mein Ziel erreicht.

Dieses Buch wäre nicht denkbar ohne das Feedback Tausender Teilnehmer, die sich im Laufe der Jahre für Face Communication interessiert und begeistert haben. Ihnen gebührt an dieser Stelle mein ganz besonderer Dank. Ebenso dankbar bin ich dem Team der Agentur Gorus, das mich in jeder Phase der Bucherstellung nach Kräften unterstützt hat. Dem Redline-Verlag danke ich für die Bereitschaft, sich als herausragender Wirtschafts-Verlag diesem Thema zu öffnen und es so einem breiten Publikum zugänglich zu machen. Fabelhaft fand ich die Zusammenarbeit mit Eva Schuch, der Zeichnerin. Sie hat sich voller Elan und mit großer Neugierde daran gemacht, die Gesichtsmerkmale zu verstehen, um sie dann zeichnerisch darzustellen, bis ich zufrieden war.

Ich bin außerdem sehr glücklich, dass meine Familie mich immer tatkräftig unterstützt. Ganz besonders danken möchte ich meinem geliebten Mann Marc, ohne den dieses Buch nicht erschienen wäre. Auch unseren Kindern Helen, Robin, Delia und Jenny gebührt mein herzlicher Dank, denn sie haben sich immer gerne zur Verfügung gestellt, wenn ich sie zur Überprüfung ihre Gesichtsstrukturen genau analysiert habe.

Nun wünsche ich Ihnen viel Freude beim Lesen und mindestens genauso viele Aha-Effekte, wie ich sie im Laufe der Jahre immer wieder selbst gehabt habe und weiterhin habe. Genießen Sie das neue Verständnis für sich selbst und Ihr Gegenüber.

Wiebke Lüth

Tutzing am Starnberger See, Juli 2012

Einleitung: Auf einen Blick

Treffpunkt am Grill, eine ganz normale Gartenparty: Ein laues Lüftchen weht, die Glühwürmchen tanzen am nahen Waldrand um die Gunst der Weibchen und auf dem Grill werden Steaks, Würstchen und frisches Gemüse für den Verzehr vorbereitet. Drum herum zwanzig gut gelaunte Partygäste, die sich fröhlich unterhalten. In dieser Situation macht sich Joachim an Petra ran, die etwas abseits steht. Doch das ist ihr viel zu forsch. Sie weicht zurück, zieht die Augenbrauen noch höher und deutet damit ganz klar an: Halt Abstand!

Dort drüben stehen Bert und Patrick und fachsimpeln über Fußball: »Quatsch, das schafft die Borussia niemals, die Bayern plattzumachen«, prahlt Bayernfan Bert. Da stellt Patrick erst mal den Kragen seines Pullovers hoch und kontert ganz souverän: »Das werden wir mal ganz entspannt abwarten, du wirst schon sehen.«

Ganz angeregt plaudern dagegen Monika und Klaus: »Oh ja, eine Dschungeltour durch Peru, das wollte ich immer schon mal machen«, zeigt sich die Steuerberaterin von der Abenteuerlust des Managers beeindruckt. Sie hat sich an diesem Abend die Wangenknochen mit Rouge auffällig rot geschminkt, was Klaus auch gleich ins Auge fiel, als er zur Party kam. Er schätzt es sehr, wenn Frauen ihr Aussehen verwegen betonen.

Ein wenig unglücklich wirkt der schmallippige Alex, der mit Horst zusammen den Dienst am Grill übernommen hat. Denn Horst trägt an diesem Abend mal wieder das Herz auf den Lippen, er kommt von Hölzchen auf Stöckchen und textet Alex im wahrsten Sinne des Wortes zu. Der Redeschwall scheint nicht zu enden, und das Grillgut ist noch lange nicht fertig. Dabei reiht sich ein Thema ans andere. Horst kommt von der detaillierten Beschreibung seines Mallorca-Urlaubs über das ach so spannende Erlebnis beim Sommerreifenwechsel zum frischen Geschmack selbst gezüchteter Tomaten.

Schräg gegenüber stehen Clarissa und Christoph. Die Aerobic-Trainerin klebt förmlich an seinen Lippen, während der gut gebaute Mathelehrer von seinem allmorgendlichen Fitness-Programm erzählt: »Weißt du, ich mache zuerst 80 Klimmzüge für Deutschland und zähle dabei alle Städte mit über 100.000 Einwohnern auf, anschließend folgen 400 Sit-ups und meist bleibt dann noch die Zeit für 60 bis 70 einhändige Liegestützen – je nach Tagesform.« »Was für eine Disziplin«, denkt sich die 32-Jährige, »und kein Wunder bei so einem energischen Kinn.«

Dem Gesicht auf der Spur

Was sich hier abspielt, beginnt wie ein spannender Abenteuerroman – zumindest für jemanden, der sich mit Gesichtsstrukturen und den damit verbundenen Verhaltensweisen auskennt. Denn so wie Winnetou in den Spuren liest, lassen sich auch Gesichter anderer Menschen lesen. Was sagen die breiten Nasenflügel und was bedeutet es, wenn ein Mensch eng zusammenstehende Augen hat? Ist es wirklich ein Unterschied, ob die Augenlider gut sichtbar sind, und wie gerade oder schräg die Stirn ist?

Wo uns in alltäglichen Situationen Intuition und Sprichwörter einen ersten Hinweis geben, lässt sich mit ein bisschen Know-how und Übung eine echte Schatzkammer entdecken. Nehmen Sie die Fährte auf und folgen Sie der frischen Spur!

Entschlüsseln Sie die Symbole

Wie gut können Sie sich noch an die Zeit erinnern, als Sie nicht einmal eine Idee hatten, was Buchstaben bedeuten? Sie konnten damals schon reden, haben Sprache wie selbstverständlich angewandt, aber Lesen konnten Sie noch lange nicht. Bücher waren ein Rätsel – es sei denn, es waren Bilderbücher. Wie viel Faszination muss es damals auf Sie ausgeübt haben, wenn Ihre Eltern oder jemand anders gemeinsam mit Ihnen ein Märchenbuch zur Hand nahm und den seltsamen Symbolen auf erstaunliche Weise Leben einhauchte.

Vermutlich erging es Ihnen damals wie den meisten Menschen: Sie wollten selbst dieses unglaublich großartige Können erwerben, die Symbole entschlüsseln und Buchstaben und Wörter lesen und verstehen können. Denn was ließe sich damit alles entdecken!

Der Kunde – das rätselhafte Wesen

Heute arbeiten Sie als Verkäufer, oder Sie haben als Experte eines bestimmten Fachgebiets oder als Manager häufig mit Kunden zu tun. Vielleicht haben Sie manchmal im Umgang mit anderen Menschen ein ähnliches Gefühl wie damals, als Sie lesen lernten. Sie verstehen zwar, dass diese unterschiedlich reagieren, aber Sie wüssten gerne, ob Sie vorher einschätzen können, wie sich der Kunde später im Verkaufsgespräch verhält. Mit Menschenkenntnis allein ist es nicht getan. Und auch die Devise »Grundsätzlich erst einmal abwarten«, hilft Ihnen nicht weiter.

Denn hier ist dieser Kunde, der sehr interessiert an dem Produkt erscheint, Fragen stellt und sich auch der Informationsbroschüre mit großer Intensität widmet. Plötzlich zögert er jedoch beim Abschluss und verlässt den Laden mit einem »Ich überleg mir das noch mal.« Kurze Zeit später kommt ein anderer Kunde ins Geschäft. Dieser kauft ungesehen das erstbeste Produkt, das Sie ihm als Verkäufer empfehlen – keine Nachfrage, kein Katalog. Ja, manchmal geht es sogar so schnell, dass Sie den Kunden kaum richtig begrüßen können.

Es wäre am einfachsten, wenn Sie den Kunden fragen könnten, was er gerne hätte: »Sagen Sie mal, sind Sie eigentlich 'ne Plaudertasche?«, »Soll ich Ihnen emotional oder eher sachlich verkaufen?« oder sogar: »Sind Sie ein roter, grüner oder ein blauer Typ? Falls Sie sich in diesem Schema nicht auskennen, habe ich hier einen kurzen Fragebogen vorbereitet, den

Sie bitte ausfüllen, damit ich Sie solide zuordnen und dann richtig bedienen kann.« – Doch all diese Fragen können Sie dem Kunden nicht allen Ernstes stellen.

Viele Verkäufer helfen sich derweil, indem sie ein buntes Gemisch aus persönlichen Vorlieben und verschiedenen Strategien bilden. Sie mischen einige Fakten zu dem Produkt mit ein paar Argumenten aus den Verkaufsunterlagen des Herstellers und runden dies mit einer kleinen persönlichen Anekdote ab. So haben diese Verkäufer das Gefühl, dass sie es jedem recht machen können. Im Alltag erweist sich diese Strategie als ungeeignet, weil sie alle Kunden über einen Kamm schert. Auch alle anderen standardisierten Tipps, wie »Reden Sie nur halb so viel wie Ihr Kunde« oder »Bleiben Sie immer möglichst sachlich« bringen Sie nicht bei jedem Kunden weiter. Passen Sie sich immer wieder an die einzelnen Kunden an und verkaufen Sie damit wirklich erfolgreich.

Werden Sie ein Menschenkenner

Als Verkäufer dürfen Sie ein Menschenkenner sein. Dieses Buch unterstützt Sie dabei, Ihre Fähigkeiten und Ihr Wissen in einzigartiger Weise zu erweitern. Sie erfahren, dass Sie ein Verkaufsgespräch planen können, ohne überhaupt mit dem Kunden ein Wort gewechselt zu haben. Sie lernen mit wenigen Blicken zu verstehen, wie Ihr Kunde angesprochen werden möchte und wie Sie ihn am besten zum Abschluss bringen. Sie werden ein Profi darin, augenblicklich zu verkaufen. Das mag sich für Sie jetzt noch wie ein Traum anhören, aber Sie lernen hier ein erprobtes Prinzip kennen, das sich im Alltag bewährt hat.

Mehr Kunden, mehr Umsatz, mehr Gewinn – die ultimative Erfolgsformel des Verkaufs. Gibt es da noch etwas, was wichtiger sein kann? Ich meine ja! Es stimmt, wir alle dürfen darauf achten, dass wir am Ende des Tages genug verdient haben, um gut zu leben und die Menschen zu unterstützen, die uns wertvoll sind. Doch dieses Buch würde am Ziel vorbeischießen, wenn es einfach nur auf ein bisschen mehr Profit ausgerichtet wäre. Vielmehr unterstützt es Sie dabei, Ihre Kunden von Anfang an besser zu verstehen, flexibler zu beraten und individuell passender zu betreuen. Dass Sie dadurch auch mehr Abschlüsse erzielen, ist eine erfreuliche »Nebenwirkung«.

Ihr Kunde ist die Nummer eins

Als Verkäufer stehen Sie unter Druck: Die Produkte müssen raus, Provisionen wollen verdient sein. Nicht zuletzt Ihr eigener Ehrgeiz mag ein Ansporn für Sie sein, immer schneller, immer mehr zu verkaufen. Doch halten Sie kurz inne. Hier lernen Sie keinen billigen Verkaufstrick oder die neueste Überrumpelungsmasche für die Drückerkolonne. Sie schaffen für sich ein neues Fundament für die Erfolge, die Sie in Zukunft haben werden.

Ihr Ziel ist es doch, Ihren Kunden in jeder Hinsicht optimal zu betreuen. Sie ermöglichen ihm ein herausragendes Einkaufserlebnis. Je besser Sie dabei werden, desto langfristigere Kundenbeziehungen bauen Sie auf und desto höher wird selbstverständlich auch Ihre Weiterempfehlungsquote. Das Verständnis füreinander schafft Freude und Freunde.

Face Communication – eine geheime Wissenschaft?

In diesem Buch werden Sie auf unterhaltsame und leicht zu erinnernde Weise erfahren, wie bestimmte Gesichtsmerkmale auf das Verhalten eines Kunden schließen lassen. Vielleicht klingt das für Sie noch seltsam, allerdings haben schon die alten Ägypter Face Communication genutzt, um Positionen in ihrer Hierarchie richtig zu besetzen. Dieses Wissen ist über die Jahrhunderte hinweg überliefert worden. Es war allerdings nicht sehr weit verbreitet, fast könnte man es als eine geheime Wissenschaft bezeichnen. In den vergangenen 150 Jahren tauchte das Thema dann immer wieder in verschiedenen Zusammenhängen auf und es wurde konsequenter erforscht. Heute beschäftigen sich Menschen auf dem ganzen Globus mit der Physiognomie, der Wissenschaft um die menschlichen Gesichtszüge. Es werden unterschiedliche Schwerpunkte gelegt und die Faszination des Themas sorgt dafür, dass dieses Wissen ständig erweitert und ergänzt wird.

Bei Face Communication geht es nicht um die Mimik oder die Haltung des Kopfes in bestimmten Gesprächssituationen. Im Mittelpunkt stehen überwiegend unveränderliche Gesichtsmerkmale und das damit in Verbindung stehende Verhalten. Es sind faszinierende Erkenntnisse, die vor Ihnen liegen, und die Erfahrung, die ich selbst immer wieder mache, ist: Menschen sind schlichtweg begeistert davon, dass jemand, der sie nicht einmal kennt, in ihrem Gesicht liest wie in einem Buch. Das ist das Geheimnis von Face Communication, und Sie sind auf dem besten Weg, dass es für Sie kein Geheimnis mehr bleibt.

Ein kurzer Rückblick

Von den Ägyptern ist überliefert, dass sie die Köpfe der Säuglinge gezielt formten, um bestimmte Merkmale hervorzuheben. Auch von den Maya ist dieses Vorgehen bekannt, und es existieren sogar Zeichnungen der entsprechenden Vorrichtungen. Gemeinsam ist beiden Kulturen, dass sie sich bemühten, ihren Nachkömmlingen möglichst ausgeprägte Hinterköpfe zu gestalten. Bei den Maya kam eine Vorliebe für eine möglichst schräge Stirn hinzu. Es sind nicht allzu viele Details darüber bekannt, warum dies als erstrebenswert galt. Viele Wissenschaftler vermuten, es handelte sich um Schönheitsideale, und es ist überliefert, dass der ausgeprägte Hinterkopf die Fähigkeit unterstützen sollte, Visionen zu entwickeln.

Es gab also schon vor Jahrtausenden ein Wissen darüber, dass es einen Zusammenhang zwischen der Kopfform und dem Verhalten eines Menschen gibt. So sollen zum Beispiel die Römer Feldherren mit sehr breiten Kiefern und einem ausgeprägten Kinn bevorzugt haben. Dies stand schon damals für große Autorität und Durchsetzungsfähigkeit, ein weiteres interessantes Beispiel dafür, wie Face Communication sich auch für die Wahl des passenden Berufs sehr gut einsetzen lässt. Auch wenn Sie Ihre Feldzüge nur im Business führen, profitieren Sie von diesen Erkenntnissen.

Sogar Präsident Lincoln ließ sich beraten

Eine Blütezeit erlebte die Lehre über die Gesichtsstrukturen und das damit in Zusammenhang stehende Verhalten des Menschen im 19. Jahrhundert. Alle Menschen, die etwas auf sich hielten, und in Europa oder Amerika lebten, nutzten damals das Wissen der Experten. Sogar der amerikanische Präsident Lincoln ließ sich und sein gesamtes Kabinett in Bezug auf Gesichtsstrukturen analysieren. Ende des 19. und Anfang des 20. Jahrhunderts machte sich der deutsche Carl Huter mit seinen Forschungsarbeiten zur Phrenologie einen Namen. Im 20. Jahrhundert waren es vor allem die Amerikaner, Elizabeth und Robert Whiteside sowie ihr Sohn Daniel Whiteside, die mit umfangreichen empirischen Forschungen und zahlreichen Veröffentlichungen die moderne Lehre um die Gesichtsstrukturen fortsetzten.

Face Communication bezieht sich auf genau festgelegte Gesichtsstrukturen, die bei den meisten Menschen ab dem Erwachsenenalter ein Leben lang gleich bleiben, Merkmale, die bei jedem Menschen in einzigartiger Weise ausgeprägt sind. Bedeutet das nun, dass ein bestimmtes Gesichtsmerkmal ein bestimmtes Verhalten zur Folge hat? Oder hat ein bestimmtes Verhalten zur Folge, dass jemand dieses Gesichtsmerkmal bekommt? In einer Ursache-Wirkungsrelation scheinen diese Dinge nicht zu stehen.

Was sich heute sagen lässt, ist, dass ein bestimmtes Verhalten signifikant häufig bei Menschen auftritt, die über die entsprechende Gesichtsstruktur verfügen. Umfangreiche empirische Forschungen ergeben hier Übereinstimmungen jenseits von 98 Prozent. Da ist es schon fast erstaunlich, dass dieses Wissen nicht zur Allgemeinbildung gehört. Und dennoch tut es das auf interessante Weise: Wir Menschen scheinen bestimmten Gesichtszügen ganz automatisch ein bestimmtes Verhalten zuzuordnen.

Selbst Walt Disney kannte sich aus

Wer sich intensiver mit Face Communication beschäftigt, findet überall Beweise dafür, dass dieses Wissen zumindest intuitiv über lange Zeit hinweg weitergegeben worden ist und auch heute noch ganz automatisch in verschiedenen Bereichen berücksichtigt wird. So werden einige Gesichtsstrukturen in Sprichwörtern und Redewendungen behandelt wie »schmallippig«, »engstirnig«, »energisches Kinn« oder »sein Herz auf den Lippen tragen«. Auch Comics und Zeichentrickfilme nehmen hierauf Bezug.

Denken Sie etwa an die hervorstehende Kinnpartie der Feldherren bei Asterix und Obelix oder an die Augenbrauen vieler dramatischer Darsteller in Walt Disneys Zeichentrickfilmen. Auch in Bezug auf die Gesichtsbreite und andere Merkmale, die Sie in diesem Buch kennenlernen, werden Sie in vielen Comics und Zeichentrickfilmen Parallelen finden. Ähnliches gilt auch für Theaterstücke und Spielfilme. Und einige Schauspieler bekommen nicht zuletzt aufgrund ihrer Gesichtsstrukturen immer wieder ähnliche Rollen.

Je intensiver Sie sich mit Face Communication beschäftigen, desto mehr Übereinstimmungen und Hinweise fallen Ihnen auf. Es ist wie das Eintauchen in eine neue Welt. So wie Sie als Kind irgendwann begonnen haben, erst Buchstaben, dann ganze Wörter, danach Sätze und schließlich ganze Bücher zu lesen, so werden Sie in diesem Buch Schritt für Schritt dahin geführt, im Gesicht anderer Menschen wie in einem Buch zu lesen.

Seien Sie bereit für Neues

Wenn Sie alles so weitermachen wie bisher, werden Sie keine anderen Ergebnisse erreichen – das ist wohl jedem klar. Doch wer neue Wege beschreitet, muss sich erst einmal an das eigenartige Gefühl gewöhnen, das das Neue vermittelt. Letztlich macht es das ja zu neuen Wegen. Es geht nicht darum, dass Sie als Verkäufer alles über Bord werfen, was Sie je gelernt haben, sondern um die Frage: Sind Sie aufgeschlossen und flexibel genug, etwas wirklich Neues, Aufregendes und fundamental anderes kennenzulernen und in Ihren Verkaufsalltag zu integrieren?

Sie hätten dieses Buch nicht gekauft oder zur Hand genommen, wenn Sie diese Frage mit nein beantworten würden. Im Gegenteil! Vermutlich freuen Sie sich sogar darauf, endlich frischen Wind in Ihren Alltag zu bringen, um damit einzigartig zu werden. Das Verlassen vorhandener Denkmuster und das Ausprobieren des Unbekannten waren schon immer die Schlüssel zum Erfolg.

In drei Sekunden zum Erfolg

In diesem Buch werden 15 verschiedene Gesichtsstrukturen vorgestellt. Diese folgen der Logik, dass wir bei der Beobachtung des Gesichts eines anderen Menschen oft eine ganz natürliche Reihenfolge einhalten. So schauen wir einem Gegenüber zunächst einmal in die Augen, dann geht der Blick über die Nase zum Mund und Kinn, und danach nehmen wir die Breite des Gesichts auf Höhe der Augen, Wangen und des Kiefers wahr. Damit verschaffen wir uns einen Überblick. In dieser Reihenfolge sind die Gesichtsstrukturen für Sie hier beschrieben.

Um die wichtigen Gesichtsmerkmale bei der Begrüßung eines Kunden sofort zu erfassen, genügen Ihnen drei Sekunden:

➤ **1. Sekunde:** Ihr erster Blick fällt auf die Augenpartie und Stirn.

➤ **2. Sekunde:** Jetzt wandern Ihre Augen weiter zu Nase und Mund.

➤ **3. Sekunde:** Zum Abschluss beobachten Sie die Wangenknochen, das Kinn und den Kiefer Ihres Kunden.

Das alles scheint nur auf den ersten Blick viel zu sein. Mit etwas Übung werden Sie immer schneller in der Beobachtung. Oft reicht es dann sogar, den Kunden nur einmal kurz anzuschauen und sich auf die zwei bis drei auffälligsten Merkmale zu konzentrieren, die Ihnen direkt ins Auge fallen. Und schon wissen Sie genau, wie dieser Käufer am liebsten von Ihnen bedient werden möchte.

Es bereitet sehr viel Freude, innerhalb des Verkaufsteams oder im privaten Umfeld mit anderen Menschen den gezielten Austausch über Gesichtsstrukturen zu suchen. Denn gemeinsam lässt sich noch viel schneller herausfinden, wie zutreffend die neuen Erkenntnisse sind.

Lernen Sie auch anders herum

Auf dem Weg, ein Kenner der Gesichtsstrukturen zu werden, können Sie auch genau anders herum vorgehen: Sie nutzen Verkaufsgespräche dafür, auf ein auffälliges Kommunikationsverhalten zu achten. Vielleicht fragt jemand extrem viel nach, oder ein anderer Kunde erzählt ausführlich von persönlichen Erlebnissen. Sie prüfen daraufhin, ob dieser Kunde auch die entsprechende Gesichtsstruktur hat. Das macht viel Spaß, denn es führt zu erstaunlichen Ergebnissen. »Der hat ja wirklich das Gesichtsmerkmal, das für dieses Verhalten steht«, werden Sie dann immer wieder feststellen.

Während des Lesens ist es außerdem hilfreich, wenn Sie sich einen Freund, Verwandten oder Bekannten vorstellen, bei dem das jeweilige Gesichtsmerkmal besonders stark ausgeprägt ist. Je besser Sie diesen Menschen und sein Verhalten kennen, desto leichter wird es Ihnen fallen, das in diesem Buch gezeigte Kommunikationsverhalten zu erkennen.

Achten Sie auf deutlich sichtbare Merkmale

Die Gesichtsmerkmale sind nicht bei jedem Menschen gleich deutlich ausgeprägt. In den folgenden Kapiteln lernen Sie jeweils die Extreme kennen. Das bedeutet nicht, dass diese Strukturen im Alltag nur in dieser extremen Ausprägung zu beobachten sind, aber indem Ihnen das Verhalten eines Menschen erklärt wird, bei denen die jeweilige Struktur sehr deutlich sichtbar ist, fällt es Ihnen im Alltag noch viel leichter, diese wiederzuerkennen.

Wenn Sie einen anderen Menschen beobachten, werden Sie feststellen, dass Ihnen sehr oft zwei oder drei besonders hervorstechende Merkmale auffallen. Dies sind in einem Verkaufsgespräch genau die Strukturen, die Sie am stärksten ansprechen bzw. auf die Sie am deutlichsten reagieren sollten. Das Besondere an Face Communication ist ja eben, dass es trotz der eindeutigen Kategorisierung der Merkmale eine unglaubliche Vielfalt möglicher Kombinationen gibt. Denn jeder Mensch ist einzigartig.

Folgende Frage können Sie sich immer wieder stellen, um auf dem richtigen Weg zu bleiben: »Welche Struktur spricht da gerade?« Mit ein wenig Übung wird es dann ganz leicht für Sie sein, in der jeweiligen Gesprächssituation genau richtig zu handeln.

Jeder Mensch hat nur Stärken

Besonders wichtig: Face Communication basiert auf dem Prinzip, dass die Verhaltensweisen eines Menschen völlig wertfrei gesehen werden.

Es geht es nicht darum, ein Schubladendenken zu unterstützen oder gar Menschen aufgrund ihrer Gesichtszüge abzuqualifizieren und bewusst auf mögliche Schwächen abzuzielen!

Face Communication kann und will nicht in Brauchbar und Unbrauchbar, Gut und Schlecht unterteilen, sondern Ihnen unzählige frische Möglichkeiten aufzeigen, wie Sie und Ihr Gegenüber besser miteinander umgehen können. Und das gerade dadurch, dass die jeweiligen Besonderheiten und unterschiedlichen Verhaltensweisen uneingeschränkte Wertschätzung erfahren. Das gilt natürlich insbesondere für Ihre Kunden. Mit dem Verständnis für die Person, die Ihnen gegenübersteht, kommt auch der Respekt. Von festgefahrenen Vorstellungen, liebgewonnenen Ausreden und steinalten Feindbildern können Sie sich also einfach verabschieden. Es gibt nur gute Kunden!

Werden Sie zum Meister

Der Vorteil für Sie als Face Communicator: Wenn eine Situation gut verläuft, können Sie die Gründe dafür erkennen und weitergeben. Glück ist kein Zufall mehr, sondern wird zur angenehmen Routine. Beim nächsten Mal sorgen Sie bereits verstärkt für die Zufriedenheit der Kunden – und für Ihre eigene natürlich auch: »Jetzt habe ich ja schon ganz viel richtig gemacht – und ich weiß auch warum!«

Mit der Meisterschaft in Sachen Face Communication sieht es ähnlich aus. Auch auf diesem Feld ist Übung der einzig wahre Weg zur Meisterschaft. Dieses Üben macht Spaß, schon in den ersten Situationen werden Sie erstaunliche Erfolgserlebnisse haben. Freuen Sie sich darauf!

Mehr als nur Verkaufen

Face Communication öffnet Ihnen die Augen – und weckt Ihre Neugier: Das gilt nicht nur für die nächste Begegnung im Geschäft oder am Beratungstisch, am Bankschalter, beim Autokauf, beim Schuhe-Shoppen oder im Business-Meeting –, sondern für buchstäblich jede Begegnung mit allen Menschen, mit denen Sie sonst noch zu tun haben. Vor allem auch dann, wenn Sie selbst Kunde sind und darauf achten, wie Ihr Verkäufer agiert.

Vorsicht Suchtgefahr

Mein Buch wird Ihnen Lust darauf machen, sich mit den Eigenheiten all der Menschen zu beschäftigen, die Ihnen täglich im Verkauf begegnen. Sie alle sind wertvolle Einzelstücke. Es ist spannend, wie unterschiedlich sie alle denken, reagieren, mit Konflikten umgehen und sich auf Vorschläge einlassen. Und das ist auch gut so, denn genau diese Vielfalt macht den anspruchsvollen Beruf des Verkäufers so interessant.

Das Alltagsabenteuer Face Communication könnte glatt zu Ihrem liebsten Hobby werden. Ausüben kann man es jedenfalls überall. Ab jetzt gibt es also keine langweiligen Momente mehr in Ihrem Leben.

Face Communication macht neugierig. Und erfolgreich.

Viel Spaß beim Lesen Ihrer Kunden!

ERSTE SEKUNDE

1. Komm, lass dich drücken

Die Augenbrauenhöhe

Ein herzhaftes »Grüß Gott« übertönt das Bimmeln an der Tür der Weinhandlung, und schon steht die Gruppe von Männern mitten im Verkaufsraum. Acht sind es, alle so zwischen vierzig und fünfzig Jahre alt. Die meisten tragen Pullover über dem Hemd, einer einen tadellosen Businessanzug. Die Gruppe strömt über die großzügige Verkaufsfläche direkt auf den Verkäufer zu. Ein drahtiger Mann schüttelt dem Verkäufer herzlich die Hand.

»Hallo, ganz schön mieses Wetter, oder? Gerade richtig, um es sich hier drin im Warmen schön gemütlich zu machen. Darf ich vorstellen? Ich bin der Dieter, Dieter Singer; das hier sind Johannes, Markus, Peter, Kai, Alex, Michael und Till. Alles Kollegen von mir. Wir haben uns gedacht, wir schauen uns heute Abend mal die neue Weinhandlung an. Sie haben ja erst letzten Monat eröffnet, nicht wahr? Schön haben Sie's hier!«

»Freut mich, dass es Ihnen gefällt. Schauen Sie sich ruhig um. Möchten Sie was probieren? Ich hätte hier einen ganz besonderen Rioja, darf ich Ihnen davon einen Schluck einschenken?«, antwortet der Weinhändler Wolf Bierhenkel erfreut.

Fröhlich plaudernd scharen sich die Kollegen um Wolf Bierhenkel. Probieren munter von diesem und jenem Wein, kosten, loben den Geschmack. Die Unterhaltung kreist um die Toskana und andere Weingegenden und wer wo schon im Urlaub war. Die Kunden sind untereinander alle per du, und bald wird auch der Verkäufer geduzt. Er wird so in den Wirbel hineingezogen, dass er Mühe hat, noch ein Auge auf den Rest des Verkaufsraums zu halten.

»Moment, steht da nicht noch ein einsamer Kunde? Ja, aber das ist doch einer der Gruppe! Es ist der einzige Sakkoträger.« Er hat sich abgesondert, steht vor dem Weinregal und mustert scheinbar gedankenverloren die Etiketten. Wolf Bierhenkel überlegt, ob er ihn gezielt ansprechen oder lieber in Ruhe lassen soll.

»He, Peter, probier den doch auch mal!«, winkt ihm in diesem Moment einer der Truppe zu. Peter kommt etwas zögernd näher, nimmt das angebotene Glas und nippt daran. Kurz darauf stellt er das Glas auf den Tisch und widmet sich wieder dem Studium der Weinregale.

Die fröhliche Gruppe bleibt noch anderthalb Stunden lang in der Weinhandlung, die Gesprächsthemen werden immer privater. Schließlich macht sich Aufbruchsstimmung breit. Zum Abschluss kaufen die Herren ein paar Flaschen Wein, nicht viele. Dann klopfen sie dem Verkäufer herzlich auf die Schulter: »War supernett. Bis demnächst mal wieder, Wolf!« Vor der Türe verabschieden sie sich mit allseitigen Umarmungen und driften dann langsam auseinander.

Wolf Bierhenkel überschlägt: Die acht Kunden zusammen haben elf Flaschen Wein gekauft. »Schlechtes Ergebnis für zwei Stunden Arbeit und sechs geöffnete Probierflaschen«, resümiert er.

Doch die eigentliche Überraschung kommt eine Woche später: Der zurückhaltende Kunde von der ausgelassenen Männerrunde neulich steht plötzlich vor dem Schaufenster und späht ins Ladenlokal. Das ist um diese Tageszeit – früher Nachmittag – leer. Bis auf Wolf Bierhenkel. »Guten Tag.« Der Kunde betritt den Laden und grüßt mit zurückhaltender Höflichkeit. Vom letzten Besuch hat er sich verschiedene Lagennamen gemerkt, fragt nach deren charakterlichen Besonderheiten und danach, ob der Silvaner aus Franken auch zu einer Maronensuppe passt. Innerhalb von einer halben Stunde stellt er mehrere Kisten edler Tropfen für sich zusammen. Mit stiller Freude hilft ihm Wolf Bierhenkel, die Kartons ins Auto zu verladen. Dieser Kunde hat deutlich mehr Geld ausgegeben als alle seine Kollegen zusammen in der Woche zuvor. Er bedankt sich für die gute Beratung, verabschiedet sich höflich und braust davon.

Verwundert starrt der Verkäufer dem Auto nach: »Was habe ich denn letzte Woche falsch gemacht? Und was jetzt richtig?«

Hoch oder niedrig?

Wie beim Schachspiel gilt auch in der Verkaufssituation: Die richtige Eröffnung bestimmt den gesamten Verlauf der Partie. Die ersten zehn oder zwanzig Sekunden sind entscheidend, um die Stimmung festzulegen. Und wenn am Anfang etwas nicht stimmt, ist man mehr mit der Korrektur der Situation beschäftigt als mit dem eigentlichen Verkaufen. Das Geheimnis liegt im richtigen Maß für Nähe und Distanz. Das gilt für den Start – und bestimmt das ganze Gespräch.

Doch wie legt man den richtigen Start beim Verkaufsgespräch hin? In welchem Beziehungsrahmen läuft idealerweise das gesamte Gespräch ab? Diese Fragen lassen sich nicht pauschal beantworten. Denn was der eine schon als übertriebene Nähe empfindet, wirkt auf den anderen als Desinteresse und Ignoranz. Manche Kunden empfinden schon den festen Händedruck, das Nah-Rankommen oder die Frage nach der Gesundheit der Familie zur Gesprächseröffnung als aufdringlich. Sofort ziehen sie sich zurück, machen die Schotten dicht, und das Verkaufsgespräch ist gelaufen. Andere wiederum sind fast beleidigt, wenn sie gesiezt werden. Und erst recht, wenn der Verkäufer nicht der ausführlichen Erzählung vom letzten Urlaub zuhören will.

Nun können Sie als Verkäufer versuchen, sich möglichst unauffällig zu positionieren. Aber Mittelwege sind meist faule Kompromisse, die nur halbherzige Verkaufszahlen erzeugen. Wie schaffen Sie es also, Ihre Kunden von der ersten Sekunde an richtig einzuschätzen, um den passgenauen Einstieg hinzulegen? Sie brauchen keine lange Aufwärmphase. Ein Blick in und über die Augen reicht, um zu wissen, wie Ihr Kunde tickt. Denn die Erfahrung zeigt: Anhand der Augenbrauenhöhe lassen sich Menschen einfach und zuverlässig unterscheiden.

Niedrige Augenbrauen – der Kumpeltyp

Für manche Menschen ist die Welt eine einzige große Familie. Jeder ist ihr Bruder im Geiste oder ihre Ersatz-Oma. Sie sind wahre Integratoren und können gar nicht anders, als Menschen zusammenzuführen. Sobald sie einen Raum betreten, stellen sie alle Anwesenden einander vor. Wenn sie einen Namen noch nicht kennen, fragen sie einfach danach. Und das ohne Umschweife: »Ich bin der Michael, Michael Wolf, und Sie sind …?« Sie sind diejenigen, die das Gespräch am Laufen halten und alle mit einbeziehen, auch das Mauerblümchen, das bis eben still in der Ecke saß.

»Ich liebe gute Hausmannskost. Am liebsten ist mir ein würziger Sauerbraten. Und was ist Ihr Lieblingsessen?« – Wenn Kumpeltypen dabei sind, wandert die Unterhaltung rasch auf die private Ebene. So sprechen alle plötzlich über ganz persönliche Dinge, auch wenn es am Anfang nur um die technischen Merkmale eines Notebooks ging. Doch die Herzlichkeit und der Optimismus der Kumpeltypen ist so gewinnend, dass man ihnen die schnelle Annäherung leicht verzeiht. Wer mit ihnen noch nicht per du ist, wird es bald sein. Denn Formalitäten sind ihnen überhaupt nicht wichtig – es geht ihnen schließlich um die Nähe zum Menschen.

3-Sekunden-Scan: So erkennen Sie Kumpeltypen

Achten Sie bei Ihrem Kunden auf den Abstand zwischen Augen und Augenbrauen. Liegen die Brauen am unteren Rand des Stirnbeins, also unmittelbar über dem Auge? Wenn zwischen das Auge und den unteren Rand der Augenbraue kein weiteres Auge passt, dann haben Sie eindeutig einen Kumpeltypen vor sich.

1. »Ich bin der Sepp«

Von null auf hundert: Nähe ist das, was zählt für den Kumpeltypen. Nach einer äußerst freundlichen Begrüßung wird oftmals schon im zweiten Satz das »Du« angeboten. Mitunter stellen sie sich gleich mit Vornamen vor, oftmals sogar mit der Koseform. Eine Kundin, die Ihnen lange und fest die Hand drückt, Ihnen dabei tief in die Augen schaut und sagt: »Ich bin die Bine«, hat also keine versteckten Absichten, sondern ist schlicht ein Kumpeltyp.

Auch körperliche Nähe ist für solche Menschen normal, sie genießen sie. Kumpeltypen stellen sich dicht neben andere, begrüßen und verabschieden sich mit Umarmungen oder Schulterklopfen. Als Verkäufer darf man sich nicht wundern, wenn er dabei auch gleich einbezogen wird.

Der Kumpeltyp hat das Bedürfnis nach Anerkennung und Zugehörigkeit. Fremde sind Freunde, die er noch nicht kennengelernt hat; jede beliebige Zusammenstellung von Menschen ist eine Gruppe, zu der zu gehören es sich lohnt. Er möchte schnell in engen Kontakt mit anderen treten, und dazu geht er auf Tuchfühlung. Nicht nur eine Herausforderung, sondern auch eine Chance für Verkäufer.

Gehen Sie nah ran

Begrüßen Sie den Kumpeltyp mit offenen Armen. Beim Händeschütteln ist der Arm nicht durchgestreckt, sondern gebeugt; auf diese Weise lassen Sie den Kunden näher an sich ran. Ein warmer Händedruck zeigt Herzlichkeit, Sie können den Kunden mit der anderen Hand gleichzeitig auch am Arm berühren. Wenn Sie seinen Namen kennen, sprechen Sie den Kunden unbedingt damit an. Zeigen Sie Vertrautheit, seien Sie sehr freundlich, geradezu jovial. Tun Sie so, als sei der Kunde Ihr bester Kumpel, den Sie ewig nicht gesehen haben.

»Servus« – »Moin« – »Grüß Gott« – »Tach« – Die Begrüßungsformel darf ruhig regional gefärbt sein und salopp ausfallen. Versprühen Sie Frohsinn und machen Sie Komplimente. Gehen Sie ruhig auch auf ein Detail ein, das Ihnen am Kunden auffällt: »Bei dem miesen Wetter hätte ich auch die Wanderschuhe angezogen.« Oder: »Schön, dass Sie da sind, ich freue mich, Sie kennenzulernen, ich bin die Ursel Wildbrett.«

Und: Bei gefühlter Aufdringlichkeit durch den Kunden: Cool bleiben! Lassen Sie sich von der annähernden Art der Kumpeltypen nicht irritieren – sie meinen es nur gut.

2. »Ich will mich wohl fühlen«

Kumpeltypen legen Wert auf Gemütlichkeit: Im zwischenmenschlichen Umgang ebenso wie in Kleidungsfragen. Da kann dann neben dem fein gekleideten Autoverkäufer mit Krawatte ein entspannter Mann um die 50 stehen, der sich – leger gekleidet und in Urlaubslaune – für eine Oberklasselimousine interessiert. Also: Kleidung sagt nichts über diesen Kunden! Und schon gar nicht über seine Fähigkeit, die Limousine auch zu bezahlen.

In der Förmlichkeit lauert die Gefahr: Wenn der Verkäufer auf Förmlichkeit nach allen Regeln der Kunst achtet, signalisiert, dass sie ihm extrem wichtig ist und ihn der formlose Umgang des Kunden stört, dann fühlt sich der Kunde abgewiesen und ein Kontakt bricht schnell ab.

Die Lockerheit und der scheinbare Verzicht auf konventionelle Umgangsformen des Kumpeltypen kann einen weiteren falschen Eindruck erwecken. Es ist leicht, Freundlichkeit mit Zustimmung zu verwechseln. Eine lockere Umgangsform ist noch kein Kaufsignal! Oder gar eine Kaufgarantie ... . Der Abschluss rückt in weite Ferne, wenn der Kunde auf ein privates Gesprächsthema einschwenkt und es sich dort gemütlich macht.

Zeigen Sie Sympathie

Freundlichkeit und Herzlichkeit sind Trumpf. Kumpeltypen meiden Menschen, die betont förmlich sind, denn das verstehen sie als Unfreundlichkeit. Lassen Sie also den Kunden den Ton und die Nähe bestimmen, und seien Sie nicht überrascht, wenn es herzlich zugeht. Vermitteln Sie ihm das Gefühl, dass er so sein darf, wie er eben ist. Das dürfen Sie auch verbalisieren: »Ich mag Ihre offene Art, auf Menschen zuzugehen.«

Versetzen Sie den Kumpeltypen in Plauderlaune, aber vergessen Sie dabei nicht Ihre wichtigste Aufgabe: den Kunden wieder zurück auf das Produkt zu lenken und so den Kauf in trockene Tücher zu bringen.

3. »Dabeisein ist alles«

Kumpeltypen möchten mit allen Menschen auf Augenhöhe sein. Auch die Kundenbeziehung bekommt damit einen familiären Anstrich, private Themen und Ereignisse haben einen hohen Stellenwert im Gespräch. Diesem Kunden ist es wichtig, dass ein Gruppengefühl entsteht, und er trägt nach Kräften dazu bei.

Denn eine gut geölte Beziehungsebene ist für ihn eine Form der Absicherung, die eine schnelle Entscheidung ermöglicht. Mit dem Gefühl »Ich bin einer von euch« oder »Du gehörst zu uns« ist klar, dass der Verkäufer zum Wohl des Kunden handelt und dass eine Win-win-Situation garantiert ist. Zum Familie-Sein gehört auch die Überzeugung: »Ich verstehe dein Problem und ich helfe dir gerne, weil ich dich mag.« Kumpeltypen verbinden außerdem Nähe mit Interesse. Geteilte Hobbys und Leidenschaften sind für den Kumpel auch deshalb wichtig, weil er sich auf diesem Gebiet nicht nur beraten lassen muss, sondern auch selbst Kompetenz zeigen kann. Er möchte selbst gute Empfehlungen und Ratschläge aussprechen, zum Beispiel zu welchem Gericht der Wein hervorragend passt. Wenn das Wissen in beide Richtungen fließt, fühlt der Kunde, dass echte Gleichberechtigung und Gegenseitigkeit da ist – eine familiäre Beziehung eben.

Erzählen Sie etwas Persönliches

Beziehen Sie in das Verkaufsgespräch die ganze Person Ihres Gegenübers mit ein. Weil auch Privates für ihn Stellenwert hat, braucht es einen sicheren Platz im Verkaufsgespräch. Wenn Sie Gemeinsamkeiten oder gar gemeinsame positive Erlebnisse mit einem Kumpeltypen teilen, sollten Sie sich die gut merken – und ins Spiel bringen. »Den Ort kenne ich, da wohnt ein Großonkel von mir!« Wer Fan desselben Fußballclubs wie sein Kunde ist, hat schon fast gewonnen; ebenso jemand, der sich an die letzte Probefahrt mit dem triumphalen Überholmanöver erinnern kann.

Wichtig: Ihr Produkt oder Ihre Dienstleistung besteht nicht nur aus nüchternen Eigenschaften. Sprechen Sie ruhig über die Emotionen, die es erzeugt. Wenn Sie herausstellen, dass das Produkt gerne gekauft wird, bewirkt das beim Kumpeltypen einen zusätzlichen Kaufanreiz: Er möchte ja zur großen Gemeinschaft dazugehören ...

Die besondere Chance

Ein Verkäufer, der sich an die Inhalte des letzten Verkaufsgesprächs erinnert und den Kunden gezielt wieder darauf anspricht, hat einen großen Stein im Brett. Zum Ausdruck kommen dabei Zusammengehörigkeit, Wertschätzung und Anerkennung. Kumpeltypen möchten durchaus bewundert werden. Und die Bewunderung beginnt schon, indem sie Interesse erfahren und erleben, dass sich ihr Gegenüber an sie erinnert und Emotionen teilt. Emotionale Bindung geht weniger über das Produkt als über die Situation, in der es verkauft wurde.

Wenn Sie die richtige Beziehung zum Kunden hergestellt haben, finden Entscheidungsprozesse im Nu statt. Eine gute Kundenbindung kann effektiv genutzt werden: Weitere Verkaufssituationen benötigen keinen Anschub über Produktargumente; die Kaufentscheidung wird vielmehr vom Kunden auf Basis der Beziehung und des Vertrauens getroffen. »Wenn du eine Reparatur hast, dann geh am besten zum Schorsch Müller. Da gehen wir mit unserem VW auch immer hin.« Ihr Kunde wird zum besten Werbeträger: Wenn er zur »Familie« dazugehört, läuft die Mundpropaganda von allein.

Der Kumpeltyp: kurz & kompakt

➤ Stellen Sie sich immer mit Vornamen und Nachnamen vor. Wenn Sie einen Titel haben: Lassen Sie ihn weg.

➤ Kommen Sie nah heran bei der Begrüßung mit Handschlag.

➤ Mit legerer, lockerer Kleidung vermitteln Sie eine familiäre Atmosphäre.

➤ Integrieren Sie Smalltalk.

➤ Bleiben Sie gelassen, wenn es um andere Themen als den Verkauf geht.

➤ Beziehen Sie Privates mit ein und geben Sie auch von sich Persönliches preis.

➤ Halten Sie sich mit negativen Urteilen über die Privatangelegenheiten des Kunden zurück.

➤ Behalten Sie im Auge, dass Sie etwas verkaufen wollen.

➤ Führen Sie das Gespräch nach Ausflügen ins Private vorsichtig auf den Verkaufsgegenstand zurück.

➤ Sprechen Sie über positive Dinge, verbreiten Sie eine fröhliche, optimistische Atmosphäre.

➤ Stärken Sie Gemeinsamkeiten mit dem Kunden, erzeugen Sie Verbindlichkeiten.

➤ Erinnern Sie an frühere Begegnungen.

➤ Stellen Sie den Kunden in den Mittelpunkt, er möchte Aufmerksamkeit.

➤ Kommen Sie am besten am selben Tag noch zum Abschluss.

Hohe Augenbrauen – der Beobachter

Bedachtheit, Zurückhaltung, Distanz sind für bestimmte Menschen das Maß der Dinge. Noch bevor sie beispielsweise einen Laden betreten, unterziehen sie das Schaufenster einer beobachtenden Analyse. Um das ausgestellte Sortiment geht es dabei weniger, sondern sie schauen sich ganz genau an, wer sonst so im Laden ist. Wenn das Gewühl zu dicht ist, halten sie sich fern. Distanz und Zurückhaltung sind anfangs sehr wichtig – deshalb auch der Name: der Beobachter.

Um sich herum errichten diese Personen einen unsichtbaren Grenzraum, Abstand gibt ihnen Sicherheit und Schutz. Und damit der Abstand gewahrt bleibt, kommt es auf die Form an: angefangen beim Vokabular über die der Kleidung bis hin zu den zeitlichen und räumlichen Freiräumen, die sie als Kunden brauchen. Nach außen hin kann dies als Skepsis, als prüfender Blick auf alles wirken – ja sogar als Ablehnung. Dabei will der Beobachter einfach nur abchecken: Gibt es hier überhaupt etwas, auf das ich mich einlassen möchte? Es gibt eine zuverlässige Methode, sie zu identifizieren ...

3-Sekunden-Scan: So erkennen Sie den Beobachter

Ein Maßband ist nicht erforderlich und ein übertriebenes Mustern Ihres Gegenübers auch nicht. Ein kurzer Blick reicht: Zwischen Auge und Unterseite der Augenbraue passt noch mehr als ein weiteres Auge. Es scheint, als ob er die Augenbrauen immer hochgezogen hätte. Und tatsächlich ziehen wir Menschen die Augenbrauen in solchen Situationen hoch, in denen wir skeptisch sind oder eine Frage haben. Das ist eine universelle, weltweit zu beobachtende Körpersprache.

1. »Ich will erst mal schauen«

Beobachter sind anfangs eher abwartend. Doch dieses Verhalten sollte nicht mit Desinteresse oder Unsicherheit verwechselt werden. Dahinter steckt das innere Bedürfnis, die eigene Sicherheitszone aufrechtzuerhalten. Indem sie innerhalb dieser Zone bleiben, wahren Beobachter ihre Entscheidungs- und Handlungsfreiheit.

Das beginnt oftmals schon im Vorfeld eines Verkaufsgesprächs: Telefonisch erkundigen sie sich nach dem Setting. »Wie sieht denn so die Gruppe aus?«, »Wer ist noch bei dem Treffen dabei?« oder »Sind Sie dann auch mein Ansprechpartner vor Ort?« Wenn Beobachter in eine neue Gruppe kommen, halten sie sich anfangs eher am Rand auf und verfolgen das Geschehen. Das bedeutet nicht, dass sie unfreundliche oder gar arrogante Zeitgenossen sind, sie möchten nur ganz sicher sein, dass sie die Situation im Griff haben.

Der Rahmen ihrer Sicherheitszone ist zunächst einmal räumlich abgesteckt: Kommt ein Mensch ihnen gleich zu nahe, entsteht Druck und Stress. Sie fühlen sich bedrängt und ziehen sich dann lieber zurück. So sind schon viele Deals mit Beobachtern nur deshalb geplatzt, weil der Verkäufer schlicht zu nah auf den potenziellen neuen Kunden zugegangen ist und ihm keine Luft gelassen hat. Auch der zeitliche Rahmen ist nicht zu unterschätzen: Beobachter brauchen ausreichend Bedenkzeit für ihre Kaufentscheidungen – und die Freiheit, eine Situation selbst zu gestalten.

Wahren Sie den Abstand

Klopfen Sie sich ruhig unauffällig selbst auf die Schulter: Die Tatsache, dass ein Beobachter Ihren Laden betreten oder eine Verkaufssituation herbeigeführt hat, ist schon die halbe Miete! Auch wenn Sie sich verständlicherweise über dieses Zwischenergebnis freuen: Bleiben Sie locker und lassen Sie sich nichts anmerken. Zupack- oder gar Überrumpelungsstrategien sind nun völlig fehl am Platz.

Geben Sie Ihrem Gegenüber vielmehr zeitliche und räumliche Bewegungsfreiheit und behalten Sie ihn im Auge. Wenn der Kunde auf die Beratung durch einen Verkäufer zurückgreifen möchte, wirft er Ihnen einen kurzen Blick zu. Oder er verändert seine Körperhaltung hin zu mehr Offenheit oder spricht Sie, vielleicht sogar aus weiterer Entfernung, doch an.

Wenn eine Begegnung entgegen allen Erwartungen mit einem Handschlag beginnt, dann gilt: Keep distance! Reichen Sie dem Kunden die Hand mit ausgestrecktem Arm, halten Sie dabei Distanz und wahren Sie die Form. Wählen Sie eher formelle Begrüßungsworte. »Hallo« ist tabu. Besser ist »Herzlich Willkommen« oder »Guten Tag«. Bei einer namentlichen Vorstellung reicht der Nachname. Wenn Sie wissen, dass dieser Kunde einen Titel hat, so erwähnen Sie diesen Titel bitte bei jeder persönlichen Ansprache. »Herr Dr. Baum, hier habe ich noch ein spezielles Angebot für Sie.«

Das weitere Verkaufsgespräch muss emotional keine stetige Steigerung erfahren. Lassen Sie sich nicht davon in Panik versetzen, wenn der Kunde nicht enthusiastisch ist. Beobachter zeigen anfangs weniger Emotionen. Auch wenn Ihnen selbst die Begegnung staubtrocken vorkommt: Jetzt die Temperatur des Gesprächs mit begeisterten Lobeshymnen auf das Produkt oder mit Anbiederungsversuchen anheben zu wollen, wäre kontraproduktiv. Wenn der Kunde zwischendurch Distanz einfordert, machen Sie sich keine Sorgen, sondern lassen Sie ihm den Abstand. Dieser Kunde steht auch gerne mal mit dem Produkt allein am Regal und überlegt noch ein wenig.

2. »Auf die Form kommt es an«

Für Beobachter ist die Form von großer Bedeutung: Sie ist gewissermaßen der Zaun, die Grenze, die seinen persönlichen Schutzraum sichert. Und das beginnt schon bei der Kleidung: Beobachter ziehen sich selbst gerne etwas formeller an. Nur selten suggerieren sie mit ihrer Kleidung eine private Situation.

Entscheidend ist, dem Beobachter immer genügend Raum zu lassen und ihm im Blick auf die persönliche Nähe die Führung zu geben. Also erst wenn der Kunde seinen Vornamen nennt, darf auch der Verkäufer nachziehen und seinen Vornamen nennen. Erst wenn dieser Kunde zum Du wechselt, kann der Verkäufer darauf eingehen. Der Kunde macht immer den ersten Schritt. Das gilt für alle Fragen des Umgangs miteinander im Verkaufsgespräch. Denn auch aus der anfänglichen Zurückhaltung kann bei diesem Kundentyp eine innige Verkäufer-Kunde-Beziehung werden – sie braucht eben einfach nur mehr Zeit.

Bleiben Sie förmlich

Das Stichwort ist: Herzlicher Respekt. Weniger ist mehr. Und genauer ist besser: Stellen Sie sich mit Ihrem Nachnamen oder Ihrem Nachnamen und anschließend dem Vornamen vor. So wie der Filmheld, für den die äußere Form auch immer sehr wichtig ist: »Ich heiße Bond, James Bond.« Zurückhaltung und elegante Kleidung kommt gut an. Der Abstand ist heilig: Ein Tisch zwischen dem Kunden und dem Verkäufer ist zwar nicht unbedingt notwendig, aber eine guter Maßstab, damit Sie immer eine Vorstellung davon haben, wie viel Platz zwischen Ihnen und einem Beobachter sein darf.

3. »Das Produkt ist gut«

Die Beobachter möchten sich erst einmal in Ruhe umschauen und akklimatisieren. Dann kann ihnen der Verkäufer seine Beratung anbieten – aber bitte unaufdringlich. Achten Sie dabei auf die Körpersignale. Wenn der Kunde sich bedrängt fühlt, zieht er die Augenbrauen noch höher. Damit macht er deutlich, dass es ihm gerade zu viel wird. Und die Gefahr besteht, dass die Beziehungssituation die eigentliche Kaufsituation überlagert und deren Intention verdrängt.

Der Kunde muss immer souverän in seinem Sicherheitsterrain bleiben können. Denn die Form bildet das Koordinatensystem für seine Sicherheitszone. Die Währung dabei ist Sachlichkeit und Diskretion. Vergleiche mit anderen Käufern wären ungut. »Diese Küchenmaschine habe ich gestern einem jungen Paar verkauft« oder »Wir haben dieses Telefonpaket auch für uns zu Hause gewählt«. Solche Aussagen sind bei diesem Kundentyp nicht angebracht. Zudem würde ein solches Argumentieren beim Beobachter die Befürchtung wecken, dass der Verkäufer später mit der bestehenden Situation und den persönlichen Vorlieben des Kunden hausieren geht. Form und Distanz sind also die Garanten für Sicherheit und Kontrolle – und die muss der Kunde genießen können.

Es kann sehr gut sein, dass der Beobachter sich über einen längeren Zeitraum hinweg mit dem Produkt seiner Wahl beschäftigt, es von allen Seiten anschaut und intensiv begutachtet und dann einfach kauft, ohne dass er die Beratung des Verkäufers eingefordert oder auch nur gebraucht hätte. Das muss den Verkäufer nicht verunsichern. Wahren Sie einfach den Abstand, seien Sie bereit, den Kunden mit sachlichen Informationen zu unterstützen, aber eben nur, wenn er darum gebeten hat.

Der Beobachter möchte selbst die Wahl treffen und sich nicht über emotionale Faktoren in eine Kaufentscheidung drängen lassen. Bevor ihm das passiert, bricht er das Verkaufsgespräch lieber vorzeitig ab.

Überzeugen Sie mit Argumenten

Wenn dieser Kunde das Gespräch mit Ihnen sucht, nutzen Sie die Beziehungsebene nicht als Verkaufshebel. Sätze wie »Sie sind ja mit meiner Empfehlung beim letzten Mal auch sehr gut gefahren« können diesen Kunden leicht in die Enge treiben und eine Fluchtreaktion auslösen. Überzeugen Sie möglichst mit sachlichen Argumenten.

Definitiv vermeiden sollten Sie, dass sich Beobachter durch Sie zur Entscheidung gedrängt fühlen. Denn das bewirkt bei diesem Kunden den Rückzug. »Wollen Sie das jetzt kaufen oder nicht?« – diese Frage wäre das sichere Aus für dieses Geschäft. Der Schlüssel für einen gelungenen Abschluss ist also: ein überzeugendes Produkt und die respektvolle Beziehung.

Die besondere Chance

Derjenige Verkäufer ist gut, für den der Beobachter das Gatter zu seinem Schutzraum öffnet. Der Schlüssel dazu ist Kompetenz sowie die stetige Wertschätzung, auch wenn der Kunde wenig enthusiastisch erscheint.

Bringen Sie Ihrem Kunden herzlichen Respekt entgegen. Das ist kein Hexenwerk, erfordert allerdings bei Beobachtern Geduld und Durchhaltevermögen. Das ist bisweilen eine kleine Durststrecke, die sich allemal lohnt: Sobald der Kunde sich geöffnet hat, entstehen Nähe und Herzlichkeit. Das Ergebnis: Hohe Kundentreue und sehr zielgeleitete und effektive Verkaufsgespräche in der Zukunft.

Der Beobachter: kurz & kompakt

> Tragen Sie förmliche Kleidung.

> Treten Sie nicht zu schnell an den Kunden heran. Lassen Sie ihm Zeit.

> Werten Sie seine Zurückhaltung nicht als Desinteresse.

> Verwenden Sie formelle, höfliche Sprache.

> Nennen Sie Titel (Dr.) Ihres Gegenübers, ggf. auch den eigenen.

> Nennen Sie am Anfang nur Ihren Nachnamen, vermeiden Sie das Duzen.

> Dehnen Sie den Händedruck nicht zu lange aus und halten Sie den Arm eher gestreckt.

> Kommen Sie ihm nicht zu nahe, weder körperlich noch im Gespräch. Small Talk und private Fragen sind anfangs tabu.

> Seien Sie diskret.

> Warten Sie darauf, dass er selbst weniger formell wird – unternehmen Sie keine Annäherungsversuche.

> Lassen Sie zwischendurch Freiräume zu – und seien Sie davon nicht beunruhigt.

> Respektieren Sie die Entscheidungsautorität des Kunden. Drängen Sie nicht.

Der Spickzettel

➤ Niedrige Augenbrauen: der Kumpeltyp

➤ Typische Aussage: »Komm, lass dich drücken.«

➤ Haltung des Verkäufers: Du bist mir als Kunde persönlich wichtig.

➤ Hohe Augenbrauen: der Beobachter

➤ Typische Aussage: »Ich will mir das erst mal allein anschauen.«

➤ Haltung des Verkäufers: Distanz respektieren – Vertrauen schaffen.

2.   Superextramegatoll!

Die Augenbrauenform

Es ist Samstag, Anfang Juni, Großkampftag im Heimwerker-markt, und die Kunden stehen schon vor Öffnung der Verkaufs-räume Schlange. Jeder will jetzt seinen Garten in Ordnung brin-gen, und so sind Thomas Grün und sein älterer Kollege Wil-li Oberbusch auch ein bisschen nervös an diesem Morgen. Die beiden betreuen die Abteilung Gartengeräte und Rasentrakto-ren. Da stürmt auch schon der erste Kunde auf Willi zu.

»Hallo, ich brauche dringend eine neue Heckenschere. Die alte ist eben von der Leiter gefallen und in zehntausend Stücke zer-schellt.« Er lächelt ein wenig gequält und rollt theatralisch mit den Augen. »Ich muss heute mit der Hecke fertig werden, sonst macht meine Frau mir die Hölle heiß. Sie müssen mich retten. Und leise muss die Heckenschere sein, sonst flippen die Nach-barn wieder aus.«

»Dem würde ich die kleine Elektroschere von Bosch verkaufen. Die ist so leise, da gibt's keinen Stress mit den Nachbarn«, denkt sich Thomas, der das Gespräch aus dem Parallelgang verfolgt. Doch was jetzt kommt, überrascht ihn. Der sonst eher zurück-haltende Willi ist wie ausgetauscht: »Ach, was für ein Ärger, dass die alte zerstört ist. Aber zum Glück finden Sie bei uns ja eine riesige Auswahl extrem guter Geräte. Und Ihre Frau wird Ihnen heute Abend voller Glück um den Hals fallen.«

Jetzt legt der Kunde erst richtig los: »Ach wissen Sie, die war eh uralt. Als ich letztes Jahr die Haselnusshecke geschnitten ha-be, kam ich kaum mehr durch und habe ewig gebraucht, weil die Messer total stumpf waren. Heutzutage ist ja immer alles so gebaut, dass man nichts mehr austauschen kann. Da wird man als Kunde von der Industrie völlig ausgenommen, immer muss man gleich was Neues kaufen.«

»Ja, ja, die gute alte Zeit. Immerhin haben wir heute bei den absoluten Top-Modellen Ersatzmesser mit einer Nachkaufgarantie von mindestens zehn Jahren. Zum Beispiel bei diesem guten Stück aus der Profi-Liga. Da ist der Messertausch absolut genial gelöst und geht schneller als ein Boxenstopp in der Formel 1.«

Wenige Sätze später beobachtet Thomas aus dem Nachbargang, wie der Kunde mit dem teuersten Exemplar Richtung Kasse marschiert. »Was Willi kann, kann ich schon lange«, freut sich der junge Verkäufer auf seinen nächsten Kunden, der auch einige Minuten später schon vor ihm steht.

Der graumelierte Herr möchte einen Rasentraktor für sein 20.000 Quadratmeter großes Grundstück kaufen. Da ist Thomas genau in seinem Element, denn mit den Aufsitzmähern kennt er sich seit einer ausführlichen Produktschulung in der vergangenen Woche bestens aus. Jetzt muss er nur noch genauso verkaufen wie Willi eben, dann hat er den Deal sicher in der Tasche.

»Bei dem krass großen Grundstück glaube ich, dass Sie einen Aufsitzmäher brauchen, und zwar so ein richtiges Hammerteil, mit dem Sie Ihre Nachbarn auf jeden Fall neidisch machen können und im Handumdrehen fertig sind. Das Ding ist die Bombe: 1,40 Meter Schnittbreite. Der macht in jedem Testbericht die Konkurrenz nass. Also wenn ich so einen Rasen hätte, 20.000 Quadratmeter, ich schwör Ihnen, da würde ich genau den nehmen.

Und der ist total flexibel: Schnee räumen, vertikutieren, häckseln, ja sogar pflügen können Sie mit dem Ding – wie ein Schweizer Taschenmesser im XXL-Format. Genau das Richtige für Ihren Park. Ach übrigens, er hat einen butterweichen Sitz mit einer weltweit einmaligen Federungskonstruktion, damit schweben Sie wie auf einer Sänfte durch den Garten.«

Doch so sehr Thomas sich auch bemüht, der Funke der Begeisterung will bei diesem Kunden nicht überspringen, nicht einmal zum Probesitzen kann er ihn überreden. »Die anderen Modelle kann ich Ihnen alle nicht empfehlen, weil die für 20.000 Quadratmeter viel zu klein sind. Da kommt eben nur unser bester Rasentraktor infrage«, versucht er mit ein bisschen Druck, den Mäher doch noch zu verkaufen. Aber es hilft nicht.

»Danke, ich überlege mir das noch mal«, verabschiedet sich der grau Melierte kurz danach unverbindlich.

»Wieso habe ich es nicht geschafft, diesem Kunden meine ehrliche Begeisterung zu vermitteln und ihn zum Kauf zu bewegen? Was kann Willi, was ich nicht kann?«, fragt sich Thomas.

Gerade oder steil?

Welchen Stellenwert haben Emotionen in einem Verkaufsgespräch? Wie viel Raum braucht ein Kunde, um sich wohlzufühlen und letztlich die Kaufentscheidung zu treffen? Für den einen Kunden sind Gefühle das Maß aller Dinge: Er muss sich vor allem emotional rundherum gut aufgehoben fühlen mit seiner Entscheidung. Andere Kunden wiederum legen viel Wert darauf, dass eine Situation nicht zu überschwänglich verläuft. Diese Menschen fühlen sich in einem Verkaufsgespräch wohler, wenn die Produkte sachlich präsentiert werden. Wer da als Verkäufer die falsche Strategie wählt, ist gleich weg von der Bildfläche. Und der Kunde erst recht.

Die Herausforderung besteht in der Unterscheidung der beiden Pole: britisches Understatement oder italienisches Drama – sachliches Verhalten oder deutlich ausgelebte Gefühle. Mit welchem dieser beiden Typen Sie es zu tun haben, erkennen Verkäufer an der Form der Augenbrauen ...

Horizontale Augenbrauen – der Harmonieler

Für Personen mit geraden Augenbrauen gilt: Nichts ist schlimmer, als sich mit Emotionen auseinandersetzen zu müssen. Denn zu hochschlagende Gefühle bedeuten für sie automatisch Konflikte – und die müssen um jeden Preis vermieden werden. Um konfliktträchtige oder emotionsgeladene Situationen macht dieser Menschentyp am liebsten einen großen Bogen. Er strebt nach Harmonie und möchte mit wechselnden Gefühlslagen nicht belastet werden – weder mit denen seines Gegenübers noch mit solchen, die von ihm erwartet werden. Ein klassischer Harmonieler.

Damit sich der Harmonieler im Verkaufsgespräch wohlfühlt, muss er die emotionale Raumtemperatur in dieser Situation bestimmen dürfen – nämlich gemäßigt schattig-frisch bis lauwarm. Er legt auch keinen gesteigerten Wert darauf, anderen seine eigenen Bedürfnisse und Befürchtungen mitzuteilen. Ganz im Gegenteil: Seine Emotionen und speziellen Anliegen werden, wenn überhaupt, nur sehr sparsam dosiert kommuniziert und bleiben deshalb größtenteils verborgen.

3-Sekunden-Scan: So erkennen Sie den Harmonieler

Den Harmonieler erkennen Sie ganz ohne Wasserwaage: Seine gerade verlaufenden Augenbrauen fallen schon von weitem auf. Beide Brauen bilden auf der Unterseite eine horizontale Linie, von der Nasenwurzel aus gesehen gibt es keinen Anstieg.

1. »Danke, ich komme ein andermal wieder«

Friedfertigkeit, Ausgeglichenheit und Freundlichkeit sind für Harmonieler sehr wichtig. Diese Emotionen vermitteln ihnen Stabilität. Jede weitere Gefühlslage bedarf in ihren Augen der Kontrolle und belastet sie nur. Auch unklare Situationen empfinden Harmonieler als Bürde, etwa wenn er in einen Laden kommt und Zeuge wird, wie die Chefin eine Mitarbeiterin beschimpft. Dafür hat dieser Kundentyp kein Verständnis und wird den Laden möglichst schnell verlassen.

Alles soll bitte glatt und unkompliziert verlaufen. Deshalb macht der Harmonieler einen möglichst weiten Bogen um große Emotionen – mit denen kommen seinem Empfinden nach nur Schwierigkeiten ins Haus. Das Schlimmste für ihn ist, wenn er selbst emotional reagieren soll oder einen Konflikt erzeugen muss, um aus einer Situation herauszukommen. Wittert er eine solche Konstellation, entzieht er sich ihr lieber schleunigst durch Flucht. Das ist einer der Gründe dafür, dass diese Käufergruppe gerne online einkauft, wo sie mit keinem Gegenüber konfrontiert wird. Aber keine Sorge: Verkäufer können sich diese Eigenschaft von Kunden auch zunutze machen.

Lassen Sie es langsam angehen

Der Harmonieler will sich nicht verführen lassen – er braucht sachlich präsentierte Fakten. Vermeiden Sie also persönliche und übertrieben gefühlsbetonte Äußerungen. Sie würden sonst Gefahr laufen, den Harmonieler durch einen Überschwang an gezeigten Emotionen oder allzu vertraulichen Smalltalk zu vergraulen.

Sorgen Sie dafür, dass Ihr Kunde es ist, der den Tenor und die Grundstimmung der Verkaufssituation bestimmt. Treten Sie stets freundlich und aufgeschlossen auf. »Gerne zeige ich Ihnen auch noch ein weiteres Modell.« Indem Sie gleich zu Beginn abfragen, was dem Kunden an dem gewünschten Produkt wichtig ist, können Sie sich in der Folge auf die Fakten konzentrieren und das Verkaufsgespräch sachlich und entspannt führen. Im weiteren Gesprächsverlauf wird sich der Kunde von selbst einbringen, wenn er das wünscht.

2. »Mmh, aha«

Manche Verkäufer tun sich schwer damit, das Feedback eines Kunden mit-
zubekommen und in geeigneter Weise zu bewerten. Selbstverständlich wären viele Verkaufsgespräche leicht und einfach zu führen, wenn man als
Verkäufer kurz sein Produkt oder seine Dienstleistung beschreibt und der
Kunde dann immer ganz klar seine Meinung sagt: »Ja, das möchte ich.«
Oder eben: »Nein, danke, das gefällt mir nicht.« Doch der Verkaufsalltag
zeigt, dass es in diesem Bereich viele Nuancen gibt. Mal ist es die Körpersprache. Der Kunde dreht sich etwas weg, er geht einen Schritt zurück oder
in einem Business-Meeting lenkt er plötzlich ab. Und ein anderes Mal lautet die Antwort auf die Frage »Na, wie gut gefällt Ihnen das?« einfach nur
»Mmh«. Da fragt sich natürlich der Verkäufer: War das jetzt ein »Ich weiß
nicht so genau« oder ein »Nein danke, ich will es nicht«?

In Verkaufssituationen mit dem Harmonieler ist ein zurückhaltendes Feedback sehr häufig zu beobachten. Er ist nicht der Kunde, der dem Verkäufer direkt sagt: »Nein, ich brauche keine zweite Papierkassette bei diesem
Drucker«, – eben weil er fürchtet, dass durch diese klare Äußerung das positiv verlaufende Verkaufsgespräch einen unharmonischen Fortgang nehmen könnte. Wie kann man also als Verkäufer bei diesem Kunden herausfinden, was er wirklich will?

Hören Sie auf die Zwischentöne

Achten Sie bei diesem Kunden auch auf feinste emotionale Äußerungen, die bei anderen Kunden nicht so eine große Rolle spielen. »Bei
diesem Autohersteller gefällt mir das Armaturenbrett nicht so gut«,
– eine solche Aussage ist beim Harmonieler ein klarer Hinweis darauf,
dass er dieses Produkt nicht kaufen wird. Sein Missfallen wird er nicht
viel deutlicher in Worte fassen, selbst wenn er das Design als absolut
katastrophal empfindet.

Bei diesem Käufertyp ist besonders wichtig: Hören Sie genau auf die
Antwort. Wenn Ihre Kundin bereits festgestellt hat, dass das Kleid
»nicht genau mein Rot« ist, meint sie damit, dass sie dieses Kleid nicht
kaufen wird. Wenn Sie nun glauben, in die Bresche springen zu müssen mit überschwänglichen Aussagen wie »Dieses Kleid steht Ihnen
aber ganz fantastisch«, dann haben Sie die Botschaft verpasst. Bieten
Sie lieber freundlich etwas anderes an.

Beim Harmonieler ist es entscheidend, dass Sie auch auf kleinste Regungen achten. Bereits minimale Signale wie eine zweite Detailfrage und fast unmerkliche Gesten, wie ein knappes Nicken im richtigen Moment, signalisieren ernsthaftes Kaufinteresse. Ein »Toll« oder »Wow« sagt bei diesem Kundentyp mehr als tausend Worte. Sobald Sie das wahrnehmen, haben Sie gewonnen.

3. »Ich brauch noch einen Moment«

Im Fall des Harmonielers gilt der Spruch »Druck erzeugt Gegendruck« in ganz besonderer Weise. Fühlt sich dieser Kundentyp bedrängt, wird er verhalten bis unwillig reagieren. Das Anpreisen verlockender Angebote und kurzfristiger Schnäppchen wird bei ihm eher einen Flucht- als einen Kaufreflex auslösen. Dieser Kunde trifft seine Entscheidung lieber basierend auf den reinen Produktdaten und ohne den störenden Einfluss von jemandem, der sich ihm aufdrängt oder ihm vorschreiben will, wie er sich entscheiden soll.

Der Harmonieler wünscht sich einfach nur eine selbstbestimmte Entscheidung, die er ohne Stress und in Ruhe treffen kann. Dieser Käufertyp möchte sich selbst mit der Situation und dem Produkt beschäftigen, um sich zurechtzufinden und zu einem Entschluss zu kommen. Ganz ohne Drängen durch den Verkäufer.

Nehmen Sie den Druck raus

Wenn Sie als Verkäufer versuchen, den Harmonieler durch abschließend klingende Sätze zum Kauf zu bewegen, wie: »Das waren alle DVD-Player, die wir haben. Sie müssten sich jetzt für einen von denen entscheiden«, kann es Ihnen passieren, dass er Sie und die Verkaufssituation einfach verlässt. Für ihn wäre das der Ausstieg aus einer für ihn extrem unangenehmen Situation.

Zielführender für die Entscheidungsfindung im Verkaufsgespräch ist es, wenn Sie unterschiedliche Vorschläge machen und mehrere Möglichkeiten aufzeigen: »Darf ich Ihnen eine Alternative zeigen?« – und mit der Frage: »Worauf legen Sie genau Wert?« geben Sie dem Kunden die benötigte Freiheit und Ruhe, die für ihn Harmonie bedeuten. So ermöglichen Sie dem Harmonieler eine konfliktfreie und gelassene Haltung, die ihn Herr über die Situation bleiben lässt. Unterstützen Sie ihn zusätzlich durch Ausdrücke wie »Gerne würde ich Ihnen das noch zeigen«, »Ich könnte mir vorstellen, dass diese Farbe Ihnen auch ganz gut steht«, oder »Wie gut gefällt Ihnen dieses Modell?«

Die besondere Chance

Zeigen Sie dem Harmonieler, dass er bei Ihnen gut aufgehoben ist, und dass Sie auch seine kleinsten Andeutungen richtig zu deuten wissen. Damit gewinnen Sie in ihm einen der treuesten Kunden, den Sie sich vorstellen können. Wenn dieser Kunde zum wiederholten Male zu Ihnen kommt, knüpfen Sie nach Möglichkeit wieder bei dem letzten Verkaufsgespräch an oder sagen Sie ihm zumindest, dass Sie sich an ihn erinnern. Nachhaltigkeit gewinnt – dagegen kommt das Online-Shopping nicht an.

Der Harmonieler: kurz & kompakt

➤ Geben Sie Ihrem Kunden Luft, Raum und Zeit, das Produkt zu erkunden.

➤ Fragen Sie nach seinen Wünschen.

➤ Formulieren Sie Ihre Vorschläge als Möglichkeiten.

➤ Erschaffen Sie eine freundliche und aufgeschlossene Stimmung.

➤ Bleiben Sie stets auf der Sachebene.

➤ Erzeugen Sie keinen Druck und nageln sie ihn nicht fest.

➤ Vermeiden Sie Konflikte.

➤ Unterlassen Sie emotionale Inszenierungen und Dramatik.

➤ Lesen Sie zwischen den Zeilen.

➤ Achten Sie auch auf kleinste emotionale Äußerungen, Gestik und Mimik.

Steil ansteigende Augenbrauen – die Drama-Queen

Das Leben der Drama-Queen besteht aus Gefühlen. Sie sind das Ein und Alles dieses Menschentypen. Ihr Motto lautet: Lieber zu viel als zu wenig! Von der Parkplatzsuche über den Arztbesuch bis hin zum Einkauf im Fachhandel, alles ist ein Erlebnis, das mit sämtlichen Sinnen wahrgenommen und aktiv verarbeitet werden muss – mit der Drama-Queen stets als einzigem Mittelpunkt des Geschehens, versteht sich.

Das typische Auftreten solch temperamentvoller Menschen erinnert an die Diven aus den alten Filmen der Stummfilm-Ära. Auch die Drama-Queen inszeniert sich mit weit aufgerissenen Augen, übertriebenen Gesten in alle Himmelsrichtungen und überfließenden Gefühlen. Für diesen Menschentyp ist einfach das ganze Leben eine Aufführung. Dieser emotionale Überschwang macht natürlich auch vor einem Verkaufsgespräch nicht Halt, ganz im Gegenteil sogar.

3-Sekunden-Scan: So erkennen Sie Drama-Queens

Werfen Sie einen Blick auf die Nasenwurzel, um die Drama-Queen zu identifizieren: Die dort entspringenden Augenbrauen steigen auf der Unterseite ganz steil an, manchmal sogar schon fast senkrecht. So bilden sie über der Nasenwurzel ein V. Nach außen hin laufen die Augenbrauen dann häufig in einen Bogen aus.

1. »Die Welt ist meine Bühne!«

Die Gefühle, die eine Drama-Queen um sich herum versprüht, sind immer etwas dick aufgetragen und definitiv eine Nummer zu groß. Das ist für diese Personen, die gerne im Mittelpunkt stehen, ganz normal: Drama-Queens brauchen Raum und bewegen sich 24 Stunden am Tag auf den Brettern, die die Welt bedeuten. Die Bandbreite ihrer Gefühle reicht von Ausgelassenheit und Freude bis hin zu plötzlicher Melancholie oder Wut, sodass sich ihr Gegenüber wie von einer Achterbahn mitgerissen fühlen kann.

Hinter den extremen Gefühlen der Drama-Queens verbergen sich das Bedürfnis nach Aufmerksamkeit und der Wunsch nach Anerkennung. Wichtig: Diese Menschen empfinden diese Gefühle wirklich so, und eine von ihnen dramatisch beschriebene Szene haben sie in ihrer Welt auch wirklich so erlebt. Was für andere dramatisch ist, ist für sie normal und keineswegs übertrieben. Das Kühlwasser des Autos ist nicht einfach nur heiß geworden – der Motor ist praktisch explodiert!

Gehen Sie auf die Emotionen ein

Das Wichtigste in einem Verkaufsgespräch mit einer Drama-Queen ist ihr emotionales Wohlbefinden. Um einen zufriedenen Kunden zu gewinnen, geben Sie ihr unbedingt den Platz, den sie innehaben möchte: den Mittelpunkt. »Echt!« – »Unglaublich!« – Gehen Sie auf alle Emotionen ein, die der Kunde zeigt, und sparen Sie dabei nicht an Rückfragen, zustimmenden Äußerungen und dem Versuch, sich in die individuelle Situation einzufühlen und »mitzuleiden«, wenn die Drama-Queen-Persönlichkeit ihr Problem oder ihren Bedarf schildert.

Nehmen Sie Ihren Kunden immer ernst. Denn auch hinter der maßlosesten Übertreibung und der dramatischsten Inszenierung steckt doch immer ein wichtig gemeintes Anliegen. »Hier werden Sie verstanden«, sollte Ihre Botschaft lauten. Aber Achtung: Ihre eigenen Gefühle müssen immer außen vor bleiben, die Drama-Queen legt keinen Wert auf Konkurrenz und reagiert ungnädig auf Versuche anderer, die Szene zu beherrschen. Sie will kein »Aber«, »Doch« oder gar die Geschichte des Verkäufers zu hören bekommen – diese Dinge haben hier keinen Platz. Signalisieren Sie stattdessen Ihre uneingeschränkte Akzeptanz, indem Sie den Kunden bei Ihren Erläuterungen und Prognosen als Akteur mit einbeziehen: »Sie werden mit diesem Spezialreiniger alle Fenster im Haus in nullkommanix spiegelblank haben, praktisch ohne Aufwand«, »Sie werden in diesem genialen Topf das leckerste Essen für riesige Feste kochen können« et cetera.

2. »Nichts ist unmöglich«

Gefühle bestimmen alles im Leben der Drama-Queen – das gilt auch für die Auswahl von Produkten und Dienstleistungen. Gekauft wird nicht nur ein Versicherungsvertrag, ein Auto oder ein Aktienpaket, sondern vor allem ein Accessoire zur eigenen Inszenierung und die Emotion, die bei dem mit den eigenen Gefühlen beschäftigten Käufer erzeugt wird. Deswegen geht es im Verkaufsgespräch auch zunächst weniger um den Preis oder die Produktspezifikationen, sondern um die ganze Palette an begleitenden Gefühlen und Geschichten: Sorgen, Bedenken, Vorfreude, Hoffnung – jedes Produkt wird für die Drama-Queen auch zum Requisit, das sie in ihr Spiel integriert. Wirkt die Drama-Queen mit diesem Produkt cool, extrem lässig, sexy gar oder besonders modern und professionell? Dann wird sie leichter vom Kauf zu überzeugen sein als mit der Ansage, dass es sich um ein besonders vielseitiges oder preiswertes Produkt handelt.

Die Drama-Queen fühlt sich wohl, wenn ihr Gesprächspartner Solidarität signalisiert und erkennen lässt, dass Gefühle auch für ihn eine wichtige Rolle spielen. Vor allem Gefühle, die sie selbst mit dem infrage kommenden Produkt verbindet. Denn sie möchte aktiv dabei unterstützt werden, mit dem Kauf eine emotionale Bindung einzugehen.

Verwenden Sie Superlative

Bühne frei! Wenn Ihr Kunde eine Drama-Queen ist, dürfen Sie selbst ebenfalls überschäumende Freude zeigen, mit großen Gesten und anderer nonverbaler Kommunikation arbeiten. Passen Sie Ihre Stimme der Gefühlslage an und bedienen Sie sich hemmungslos an Superlativen. »Beste Materialien«, »Ihre kühnsten Träumen werden wahr«, »Mit Abstand der schnellste Motor« – solche Aussagen sind hier genau richtig, denn die Drama-Queen liebt das Gefühl, nur das Beste vom Besten empfohlen zu bekommen.

Achten Sie darauf, im richtigen Maß auf die Emotionen des Kunden zu antworten: stark genug, dass er sich verstanden fühlt, aber nicht emotionaler als der Kunde selbst. Loben Sie Ihren Drama-Queen-Kunden, wo immer möglich: »So habe ich das ja noch gar nicht gesehen!« und »Da haben Sie vollkommen recht!«

3. »Da geht ja die Welt unter«

Das Erfolgsgeheimnis einer Unterhaltung mit einer Drama-Queen besteht darin, sich in die Empfindungen des Kunden einzufühlen und zu verstehen, was ein Produkt oder eine Dienstleistung für ihn emotional bedeutet. Die Aufgabe des Verkäufers besteht also nicht nur darin, den Kunden über das Produkt zu informieren, sondern vor allem sicherzustellen, dass er sich mit seiner Kaufentscheidung rundherum wohl und zutiefst verstanden fühlt.

Die kreativen Drama-Queens kennen nämlich das Leben mit all seinen Höhen und Tiefen. Sie spielen temperamentvoll sämtliche Möglichkeiten durch, manchmal auch die negativen Aspekte. Die Stimmung kann in einem solchen Gespräch schnell wechseln, mit allen Facetten von zu Tode betrübt bis himmelhoch-jauchzend.

Bleiben Sie cool

Auch düsterste Befürchtungen des Kunden sind nicht problematisch, sondern vielmehr eine Chance, mit positiver Energie ein Zeichen zu setzen: Eine besonders gute Beratung anzubieten, eine zusätzliche Versicherung zu verkaufen oder einfach klar zu kommunizieren »Bei uns sind Sie in den besten Händen, wir kümmern uns wirklich um alles.«

Nehmen Sie der Drama-Queen auch kernige Aussagen nicht übel. »Also Ihre Kundenhotline ist ja wirklich eine absolute Katastrophe, die kennen sich ja überhaupt nicht aus. Die haben mich ja Stunden in der Warteschlange gelassen.« Dieser Ausbruch bedeutet nicht, dass dieser Kunde vollkommen unzufrieden ist, sondern er hat einfach nur einen Aspekt herausgegriffen und dramatisch inszeniert. Denn übersetzt bedeutet dies: Die Kollegin der Hotline hat sich noch einmal rückversichert und die Kundin dafür 20 Sekunden in der Leitung warten lassen. Es wird eben nichts so heiß gegessen, wie es gekocht wird, insbesondere nicht bei der Drama-Queen. Als Verkäufer lenken Sie den Fokus am besten schnell wieder auf etwas Positives.

Bekommt die Drama-Queen den Eindruck, dass sie nicht verstanden wird, zieht sie sich schnell hinter eine Mauer aus Bedenken zurück. Der Weg zum erfolgreichen Abschluss ist dann verbaut. Indem der Verkäufer auf jede Gefühlsregung im Gespräch mit Empathie reagiert, signalisiert er der Drama-Queen ganz klar: »Das verstehe ich, sehe ich auch so, ich bin da ganz bei Ihnen.« So kann er dem Gespräch immer wieder eine positive Wendung geben: »Keine Sorge, in einem solchen Fall würde selbstverständlich unser kompletter Versicherungsschutz greifen; Sie hätten nicht die geringste Unbequemlichkeit zu fürchten, sondern können sich absolut sicher fühlen.« So sind alle über den bevorstehenden Abschluss überglücklich.

Die besondere Chance

Begeisterung ist ansteckend: Drama-Queens sind begeisterungsfähig, und besser noch: Sie sind eifrige Multiplikatoren. Wenn Sie eine Drama-Queen vom Produkt überzeugen, wird sie zur besten Fürsprecherin und rührt unter Freunden und Bekannten die Werbetrommel. Nutzen Sie also die Chance, im Verkaufsgespräch die positiven Aspekte des Produktes stark zu betonen und dem Kunden zu vermitteln, dass er sich zweifelsfrei für das beste Produkt entscheidet.

Die Drama-Queen: kurz & kompakt

➤ Stellen Sie Ihren Kunden in den Mittelpunkt und bieten Sie ihm eine Bühne für seine Selbstdarstellung.

➤ Spielen Sie ohne Skrupel bei der emotionalen Inszenierung mit – gern auch mit Schwung und Übertreibung.

➤ Beziehen Sie Mimik, Gestik und Stimmmodulation engagiert ein.

➤ Treten Sie nicht dramatischer auf, als es Ihr Kunde tut.

➤ Konkurrieren Sie nicht im Gespräch mit dem Kunden, er allein steht im Mittelpunkt.

➤ Loben Sie den Käufer ausdrücklich.

> ➤ Heben Sie die Vorteile des Produkts emotional und uneingeschränkt hervor.

> ➤ Greifen Sie Bedenken auf, nehmen Sie Einwände ernst und gehen Sie auf Kritikpunkte ein.

> ➤ Benutzen Sie statt »aber« lieber »und«.

> ➤ Achten Sie auf das Timing: Der Abschluss sollte der Höhepunkt der Begeisterung sein.

Der Spickzettel

➤ Horizontale Augenbrauen: der Harmonieler

➤ Typische Aussage: »Angenehme Atmosphäre hier.«

➤ Haltung des Verkäufers: Harmonie ist Trumpf.

➤ Steil ansteigende Augenbrauen: die Drama-Queen

➤ Typische Aussage: »Das müssen Sie sich mal vorstellen!«

➤ Haltung des Verkäufers: Mach dein Produkt sexy!

3. Gekauft!

Die Augenlider

Die lange und sorgfältig geplante Hausmesse beim alteingesessenen Elektro-Fachhändler ist ein voller Erfolg. Ein Neugieriger nach dem anderen schaut heute vorbei, um die in Reih und Glied gewienert bereitstehende Produktpalette zu bestaunen.

Der Inhaber, Ferdinand Schleuder, nimmt den nächsten Kunden persönlich in Empfang: Guten Tag, Schleuder mein Name, Ferdinand Schleuder. Ich bin der Geschäftsführer hier. Ich begrüße Sie herzlich bei unserer Miele-Woche, was kann ich für Sie tun?«

»Guten Tag, ich brauche eine Waschmaschine«, sagt der Kunde und wirft einen interessierten Blick auf das allererste Modell in der langen Reihe strahlend weißer Standard-Frontlader. »Das trifft sich ja wunderbar, denn weil wir Miele-Woche haben, kann ich Ihnen da drüben an der gläsernen Waschmaschine zeigen, welche Funktionen die Geräte haben und was sie können.« Mit diesen Worten führt Ferdinand Schleuder seinen Kunden zu dem besonderen Exemplar.

»Sehen Sie hier, ich starte einfach mal einen kurzen Waschgang, das dauert nur knapp zwanzig Minuten. Und dank der Fuzzylogic erkennt die Maschine selbst, dass hier nur ein Handtuch gewaschen werden muss, und passt Wassermenge und Spülzeit genau an. In der Zeit erkläre ich Ihnen am besten alle Funktionen, und einen leckeren Kaffee haben wir auch noch. Es ist halt Aktionswoche!«, begeistert sich Herr Schleuder.

»So lange wollte ich mich gar nicht aufhalten. Es geht doch nur um eine Waschmaschine. Zwanzig Minuten – da kann die Maschine doch schon in meiner Wohnung stehen und angeschlossen sein, wenn Sie das Gerät sofort liefern können: Ich dachte an 1.600 Umdrehungen und 5 kg Zuladung. Er legt die Hand auf das erste Gerät in der Reihe. »Da nehme ich doch einfach diese hier. Kann die das alles?«

Ferdinand Schleuder ist zum Glück flexibel genug, um das Verkaufsgespräch extrem abzukürzen: »Ja, das ist ein sehr gutes Modell und erfüllt Ihre Anforderungen, und liefern können wir auch sofort. Unser Lieferwagen ist gerade vorgefahren.«

»Das passt ja perfekt, dann los.« Der Kunde zahlt bar und hilft sogar noch die Maschine in den Lieferwagen zu bugsieren. Knapp zwanzig Minuten später ist der Mitarbeiter schon wieder zurück und berichtet, dass die Maschine bereits tüchtig läuft. Dieser Kunde hatte es wirklich eilig.

»Wozu betreiben wir jetzt so viel Aufwand, wenn dann am Ende doch das erstbeste Gerät genommen wird?«, fragt sich der erstaunte Ferdinand Schleuder.

Freiliegend – oder versteckt?

Beratung ist das zentrale Geschäft in der Verkaufssituation. Nur, wie viel Beratungsbedarf hat überhaupt ein bestimmter Kunde? Ab wann ist dieser Bedarf überschritten und eine bereits getroffene Kaufentscheidung wird gegebenenfalls sogar wieder rückgängig gemacht? Das sollte ein Verkäufer wissen, denn wenn er diesen Bedarf überschreitet, fühlt sich der Kunde schnell wie ein Kinobesucher, der in den falschen Film geraten ist.

Jeder Kunde ist anders und braucht sein eigenes Maß an Zuwendung und ein auf ihn zugeschnittenes Verkaufsgespräch. Was den einen Kunden beflügelt, lässt den anderen die Notbremse ziehen und sich wie mit dem Schleudersitz aus der Situation befreien. Für Verkäufer ist es eine schwierige Frage: Braucht der Kunde nun eine Wellness-Packung aus Erklärungen und gut verdaulichen Vergleichen, um überzeugt zu werden, oder ist er entscheidungsfreudig und möchte nur gezeigt bekommen, in welchem Regal er sein Produkt findet?

Welche Beratungsstrategie die richtige ist, erkennen Sie an den Augenlidern Ihres Gegenübers. Sind die Augenlider klar zu sehen oder verstecken sie sich unter einer Lidfalte?

Gut sichtbare Augenlider – der Schnell-Entscheider

Zwischen Nägeln und Schrauben gibt es einen fundamentalen Unterschied: die Art und Weise, wie sie ins Holz kommen. Eine Schraube braucht ein gut platziertes Bohrloch, der Schraubenzieher oder Akku-Schrauber dreht sie dann präzise und beständig ins Material. Das dauert. Bei Nägeln ist es anders – hier kommt beherzt der Hammer zum Einsatz. Ruck, zuck – zack: Das sitzt! Und passt schon. »Nägel mit Köpfen machen« – das ist das Motto eines Kundentyps, der lieber den Hammer schwingt und die Dinge klar macht: der Schnell-Entscheider.

Das Lebenselixier des Schnell-Entscheiders lässt sich mit einem Satz zusammenfassen: Probleme sind zum Lösen da! Seinen Weg zum Ziel wünscht er sich stets möglichst kurz und direkt. Der Kauf eines Produktes ist für ihn eben nur das: ein Kauf. Kein Kaffeekränzchen. Um sich durch die Kaufsituation zu navigieren, ist er nicht auf Small Talk angewiesen. Weitschweifiges Geplauder des Verkäufers ignoriert er im besten Fall, er kann aber auch etwas ungehalten reagieren.

Diesen Kundentyp zeichnen große Entscheidungsfreude und unmittelbares Handeln aus. Er betritt ein Geschäft meist bereits mit einer klaren Vorstellung und – wenn überhaupt – ist er lediglich nur an wenigen, grundlegenden Informationen interessiert. Nur wenn der Kauf flott abgewickelt wird, steigt die Zufriedenheit dieses Kunden – und die Sicherheit, dass er bald wiederkommt.

1. »Zeigen Sie mir einfach nur das richtige Modell«

Wenn der Schnell-Entscheider einen Laden betritt oder ein Beratungsgespräch in Anspruch nimmt, will er durch seine geplante Anschaffung ein ganz bestimmtes Problem oder eine klar begrenzte Aufgabe lösen. Für ihn ist das Ergebnis entscheidend, nicht der Weg dorthin – das Ziel ist das Ziel. Die Details des Produkts oder gar des Kaufprozesses interessieren ihn nicht wirklich. Er will erreichen, was er sich vorgenommen hat und steuert ohne Umwege darauf zu. Wie ein Segler, der nicht so sehr auf sein Boot und die Wellen achtet, sondern nur den pfeilgeraden Kurs aufs Ufer im Blick hat. Aus dieser Grundhaltung gewinnt der Schnell-Entscheider die Sicherheit, schnell und ohne zu zögern ein Angebot zu wählen.

Der Verkäufer sollte bei diesem Kunden auf eine umfassende Beratung verzichten, vor allen Dingen dann, wenn der Kunde schon auf ein bestimmtes

Produkt zugegangen ist. Als nette Geste gemeinte Sätze, wie »Da drüben haben wir eine Maschine, die bei ähnlichen Leistungsdaten 200 Euro weniger kostet«, eröffnen für diesen Kunden keine Option und halten ihn nur auf – und im schlimmsten Fall vom Kauf ab. Der Schnell-Entscheider möchte nicht umgarnt und in einen aufwendigen Beratungsprozess einbezogen werden, sondern einfach nur seinen Wunsch äußern und ihn direkt und schnörkellos erfüllt bekommen. Im Grunde genommen ist er gar kein Kunde, sondern gleich ein Käufer – sofern der Verkäufer sich richtig verhält.

So machen Sie den Weg frei

Wenn Ihr Kunde sagt »Ich brauche« und »Ich muss«, sind dies klare Hinweise für seine Zielstrebigkeit und Entscheidungsfreude. Reagieren Sie ebenso klar und eindeutig und vermeiden Sie ausführliche Bedarfssondierung. »Wieso« und »Warum« und ähnliches Nachhaken bremsen das Anliegen des Kunden aus und lassen ihn daran zweifeln, ob Sie der richtige Partner für seine Problemlösung sind.

Direktheit ist beim Schnell-Entscheider Trumpf: »Dieses Modell haben wir am Lager und können es Ihnen schon morgen liefern«, das ist genau das, was dieser Kunde gerne hat. Er liebt Friseure, bei denen er ohne Termin reinschneien kann und Blumenläden mit fertig gebundenen Sträußen, die er gleich mitnehmen kann.

Natürlich ist es großartig, wenn Sie als Verkäufer über ein umfangreiches Fachwissen über Ihre Produkte verfügen. Nur bei diesem Kunden ist es fehl am Platz. Mit langen Erklärungen und detaillierten Einführungen in die Produktpalette legen Sie nur Stolpersteine in den Weg. Nehmen Sie also Fahrt auf, indem Sie umständliche Höflichkeiten, Diplomatie oder gar Gefühlsbekundungen über Bord werfen und beschränken Sie sich auf einzelne Produkte und deren relevante Aspekte. Mit ein oder zwei geeigneten Angeboten, die Sie ihm vorlegen, ist er meist schon zufrieden.

2. »Kommen Sie bitte zur Sache!«

Dass der Schnell-Entscheider es nicht wünscht, ausführlich über alle potenziellen Einzelheiten seines Bedarfs sprechen zu müssen, kommuniziert er unmissverständlich klar und direkt. Kein Wunder, wenn so mancher seiner Kommentare auf sein Gegenüber vielleicht barsch oder gar ungehobelt wirkt.

Das Kriterien-System dieses Kundentyps besteht nun mal aus purer Zielstrebigkeit – für Lyrik und Poesie ist da ebenso wenig Platz wie für Verkäuferprosa. »Ich bin hier beim Einkauf, beim Problemlösen, nicht auf der Gala-Veranstaltung der deutschen Botschaft«, so könnte man die Gedankenwelt des Schnell-Entscheiders zusammenfassen.

In der Realität am Beratungstisch oder im Verkaufsraum ist das eine gehörige Herausforderung für den Verkäufer: Es muss nicht einmal ein »Dauert es noch lange?« des Kunden sein, schon ein Augenrollen oder ein ungeduldiges Schnaufen kann die Laune des Verkäufers in den Keller sacken lassen und das Adrenalin zum Kochen bringen. Ein kurzes Zurückbellen oder ein bissiges Wort sind da allzu verständlich – aber alles andere als geschäftsfördernd. Wie bleibt ein Verkäufer in einer solchen Situation gelassen?

Nehmen Sie das Tempo Ihres Kunden auf

Lassen Sie sich nicht irritieren, wenn der Schnell-Entscheider Ihnen über den Mund fährt und den Taktstock für das Verkaufsgespräch mit hohem Tempo schwingt. Das ist völlig normal – und er meint es nicht böse. Wenn der Schnell-Entscheider Sie unterbricht, ist das kein Grund gekränkt zu sein. Bleiben Sie entspannt und sehen Sie dies ganz uneitel als Hinweis darauf, dass Sie zu lange reden. Nehmen Sie sich zurück und fragen Sie Ihren Kunden einfach: »Brauchen Sie noch weitere Informationen?«

»Sollen wir das Buch als Geschenk einpacken?« – »Brauchen Sie Hilfe beim Verladen des Hochdruckreinigers?« – Hat der Schnell-Entscheider seine Wahl getroffen, so gehen Sie direkt zum Geschäftsabschluss über. Denn der Anspruch Ihres Kunden an die Schnelligkeit bezieht sich nicht nur aufs Verkaufsgespräch. Halten Sie die fertige Rechnung oder den Vertrag zeitnah unterschriftsreif bereit. Wenn möglich vermeiden Sie auch bei den nachgeschalteten Phasen des Kaufs, zum Beispiel bei der Auslieferung, Verzögerungen.

Denken Sie daran: Entscheidend ist am Ende immer nur der Abschluss – und der gelingt beim Schnell-Entscheider umso zügiger, je klarer und schnörkelloser Sie ihm gegenüber auftreten und je schneller Sie Ihre Aufgabe erledigen.

Die besondere Chance

Lieferzeiten sind für den Schnell-Entscheider ein Albtraum – er will sein Vorhaben möglichst schnell umsetzen und nicht kurz vor dem Gipfel noch eine erzwungene Rast einlegen. Sein Problem soll möglichst im Hier und Jetzt gelöst werden. Aufschub? Nicht geduldet! Als Sofort-Käufer und -Mitnehmer wird er spontan zugreifen, wenn sich die Chance bietet. Das können Sie nutzen – und endlich findet das Ausstellungsstück vom Vorjahr oder das Vorführmodell einen glücklichen Käufer.

Der Schnell-Entscheider: kurz & kompakt

> ➤ Lassen Sie sich auf das Tempo und die direkte Art des Kunden ein.

> ➤ Beschränken Sie sich bei der Präsentation auf das Wesentliche.

> ➤ Stellen Sie nur wenige Produkte vor und benennen Sie klar und knapp die Unterschiede.

> ➤ Arbeiten Sie mit stichpunktartigen Informationen und Zusammenfassungen.

> ➤ Vermeiden Sie Rechtfertigungsfragen und Verzögerungsangebote wie »Wollen Sie noch einmal darüber schlafen?«

> ➤ Halten Sie beispielsweise zeitnah die fertige Rechnung oder den Vertrag unterschriftsreif bereit.

> ➤ Sorgen Sie für einen zügigen Abschluss des Kaufs.

Verborgene Augenlider – der Hinterfrager

Es gibt Menschen, die sich in ihrer Welt wie Erkundungsfahrzeuge auf fremden Planeten bewegen: präzise und bedächtig. Dabei immer im Blick:

jedes Detail. Einzelheiten zählen und sind wichtige Bestandteile, um den Dingen auf die Spur zu kommen. Jede noch so kleine Fundsache kommt unter die Lupe – wird umfassend analysiert und hinterfragt. Deshalb auch der Name für diesen Typ von Kunden: der Hinterfrager.

Der Hinterfrager liebt es, sich vor einem Kauf ausgiebig über jede Einzelheit zu informieren und alle verfügbaren Informationen zu erforschen. Er vergräbt sich in Details und macht jeden Kaufanlass zu einem Forschungsauftrag. Es ist aber kein reiner Wissensdrang, der ihn dazu bewegt, sich schon vor dem Betreten eines Ladens oder vor einem Beratungsgespräch Fachliteratur zu besorgen, Testberichte zu studieren und Vergleichswerte zu ermitteln. Am besten bis auf die Kommastelle genau. Er möchte einfach sichergehen, ganz bestimmt die richtige Entscheidung zu treffen. Ein Fehlkauf wäre eine Bankrott-Erklärung für seine analytischen Fähigkeiten. Das gilt es für ihn, um jeden Preis zu vermeiden.

Mit einem Hinterfrager als Kunden sind Sie als Verkäufer auf eine Extraportion Geduld angewiesen, denn Ihre Aufgabe ist es, ihm angesichts einer ganzen Reihe von Darlegungen, Zweifeln und Einwänden im Verkaufsgespräch Halt und Orientierung zu vermitteln.

3-Sekunden-Scan: So erkennen Sie den Hinterfrager

Hinterfrager machen große Augen – denn wenn ihre Augen weit geöffnet sind, verschwinden ihre Lider völlig unter der Lidfalte. Das erinnert etwas an Sportwagen mit Schlafaugen-Scheinwerfern: Wenn Licht in die Sache gebracht werden soll, sind die Klappen nicht mehr zu sehen.

1. »Ich habe mich da mal schlau gemacht«

Eigentlich bräuchte der Hinterfrager überhaupt keinen Verkäufer – er kennt sich ja selbst schon bestens aus. Aber eben nur eigentlich. Denn obwohl er schon sämtliche Recherche-Register gezogen und alle verfügbaren Aspekte bereits analysiert und vorab in die Waagschale geworfen hat, hat er sich noch lange nicht wirklich entschieden. Er braucht den Verkäufer als ein Gegenüber, das seine Analyse reflektiert. Mit dem Verkäufer will er alle Facetten seines Anliegens besprechen und sich am Ende von ihm positiv bestätigt wissen.

»Sind Sie auch der Meinung, dass ...« – so beginnt ein typischer Satz des Hinterfragers, mit dem er seine eigene Schlussfolgerung zu einem Produkt überprüfen möchte. Wenn der Verkäufer beim Jonglieren mit Zahlen, Daten und Fakten mithalten kann ... Die unerschütterliche Fachkenntnis des Verkäufers ist eine wichtige Voraussetzung für die erfolgreiche Abwicklung des Kaufs.

Wer bei all der Fokussierung auf technische Daten zu dem Schluss kommt, dass Gefühle für den Hinterfrager überhaupt keine Rolle spielen, liegt falsch. Er hat durchaus Sinn für Freundlichkeit und ein harmonisches Miteinander. Er mag auch Humor. Jedoch auch in puncto Emotionen gilt das Grundmuster: Er möchte seine eigene Einschätzung und Gefühlslage zu einem Produkt bestätigen – und sucht dazu einen Kumpanen.

Seien Sie ein ebenbürtiger Gesprächspartner

Wenn ein Hinterfrager Ihr Geschäft betritt, sollten Sie damit rechnen, dass er über mehr Detailwissen und Hintergrundwissen verfügt als Sie selbst. Bauen Sie jedoch auf keinen Fall eine Konkurrenzsituation zum Kunden auf, um zu demonstrieren, dass auch Sie sich auskennen. Sie müssen nicht für alle sichtbar in Führung gehen und den Dialog beherrschen.

Mit einem Hinterfrager als Kunden sind Sie nicht im Zugzwang, denn er sucht einen Austausch auf Augenhöhe, mit Ihnen als ebenbürtigem Gesprächspartner auf fachlicher Ebene. Darauf freut er sich sogar! Statt also ein Dominanzverhalten an den Tag zu legen, gehen Sie souverän auf Ihren Kunden ein und vermitteln ihm in aller Ruhe anhand von Fakten, mit welchem Produkt er einen guten Kauf macht.

Ihre Aufgabe als Verkäufer ist also weniger die Präsentation als eine Moderation: Führen Sie das Verkaufsgespräch und den Kunden – aber bestimmen Sie nicht über ihn. Sprechen Sie von sich aus keine Empfehlung aus, sondern helfen Sie dem Analytiker fachkundig beim Abwägen der Kriterien und Argumente und lassen Sie ihm die Zeit, die er für seinen Entscheidungsprozess benötigt.

2. »Was meinen Sie dazu?«

Der Hinterfrager ist immer gut vorbereitet, kennt sich rund um das gewünschte Produkt aus und hat oftmals eine klare Meinung zu Details und Kriterien. Dennoch: Auch wenn er mit den angelesenen Informationen schon ein Angebot im Auge hat oder eine starke Tendenz zu einer bestimmten Lösung mitbringt, so möchte er mit Ihnen noch einmal darüber sprechen. Einerseits beschäftigt er sich damit, ob er das Produkt auch wirklich braucht. Möchte sich ein Hinterfrager beispielsweise eine Stereoanlage für einige Tausend Euro kaufen, braucht er noch einen Anstupser von außen, um die Anschaffung vor sich selbst zu rechtfertigen – nicht zuletzt von dem Verkäufer, der sich mit den Details auskennt und den Kauf der Anlage ebenfalls für richtig und sinnvoll hält – aufgrund logisch nachvollziehbarer Argumente, versteht sich.

Andererseits ist der Hinterfrager auch unsicher, ob er die richtigen Kriterien berücksichtigt und alle Fakten ausreichend analysiert hat. Im Grunde sucht er nach einer Bestätigung, dass er die richtige Wahl getroffen hat. Er möchte sie vom Verkäufer noch einmal abgesegnet bekommen, erst dann fühlt er sich wohl. Am schnellsten wird sich der Hinterfrager für den Kauf entscheiden, wenn er einen Teil der Verantwortung auf den Verkäufer übertragen kann.

»Dieser LED-Fernseher verfügt als Erster über Gestensteuerung, kein Wunder, dass dieser Hersteller der absolute Marktführer in diesem Bereich ist.« Der Hinweis, dass der 3.500 Euro teure LED-Fernseher vom Marktführer stammt, kann das Zünglein an der Waage sein, sodass der Hinterfrager das Geld dafür gerne ausgibt.

Der Käufer kann dann zum Beispiel zu Hause zu seiner Frau sagen: »Der Verkäufer ist auch der Meinung gewesen, dass dies das allerbeste Modell für uns ist.« So funktioniert die Welt des Hinterfragers. Und Sie sind als Verkäufer sehr gut beraten, dem Kunden die Munition für nachfolgende heimische Debatten in Form fundierter Argumente zu liefern. Damit wird er Sie auch in sein Herz schließen, weil Sie ein Verbündeter auf seinem Weg zum Glück sind.

Verbünden Sie sich mit dem Kunden

Der Katalysator für die Verkaufsentscheidung eines Hinterfragers ist Solidarität, denn er sucht jemanden, der ihn in seiner Entscheidung unterstützt. Verbünden Sie sich mit ihm und seinem Anliegen. Assistieren Sie ihm, indem Sie seine Entscheidungskriterien und Überlegungen spiegeln. Vermitteln Sie Ihrem Kunden, dass es auch Ihr Anliegen ist, dass er eine sehr gute Entscheidung trifft und helfen Sie ihm dabei, seinen Kauf vor sich selbst und anderen abzusichern.

»Nummer sicher«, »Gute Entscheidung«, »Alle Faktoren sprechen dafür«, das sind die Anstöße von Ihrer Seite, die sich für den Hinterfrager über reine Fakten hinaus als sehr hilfreich erweisen. Schädlich hingegen ist es, wenn Sie sich zögerlich zeigen: »Ich weiß nicht, ob Sie in einem kleinen Wohnzimmer wirklich einen 60-Zoll-Fernseher benötigen?« Solche durchaus in anderem Zusammenhang sinnvolle Bedenken bringen den Hinterfrager eher wieder ins erneute Analysieren und rücken die Kaufentscheidung in weite Ferne. Hier dürfen Sie taktisch klug vorgehen und verstehen, dass sich auch nicht ganz vernünftige Entscheidungen durchaus rational begründen lassen. Nur das ist Ihr Part als Verkäufer bei diesem Kundentyp.

3. »Ich hätte da noch eine Frage ...«

Der Hinterfrager sucht das gute Gefühl, zur richtigen Entscheidung viel beigetragen zu haben, aber auch professionell beraten und bestätigt worden zu sein – egal wie viele Fragen vorher noch zu klären sind. Das braucht seine Zeit. Und die sollte sich der Verkäufer unbedingt nehmen. Wenn es eben möglich ist, lässt er sich während des Verkaufsvorgangs nicht von anderen Kunden oder Kollegen ablenken. Der Hinterfrager möchte gerne den Gedankenaustausch ungestört zu Ende bringen. Es ist für ihn ein wenig so, als würde er mit dem Verkäufer eine Fachdiskussion führen. Gerne wird er ausführlich erklären, welches Kriterium wann und warum für ihn das Ausschlaggebende ist. Dieser komplizierte Tanz rund um das Produkt gehört für den Hinterfrager unbedingt zum Entscheidungsprozess dazu. Wenn der Verkäufer diesen abzukürzen versucht, verliert der potenzielle Kunde am Ende noch das Interesse – und der Verkäufer seinen Kunden.

Niemals wird der Hinterfrager einfach einen teuren Gegenstand aus dem Regal nehmen, zur Kasse tragen und bezahlen, es sei denn, er hat bereits ein andermal – z. B. bei einem vorherigen Besuch – alle Informationen erhalten bzw. besprochen. Bei Verträgen wird er nicht das erste Angebot unterschreiben, solange er nicht ausreichend informiert ist. Der Verkäufer kann ihn aktiv unterstützen, indem er auf sämtliche Belange und Befindlichkeiten eingeht, weitere Informationen anbietet und Fragen und Einwände so lange beantwortet, bis der Entschluss endlich gefasst wird.

Eine Chance besteht allerdings darin, dass dieser Kunde den Verkäufer nach einigen fruchtbaren Diskussionen als Experten anerkennt und damit bei zukünftigen Kaufentscheidungen seinen Rat annimmt. Das kann nach einer Phase des Kennenlernens zu sehr schnellen Verkaufsabschlüssen führen, bei denen nicht mehr jedes einzelne Argument hin- und herbewegt werden muss.

Das gemeinsames Abwägen von Kriterien und die ausführlichen Fachgespräche erfordern vom Verkäufer Geduld und Gelassenheit. Doch jede Frage dieses Kunden ist gleichzeitig auch ein gutes Zeichen, denn damit macht er dem Verkäufer ein Kompliment: Indem er ihn eines ausgiebigen gemeinsamen Fachsimpelns für würdig hält, zeigt er sein hohes Maß an Wertschätzung.

Räumen Sie alle Bedenken aus der Welt

Wenn der Hinterfrager Ihnen seine Wünsche vorträgt, ist es besonders wichtig, jedes seiner Anliegen zu klären und alle Bedenken aufzugreifen, die er zum Verkaufsgespräch mitbringt. So geben Sie ihm die Sicherheit, die er für seine Entscheidung benötigt, und das Gefühl, mit seiner Anschaffung die richtige Wahl zu treffen.

Gehen Sie geduldig auf die vielen Fragen ein. Es ist also nicht nur erlaubt, sondern gewünscht, sich ausführlich über alle Details auszutauschen. Mit Fragen wie »Was haben Sie sich schon angeguckt?«, »Welches Produkt ist bei Ihnen schon in der engeren Auswahl?« und »Was sind die Kriterien, nach denen Sie entscheiden?«, treiben Sie den Verkaufsprozess voran.

Es besteht kein Grund zur Enttäuschung, wenn Ihr potenzieller Käufer sich nicht sofort entscheidet: Er möchte sich dann alle Informationen in Ruhe noch einmal durch den Kopf gehen lassen. Anschließend wird er zurückkehren und seinen Kauf tätigen.

Die besondere Chance

Wenn der Hinterfrager in Ihnen einen Gleichgesinnten gefunden hat, springt der Funke dauerhaft über, und er wird Ihr treuer Kunde für lange Zeit. »Wir sitzen im selben Boot – und fahren in dieselbe Richtung«, so die Überzeugung, die sich dann bei Ihrem Kunden einnistet. Sie werden für Ihre Geduld und Ihr Fachwissen mit weiteren Umsätzen belohnt. Denn der Treueschwur des Hinterfragers hält, was er verspricht. Sehen Sie also Ihre umfangreichen Bemühungen, Ihre ausdauernde Gelassenheit und Ihren entspannten Umgang mit Ihrer Rolle als Verkäufer als renditestarke Investition in die Zukunft.

Der Hinterfrager: kurz & kompakt

> Solidarisieren Sie sich mit dem Anliegen des Kunden.

> Lassen Sie Ihrem Gegenüber im Verkaufsgespräch Raum fürs Erzählen und ausführliche Darlegen seiner Wünsche.

> Spiegeln Sie die von ihm genannten Kriterien und Überlegungen.

> Vermeiden Sie es, in Bezug auf Fachwissen mit ihm in Konkurrenz zu treten.

> Räumen Sie gewissenhaft alle Bedenken des Kunden aus.

> Unterbrechen Sie ihn nicht ungeduldig in seinen Ausführungen.

> Drängen Sie ihn keinesfalls in Richtung Kaufentscheidung.

> Geben Sie ihm möglichst zusätzliche Fakten, um seine Kaufentscheidung zu unterstützen.

> Zeigen Sie sich durchgehend geduldig und lassen Sie dem Kunden seinen Entscheidungsfreiraum.

Der Spickzettel

> Gut sichtbare Augenlider: der Schnell-Entscheider

> Typische Aussage: »Okay! Gekauft!«

> Haltung des Verkäufers: Auf die Plätze, fertig, los.

> Verborgene Augenlider: der Hinterfrager

> Typische Aussage: »Ich habe da noch eine Frage.«

> Haltung des Verkäufers: Kann schon mal länger dauern.

4. Jetzt mal eins nach dem anderen

Die Stirn

Die Immobilienmaklerin Isolde Silberpfennig durchquert mit schnellen Schritten den großen Wohnraum der herrlichen alten Villa und öffnet die Terrassentüren. Leichter Wind streicht vom See herein, und das Sonnenlicht schmeichelt dem weiß gekalkten Eichenboden. Noch am Morgen hat sie einem ehemaligen Kollegen beim gemeinsamen Frühstück im Café das Exposé gezeigt und ausgiebig von ihrer Premium-Immobilie geschwärmt, für die sie schon heute einen wichtigen Termin vereinbart hat: »Schau dir das an – dieser Blick auf den See direkt vom Balkon und vom Garten aus, eigentlich ist das unbezahlbar!« Der Vorbesitzer mit einem Faible für die Gründerzeit hat die Villa perfekt saniert. Fast schon neidisch schaut ihr Kollege auf den anvisierten Verkaufspreis. In ihrem Überschwang hat Frau Silberpfennig auch noch mit ihm darauf gewettet, dass sie das schöne Objekt gleich verkauft.

Sie rechnet sich beste Chancen aus, diese Wette heute zu gewinnen. Frau Silberpfennig hat ihre eigene Methode für eine systematische Verkaufspräsentation: Nach einer herzlichen Begrüßung und einigen Hinweisen über den geplanten Ablauf will sie zunächst die wesentlichen Informationen zu Grundstückgröße, Lage und Zustand des Anwesens präsentieren. Und dann Raum für Raum vom Keller bis Obergeschoss besichtigen, anschließend die Garagen und weitere Nebengebäude.

Gut geplant, ist halb gewonnen. Leider nur halb, denn das schicke Paar aus München, das zum Termin erscheint, stellt sofort ihr schönes Konzept auf den Kopf. Noch bevor die Maklerin die

Haustür ganz hinter ihnen schließen kann, ist der Mann bereits ins Wohnzimmer gestürmt und erkundigt sich, ob sich die Deckenbeleuchtung mit den vorhandenen Lichtschaltern auch dimmen lässt. Seine Frau hat den Keller und die Küche noch gar nicht gesehen, da befindet sie sich schon auf dem Weg in den ersten Stock – ohne die Antwort auf ihre Frage nach der Einbaumöglichkeit für eine Katzenklappe überhaupt abzuwarten.

»Ähm, vielleicht gehen wir in Ruhe gemeinsam durch die Räume ...« – auch von Frau Silberpfennigs freundlicher Intervention lässt sich das Paar nicht abhalten, durch die Zimmer der Villa zu schwärmen. Isolde Silberpfennig verzweifelt daran, dass sie die Aufmerksamkeit ihrer Kunden beim besten Willen nicht bündeln kann. Ihr Versuch, wieder Struktur in ihre Präsentation zu bringen, scheitert wie ein Elfmeter, der an die Latte knallt. Sie hat dabei das deutliche Gefühl, dass die Chemie einfach nicht stimmt. Tatsächlich zieht das Paar schon nach einer Viertelstunde wieder von dannen, als sie mit ihrer Präsentation gerade noch einmal neu beginnen möchte.

Abends trifft die Absage der Interessenten per E-Mail ein und bestätigt der Maklerin in knappen Worten, was sie während der Besichtigung bereits deutlich gespürt hat: »Besten Dank für den Termin, aber – kein Interesse.« Nachdenklich speichert Frau Silberpfennig die Nachricht in ihrer Ablage. Sie versteht es einfach nicht: Lage, Ausstattung und Preis, alles stimmte. Und ihre Präsentation war so gut vorbereitet.

Schräg oder gerade?

Wer sagt, dass nach A immer B kommt? Der klassische Anfang ist nicht immer der richtige Einstieg, man kann auch einfach mittendrin beginnen. Erfolgreiches Verkaufen verläuft ja nicht wie ein bürokratischer Akt mit in Stein gemeißelten Routinen und Prozessen. Oder eben doch?

Ob Ordnung und ein strukturierter Ablauf die wesentliche Rolle im Verkaufsgespräch spielen, bringt spätestens die Reaktion des Kunden zum Ausdruck. Entweder in Form eines erfolgreichen Abschlusses oder eines schnellen Abschieds. Einen Vorteil hat hier der Verkäufer, der schon vorher weiß, ob sich der Kunde eine übersichtliche Struktur im Verkaufsprozess wünscht – oder eben seine Kaufentscheidung ohne bestimmte Reihenfolge, jedoch zielfokussiert trifft. Die Antwort ist eine reine Kopfsache, denn Auskunft darüber erteilt die Stirn des Kunden.

Gerade Stirn – der Schritt-für-Schritt-Mensch

»Wer ein Ziel erreichen möchte, sollte richtig starten. Und einen Schritt nach dem anderen gehen.« Man muss nicht gleich an uralte Pilgerrouten wie den Jakobsweg denken, um den Kern dieser Botschaft zu ergründen und umzusetzen. Jede Strecke hat einen klaren Anfang und ein klares Ende – und dazwischen liegen eindeutig definierte Etappen: Es gibt Menschen, für die gilt diese Grundmaxime nicht nur auf einer Wanderschaft, sondern auch zu Hause, im Arbeitsalltag und natürlich auch in der Verkaufssituation: immer einen Schritt nach dem anderen. Und zwar wohlüberlegt. Schritt-für-Schritt-Menschen eben.

Schritt-für-Schritt-Menschen konzentrieren sich voll und ganz auf den Ablauf: Was folgt auf Schritt A, welche Zwischenergebnisse gibt es, was muss abgehakt werden, um schließlich ans Ziel zu gelangen? Sie sind logische Denker, sie teilen sich die Welt in durchdachte Schrittfolgen ein und bekommen so ein Gefühl für das Gesamtbild. Dabei geht es ihnen nicht allein um den Überblick, sondern ganz besonders um die Sicherheit, dass alles in sich schlüssig und durchdacht ist. Eine logische Reihenfolge ist ihr A und O – denn nur sie garantiert den Erfolg einer Sache. Insbesondere, wenn sie unter Stress stehen, fühlen sich Schritt-für-Schritt-Menschen mehr im Denken als im Handeln zu Hause. Dann ist ihr Kopf praktisch immer ein bisschen mit der Frage beschäftigt: »Was wäre, wenn ...?«, »Wie ist der Ablauf, wenn etwas Unvorhergesehenes passiert?« und »Habe ich an alles gedacht?«. Das gipfelt in der Frage »Was wird passieren, wenn ich mich so oder so entscheide?« – Das führt schon einmal dazu, dass sich diese Menschen in Worst-Case-Szenarien verlieren.

Bevor sie eine Entscheidung treffen oder handeln, müssen also erst alle wichtigen Schritte festgelegt sein. Wie bei einer Slalom-Route stecken sie sich alle Prozesse und Abläufe gewissermaßen mit gut sichtbaren Markierungsfähnchen ab. Denn sie wollen schon im Vorfeld wissen, wo es lang geht.

3-Sekunden-Scan:
So erkennen Sie den Schritt-für-Schritt-Menschen

Nehmen Sie eine Leiter als Gedankenstütze: Schritt für Schritt, Sprosse für Sprosse – Leitern lehnt man am besten an senkrechte Wände an. Senkrecht wie die Stirn Ihres Gegenübers. Verläuft die Stirn über der Nasenwurzel senkrecht nach oben, so steht ein Schritt-für-Schritt-Mensch vor Ihnen.

1. »Eins nach dem anderen«

Einen Schritt-für-Schritt-Menschen kann man sich wie einen Kunstliebhaber vorstellen, dessen Herz für Mosaike schlägt. Nicht für einzelne lose Mosaiksteine oder unfertige Werke, sondern einzig und immer für das fertige Bild, das Große und Ganze. Der Schritt-für-Schritt-Mensch sieht ein Bild nur dann, wenn alle Steine vorhanden und in exakt der richtigen Reihenfolge miteinander verbunden sind. Lücken findet er unerträglich, und ein schlüssiges Gesamtkonzept für jedes Mosaik ist eine unbedingte Voraussetzung, damit ein Kunstwerk das Herz des Schritt-für-Schritt-

Menschen erobert. Auch in einem Verkaufsgespräch müssen diese Menschen unbedingt Zusammenhänge kennen und einen Überblick über die einzelnen Schritte haben, damit in ihrem Kopf das passende Bild entstehen kann. Schritt-für-Schritt-Menschen sind zunächst Theoretiker und werden dann erst zu Praktikern. Sie denken und planen zunächst, bevor sie handeln. So verschaffen sie sich das Sicherheitsgefühl, aus dem heraus sie dann agieren.

Durch die Phase des Planens kann ein Schritt-für-Schritt-Mensch vorübergehend gedankenverloren und etwas abwesend wirken. Dann scheint es so, als nähme er nicht wahr, was um ihn herum geschieht. »Das war also die Farbpalette – mmhhh, mmhhh ...« – Voreilige Verkäufer fehlinterpretieren dieses Verhalten leicht als Skepsis oder Desinteresse des Kunden. Doch keine Sorge: Gerade in den Momenten arbeitet sein Gehirn auf Hochtouren. Er ist dabei, sein Gedankenmosaik zusammenzusetzen. Und das dauert einen Moment.

Ein guter Verkäufer überbrückt die Denkpausen, indem er seinem Kunden zum Beispiel ein Getränk anbietet. Während er sich um den Kaffee kümmert, fällt es nicht so auf, wenn ein paar Minuten lang nicht geredet, sondern eher gedacht wird.

Erklären Sie den genauen Ablauf

»Ich gebe Ihnen erst einmal einen Überblick.« Bieten Sie dem Schritt-für-Schritt-Menschen am Anfang des Gesprächs eine kurze Skizze über den Ablauf, der ihn erwartet. Gibt es etablierte Routinen, hat sich ein bestimmtes Vorgehensmuster bereits in der Praxis bewährt? Dann erläutern Sie diese! Beim Optiker wird zum Beispiel zunächst die Sehstärke bestimmt, dann die Fassung ausgesucht und anschließend die Beschaffenheit der Gläser festgelegt. Wenn der Schritt-für-Schritt-Mensch diesen Ablauf kennt, fühlt er sich gleich wohl und kann sich umso besser auf die Auswahl konzentrieren.

Wenn Sie sich auf eine Vorgehensweise festgelegt haben, ist es anschließend wichtig, den geschilderten Ablauf auch wirklich einzuhalten, damit der Kunde von dem vermittelten Gefühl der Sicherheit und Transparenz profitiert.

Während des Verkaufsgesprächs machen Sie jeweils deutlich, an welchem Schritt Sie inzwischen angekommen sind. Das gilt vor allem für komplexe Verhandlungen. Bei einer Gartenneugestaltung zum Beispiel erklären Sie auch hier wieder den Ablauf Schritt für Schritt – wann kommt der Bagger, wo werden Wege gelegt, welche Pflanzen werden zuerst gebracht, wie erfolgt die Fertigstellung und so weiter. Nach Arbeitsbeginn melden Sie, wenn der Bagger abtransportiert wurde, die Wege fertig angelegt wurden und die ersten Pflanzen bereits eingesetzt werden konnten.

2. »Nur keine Unterbrechung«

»Lindenstraße«, »Marienhof« oder »Gute Zeiten, schlechte Zeiten«: Ähnlich wie langjährige Fans von Vorabend-Fernsehserien brauchen Schritt-für-Schritt-Menschen im Verkaufsgespräch das Gefühl: Das geht jetzt immer so weiter, eine Handlung reiht sich an die nächste. So soll es sein, so tut es gut. Im Prinzip gibt es nur die eine Angst: dass die Reihe unterbrochen wird. Das heißt nicht, dass Schritt-für-Schritt-Menschen fernseh- und seriensüchtig sind, sondern dass bei ihnen das Serien-Erfolgsprinzip greift: Sie mögen keine Unterbrechungen, und Lücken verursachen bei ihnen Stress.

Ideal ist es also, wenn ein Beratungsgespräch wie am Schnürchen läuft – hoch konzentriert, klar strukturiert. Und in beständigen Schritten. Es soll immer alles in den gewohnten, sicheren, bewährten, festgelegten Bahnen ablaufen. Aber Hand aufs Herz: Was sich so einfach anhört, ist in der Praxis gar nicht so leicht umzusetzen. Speziell im Einzelhandel sind Unterbrechungen im Verkaufsgespräch durch andere Kunden praktisch vorprogrammiert. Auch im Beratungsgespräch in der Bank kann das Klingeln des Telefons, der nächste Kunde, der zu früh zum Termin erscheint, oder ein Kollege mit einer dringenden Frage den schnurgeraden Ablauf komplett über den Haufen werfen. Ist man da hilflos?

Nehmen Sie den Faden wieder auf

Bemühen Sie sich grundsätzlich um ein Setting, in dem möglichst wenige Störungen drohen. Wenn Sie trotz aller Bemühungen unterbrochen werden, greifen Sie auf eine Art Schuhlöffel-Methode zurück, um dem Schritt-für-Schritt-Menschen wieder an der richtigen Stelle ins Gespräch zu helfen. Thematisieren Sie die Unterbrechung, benennen Sie die Schritte, die Sie und Ihr Kunde bereits vollzogen haben, und steigen Sie an der letzten Stelle, an der letzten Wegmarke in das Verkaufsgespräch wieder ein: »Es tut mir leid, dass wir unterbrochen wurden. Kommen wir zurück zum Produkt. Wir hatten zuletzt den Motortyp festgelegt und waren nun bei der Frage nach dem Allrad-Antrieb angekommen.« So nehmen Sie den Faden erneut auf und stellen die Verbindung zum Anfang des Gesprächs wieder her.

3. »Ich möchte gerne noch mal wissen ...«

Eines muss man den Schritt-für-Schritt-Menschen lassen: Ihr Faible für logische Abläufe bringt Klarheit und Sicherheit – ganz so, als ob alle Einzelschritte in ihrem Kopf mitprotokolliert werden. Sie handeln erst, wenn sie das Gefühl haben, dass wirklich alles bis ins letzte Detail stimmt. Das kann unter Umständen dazu führen, dass sie im Verlauf der Unterhaltung zurück zu früheren bereits abgehakt gedachten Phasen des Gesprächs springen. Im Extremfall schlagen sie kurz vor Abschluss des schon sicher geglaubten Kaufs einen Haken und entscheiden sich plötzlich für eine ganz andere Richtung.

Wenn sich beispielsweise ein Schritt-für-Schritt-Mensch im Autohaus bereits auf Wagenfarbe, Motorisierung und den passenden CD-Player für den Kombi festgelegt hat und unvermittelt auf einen großen Family-Van umschwenkt, wird der Verkäufer sich über die vertane Zeit ärgern und eventuell sogar den ganzen Abschluss in den Wind schreiben müssen. Die entscheidende Frage lautet: Wie kann er eine solche Situation vermeiden und rechtzeitig gegensteuern?

Markieren Sie die Zwischenschritte

Halten Sie es wie am Computer: Speichern Sie Ihre Zwischenergebnisse ab! Sie haben sich mit dem Schritt-für-Schritt-Menschen auf den Grundtyp des Staubsaugers geeinigt? Räumen Sie alle alternativen Modelle aus dem Sichtfeld, damit er sich ganz auf das ausgewählte Produkt konzentrieren kann. Setzen Sie auch mündlich Wegmarken nach dem Motto »Das Modell steht jetzt also schon fest«, und: »Da wir den Grundtyp ausgewählt haben, können wir jetzt über die Farbe und die Ausstattung sprechen.«

Aber bitte ohne Drängeln! Wenn Sie bemerken, dass Ihr Kunde sich noch unsicher ist und vielleicht diesen Schritt noch nicht abschließen möchte, forcieren Sie den Prozess nicht. Bieten Sie ihm Zeit an, fragen Sie, wie es ihm mit diesem Modell geht, wie gut er sich damit fühlt. So schaffen Sie Sicherheiten, und können auch gleich wieder ein Zwischenergebnis »abspeichern«.

Die besondere Chance

Fällt es Ihnen schwer, Ihr Verkaufsgespräch in einzelne Schritte zu untergliedern? Das kann ein Zeichen dafür sein, dass Ihnen die Dramaturgie, vom Einstieg bis zum erfolgreichen Ende, noch fehlt. Dies ist die wichtigste Rückmeldung, die ein Schritt-für-Schritt-Mensch Ihnen geben kann.

Mit ihrer Logik für Abläufe zoomen diese Kunden bis ins letzte Detail. Dabei behalten sie ihre Eindrücke nicht unbedingt für sich, sondern machen ihre Einschätzung und Wünsche in Form eines wertvollen Feedbacks transparent. Nehmen Sie das als Chance wahr für sich und Ihren Verkaufsprozess. Profitieren Sie so beim nächsten Kunden von einem zügigeren Bestellablauf oder einer stringenteren Datenerfassung. Auch wenn der Abschluss gelungen ist – scheuen Sie sich nicht, auch selbst einmal nachzufragen: »Welche Abläufe könnte ich noch verbessern?« Vor allem Schritt-für-Schritt-Menschen haben viele gute Tipps für Sie.

Der Schritt-für-Schritt-Mensch: kurz & kompakt

➤ Geben Sie Ihrem Kunden einen Überblick über das geplante Verkaufsgespräch.

➤ Benennen Sie Zwischenergebnisse.

➤ Schließen Sie Prozessschritte ab.

➤ Bieten Sie Bedenkzeit an.

➤ Präsentieren Sie schrittweise und nicht alles auf einmal.

➤ Wiederholen Sie gegebenenfalls die einzelnen Punkte.

➤ Vermeiden Sie Unterbrechungen.

> Nehmen Sie nach unvermeidlichen Unterbrechungen den Faden mit einer kurzen Zusammenfassung wieder auf.

> Stellen Sie sicher, dass alle Fragen beantwortet sind.

> Verlieren Sie nicht die Geduld, haben Sie Verständnis für viele Fragen.

> Erläutern Sie Ablauf und Aspekte nach dem Kauf in Einzelschritten.

Schräge Stirn – der Ergebnisorientierte

Wasserrutschen sind schon etwas Tolles: Kaum hat man sich überwunden, die Röhre zu betreten, wird man auch schon in quirlige Turbulenzen mitgerissen und nimmt ganz schön an Fahrt auf. In hohem Tempo geht es auf das festgelegte Ziel zu. Bestimmte Menschen scheinen sich nur auf diese Art fortzubewegen: Sie sind immer mittendrin im Geschehen, stets quicklebendig und allzeit schnell und zügig unterwegs. Und ganz gleich, welche Schleifen und Kurven die Wasserrutsche macht – sie sind voll und ganz auf das Ziel fokussiert. Deshalb auch ihr Name: die Ergebnisorientierten.

Die Ergebnisorientierten haben eine initiative Persönlichkeit und gehen alles sehr offensiv an. Was zählt, ist das, was rauskommt. Zögern, Nachdenken, Überlegen? Nicht nötig, es soll möglichst schnell gehen, ohne jeden Zeitverlust. Damit das klappt, geben sie ihrer Umwelt gern einen Vertrauensvorschuss.

Es geht dem Ergebnisorientierten ums Handeln – ein langes Hin und Her und umfangreiche Gedankengebäude muss der Ergebnisorientierte nicht aufbauen. Um sich in Richtung auf das Ziel in Bewegung zu setzen, reichen ihm ein kurzer Überblick und die Aussicht auf das Resultat. Strukturen oder genau definierte Abläufe braucht der Ergebnisorientierte nicht: Er hat ja seinen Instinkt und das Bauchgefühl, auf das er sich gut verlassen kann. Details sind ihm nicht so wichtig. Deshalb wirkt der Ergebnisorientierte auf Beobachter fast schon ungehalten, wenn andere mit ihm über Einzelheiten diskutieren möchten. Er muss eben nicht alles so genau wissen, aber kann genau sagen, was er will.

3-Sekunden-Scan: So erkennen Sie den Ergebnisorientierten

Betrachtet man die Stirn des Ergebnisorientierten gleich oberhalb der Nasenwurzel, verläuft sie schräg nach hinten – wie bei einer Rutschbahn eben.

1. »Ich möchte gerne die da«

Ergebnisorientierte möchten den Einkauf schnell abschließen – ohne Umwege. Spult der Verkäufer nun sein gewohntes Programm ab, wirkt dies für den zielfokussierten Kunden wie eine bis zum Anschlag angezogene Handbremse – von Energie, Vorwärtskommen und Hochstimmung auf der Zielgeraden ist dann keine Rede mehr. Der Kunde heizt sich im Leerlauf auf und die Stimmung bleibt auf der Strecke. Dennoch laufen Verkäufer bei diesem Kundentypen oft Gefahr, in die alltägliche Routine zu verfallen und ihr Produkt immer gleich zu präsentieren. Nicht unbedingt aus Bequemlichkeit oder Gewohnheit, sondern weil der Ergebnisorientierte oft unterschätzt wird. Er legt zwar Tatendrang an den Tag, doch traut man ihm fundierte Überlegungen und eine überdachte Entscheidungsfindung gar nicht zu. Vielleicht liegt das daran, dass seine Spontaneität auf unerfahrene Verkäufer wie Sprunghaftigkeit und Konzentrationsmangel wirkt.

Ein Teufelskreis: Manche Verkäufer reagieren darauf mit Wiederholungen, ausführlichen Erläuterungen und Hinweisen auf bestimmte Details – ganz im Stil eines Oberlehrers, der die vermeintlichen Defizite des Ergebnisorientierten ausgleichen will. Dieser wiederum empfindet das als enorm störend und als Anzeichen mangelnden Respekts. Er reagiert im besten Fall gelangweilt, in der Regel aber ungehalten, wie ein hochbegabter Schüler, der vom Unterricht drastisch unterfordert wird. Wer einen Ergebnisorientierten so unterschätzt und dabei langsamer agiert als er, kann nicht auf gnädiges Verhalten zählen – und erst recht nicht auf einen erfolgreichen Abschluss.

Legen Sie einfach los

Ein Verkaufsgespräch mit dem Ergebnisorientierten beginnen Sie, indem Sie einfach loslegen. Ohne großes Drumherum, Abstandhalten oder gar abwarten – fangen Sie einfach an. Sollte der Ergebnisorientierte wider Erwarten nicht sofort Auskunft über seine Wünsche geben, können Sie ihn auch ganz direkt auf das Ziel seiner Bestrebungen ansprechen: »Was hätten Sie gerne?« oder »Wie kann ich Ihnen helfen?« Sprechen Sie in kurzen, klaren Sätzen.

Diplomatische Bemühungen bremsen die Kommunikation mit dem ergebnisorientierten Kunden nur. Eine lockere, informelle Art erspart beiden Gesprächsteilnehmern zeitraubende Formalitäten.

Stellen Sie Ihre Fragen ruhig auch in geschlossener Form: Wenn der Ergebnisorientierte mit Ja oder Nein antworten kann, kommt das der direkten Art des Ergebnisorientierten sehr entgegen. Nehmen Sie es gelassen, wenn Ihr Kunde Sie damit überrascht, dass er im Entscheidungsprozess plötzlich bis zum Ende vorsprintet: Sprinten Sie einfach mit. Sollten Sie andere Vorschläge haben oder Alternativen einbringen wollen, dann möglichst in geringer Dosierung, denn jede Verzögerung lässt die Luft raus und kann sogar dazu führen, dass der Kauf am Ende ausfällt.

2. »Wo ist ein schneller Weg zum Ziel?«

Fehlen ein paar Steinchen im Mosaik des Gesamtbilds, so ist das für den Ergebnisorientierten gar kein Problem, solange man noch erkennen kann, wie das Bild aussieht. Einzelne Details sind für ihn nicht so wichtig. Das liegt in seinem Naturell begründet: Hauptsache, das Ziel wird erreicht – wie der Weg dorthin aussieht, ist nebensächlich – bis auf eine Ausnahme: Kurz muss er sein! Das heißt konkret, dass ein Beratungsgespräch zeitlich eng gefasst werden muss. Ein Anspruch, der sich nicht unbedingt mit der Stoppuhr abmessen lässt; denn die gefühlte Zeit ist das, was zählt.

Der eher dünn gestrickte Gedulds- und Aufmerksamkeitsfaden des Ergebnisorientierten erfordert eine schnelle Taktung. Seine investierte Zeit möchte dieser Kundentyp schnellstmöglich in Rendite verwandeln – die Währung dazu: Ergebnisse. Eine Aufgabe, bei der der Verkäufer stark gefragt ist.

Zeigen Sie Mut zur Lücke

So abgenutzt dieser Satz auch wirken mag, beim Ergebnisorientierten trifft er tatsächlich zu: Weniger ist mehr. Dem Ergebnisorientierten muss nicht jedes Detail des Produkts oder des Vertrags bekannt oder gar erklärt worden sein, er konzentriert sich einzig auf das Ziel. Für Sie als Verkäufer bedeutet das: Mut zur Lücke! »Das ist unser Standard-Vertrag mit den marktüblichen Rahmenkonditionen« – das genügt. Konzentrieren Sie sich auf die wesentlichen Punkte, präsentieren Sie Ihr Angebot stichpunktartig, der Ergebnisorientierte schließt sich die Lücken schon selbst, indem er bei Bedarf nachfragt. Dagegen sind Wiederholungen oder Verstärkungen à la »Wie ich schon sagte …« nicht nötig.

3. »Bitte lassen Sie mich nicht warten«

Ein Rückruf lässt noch auf sich warten, ein Teil muss noch aus dem Lager geholt werden oder das vorgelegte Tempo der Verkaufsabwicklung wird im entscheidenden Moment vom veralteten Computersystem torpediert – manchmal heißt es auch im Verkaufsprozess: »Gut Ding will Weile haben.« In Kombination mit der dringlichen Erwartungshaltung des Ergebnisorientierten kann das für den Verkäufer schnell brenzlig werden, denn dieser Kundentyp hat Geduld nicht im Angebot.

So gehen Sie mit Störungen und Zeitverzögerungen um

Der Ergebnisorientierte handelt eher, als dass er lange nachdenkt – nutzen Sie diese Eigenart. Gehen Sie in zwei Stufen vor: Geben Sie ihm zunächst eine klare Information über die zu erwartende Zeitspanne mit einer ergebnisorientierten Formulierung. »In einer Viertelstunde ist Ihr Auto dann fertig« wirkt viel effektiver als: »Es dauert leider noch 15 Minuten.«

Im zweiten Schritt achten Sie darauf, dass Ihr Kunde etwas zu tun hat. Geben Sie ihm Prospekte und Magazine für das nächste Produkt zu lesen. Oder vielleicht möchte der Kunde schon seinen übrigen Einkauf zusammenpacken. Die Beschäftigung darf auch noch kreativer ausfallen: Vielleicht haben Sie bemerkt, dass sich Ihr Kunde in einem bestimmten Gebiet gut auskennt – und können sich nun selbst beraten lassen. Eine tolle Art von Wertschätzung.

4. »Hauptsache ich komme an«

Für Verkäufer ist der Ergebnisorientierte im Grunde ein Glücksfall: Mit Siebenmeilenstiefeln marschiert er konsequent in Richtung Abschluss. Da will er hin, und der Verkäufer muss ihn nur begleiten. Geradlinigkeit ist Trumpf. Was aber geschieht, wenn der Ergebnisorientierte einmal selbst ins Zögern kommt – nicht, weil er sein Ziel aus den Augen verloren hätte, sondern weil es auf einmal zwei oder noch mehr mögliche Ziele zu geben scheint? Klar! Dann ist es Aufgabe des Verkäufers, den Kurs vorzugeben und dafür zu sorgen, dass die Magnetnadel des Ergebnis-Kompasses in die korrekte Richtung zeigt.

Konzentrieren Sie sich auf das Ergebnis

Sie können die Entschlossenheit Ihres ergebnisorientierten Kunden verstärken und ihn auf den richtigen Weg bringen, indem Sie ihm bewusst Bilder vom angestrebten Endergebnis in den Kopf setzen. Wichtig ist bei diesem großen Kino, das diese Bilder erzeugen, dass nicht der Verkaufsprozess im Vordergrund steht, sondern das Ziel beschrieben wird. Falsch wäre zum Beispiel ein »Haben Sie schon einmal über den Ausbau Ihres Dachs nachgedacht?«, während ein »Dieser Dachboden ist der perfekte Abenteuerspielplatz für Ihre Kinder – da können die sich richtig austoben, und mit Klickparkett sind Sie an einem Tag fertig« viel wirkungsvoller ist. Gestalten Sie die Bilder emotional, verwenden Sie ausdrucksstarke Verben und insgesamt positive Formulierungen. So erhöhen Sie die Relevanz und die Attraktivität der Entscheidung für das Produkt.

Die besondere Chance

Der Ergebnisorientierte ist ein Motivationstrainer par excellence. Wer so zielstrebig auftritt, hat für alles eine Abkürzung auf Lager und marschiert geradewegs auf den Erfolg zu. Übernehmen Sie sein Erfolgskonzept: Wenn ein Kunde – ganz egal welcher Kundentyp – Ihren Laden betritt, stellen Sie sich einfach vor, dass Sie Ihr Ziel bereits erreicht haben und er bereits gekauft hat. Freuen Sie sich einfach jetzt schon darüber, dann klappt es bestimmt.

Der Ergebnisorientierte: kurz & kompakt

> Legen Sie sofort los.

> Verwenden Sie eine klare, direkte Sprache.

> Präsentieren Sie Ihr Produkt stichpunktartig.

> Richten Sie den Blick auf das Ergebnis.

> Lassen Sie sich durch sprunghaftes Verhalten nicht irritieren.

> Bleiben Sie locker.

> Geben Sie ein schnelles Tempo vor.

> Bieten Sie zur Überbrückung von Wartezeiten Beschäftigung an.

> Gehen Sie im Tempo mit, falls der Kunde schneller ist als Sie.

> Verzichten Sie auf ausführliche Erläuterungen.

> Beißen Sie sich nicht an Details fest.

> Vermeiden Sie es, Bedenkzeit anzubieten.

> ➤ Verfallen Sie keinesfalls in Belehrungen.

> ➤ Wiederholen Sie sich nicht.

> ➤ Arbeiten Sie mit Bildern: Malen Sie das Ergebnis aus und laden Sie es emotional auf.

Der Spickzettel

➤ Gerade Stirn: der Schritt-für-Schritt-Mensch

➤ Typische Aussage: »Bitte eins nach dem anderen!«

➤ Haltung des Verkäufers: Tempo zurückfahren. Das Siegertreppchen hat viele Stufen.

➤ Schräge Stirn: der Ergebnisorientierte

➤ Typische Aussage: »Es zählt nur, was dabei rauskommt.«

➤ Haltung des Verkäufers: Verkaufen auf der Überholspur.

5.   Passt schon!

Der Augenabstand

Eine knappe halbe Stunde steht der Mittdreißiger Bernd Anders schon in der Haushaltswarenabteilung des Elektromarktes. Nachdem er die Informationsschilder aller vorrätigen Staubsauger studiert hat, lässt er sich nun die Besonderheiten einzelner Modelle erklären. »Wenn der Siemens die besseren Werte hat, warum ist er preiswerter als der Bosch?« »Das sind einfach verschiedene Marken – jede Firma kocht ihr eigenes Süppchen«, rechtfertigt der Verkäufer Hans Schlicht, der seit vielen Jahren in dieser Abteilung arbeitet.

»So, so«, sagt Bernd Anders und schaut abwechselnd auf die beiden Geräte. Er vergleicht noch mal die Werte auf den Informationsschildern und überprüft, ob sie tatsächlich mit den Angaben auf der Verpackung übereinstimmen. »Zumindest scheinen die Zahlen nicht falsch zu sein.« Auch optisch gefällt ihm der Siemens-Staubsauger besser. »Aber dass er volle 50 Euro billiger ist als der angeblich schlechtere? Irgendetwas kann hier nicht stimmen«, denkt er.

»Gilt der Preis denn nur für das Ausstellungsstück?«, hakt er nach.

»Nein, nein. Das ist der reguläre Preis. Sie bekommen selbstverständlich ein nagelneues Exemplar. Dieses Ausstellungsgerät ist derzeit nicht im Angebot. Schätzen Sie sich doch einfach glücklich! Genau den richtigen Staubsauger für Ihre Zwecke zu finden, und dann zu solch unschlagbaren Bedingungen – das kommt nicht jeden Tag vor«, redet ihm Hans Schlicht wohlwollend zu.

Bernd Anders bedankt sich, holt den Siemens-Staubsauger aus dem Regal, lässt das Gewicht auf sich wirken und läuft damit in Richtung Kasse. Auf halber Strecke dreht er um, kommt zurück ans Regal und sagt nach einer kurzen Pause: »Wie wechselt man bei diesem Modell eigentlich den Filterbeutel aus?«

Eine geschlagene Viertelstunde später hat er drei weitere Modelle auf Preis-Leistungs-Verhältnis, Funktionalität und mögliche Schäden untersucht, sich die Breite eines älteren Geräts noch eben schnell vermessen lassen und neben dem Siemens zwei weitere Staubsauger in die engere Wahl genommen. Während Bernd Anders vor den drei Modellen steht und noch wegen der Farbe überlegt, kommt eine andere Kundin ans Regal, überfliegt das Angebot, nimmt einen Staubsauger in ihrer Lieblingsfarbe Blau und geht auch zu Hans Schlicht:

»Sagen Sie, ist dieses Modell für Hartböden und Teppich geeignet?«

»Ja ja, den können Sie für beides nutzen. Hier stellen Sie den Schalter um, da regeln Sie die Saugkraft.«

»Und wie sieht es mit der Leistung aus?«

»1400 Watt. Völlig ausreichend.«

»Danke!«, sagt die Frau, schnappt sich den Karton und geht damit zur Kasse.

Bernd Anders, sichtlich genervt, dass »sein« Verkäufer Parallelgespräche anfängt, stellt noch einmal grundlegende Dinge infrage. Ob denn Staubsauger mit Beutel überhaupt noch zeitgemäß seien, ob ein Handstaubsauger sich in seiner Wohnung nicht vielleicht besser mache und wie langlebig die »normalen« Staubsauger überhaupt seien, beispielsweise gegenüber einem Vorwerk-Gerät.

Hans Schlicht spult nur noch ab, Bernd Anders ist immer noch unentschieden, und als der Laden letztlich schließen muss, heißt es: »Ich komme dann ein andermal wieder ...« Hans Schlicht versteht die Welt nicht mehr. Immer mal wieder hat er Kunden, die jedes einzelne Detail wissen wollen und unzählige Fragen haben. »Warum können sich diese Kunden nicht einfach auf meine Empfehlung verlassen? Schließlich kenne ich mich ja nun wirklich aus nach den vielen Jahren«, denkt er sich.

Eng oder weit?

Das Problem in der Verkaufssituation: Wenn jemand den Laden betritt, können Sie bisher noch nicht einschätzen, ob es sich lohnt, ihm geduldig alle Details zu erklären, oder ob er zwanzig Minuten Ihrer Zeit beansprucht, um den Laden vielleicht letztlich doch mit leeren Händen zu verlassen. Selbst wenn Sie alle Register ziehen, mit Engelsgeduld bei der Sache sind und alles preisgeben, was Sie sich Ihr Verkäuferleben lang erarbeitet haben, lassen sich gewisse Kunden immer noch nicht überzeugen. Während die einen kaum Beratung brauchen, um den Einkaufskorb zu füllen oder den Vertrag zu unterzeichnen, verbringen andere Stunden damit, das Richtige auszusuchen. Wie leicht wäre Ihr Leben, wenn ab der ersten Minute klar wäre, was Ihr Kunde nötig hat! Wenn Sie jeden »durchscannen« und – zack – in eine Gruppe einordnen könnten.

Ist der Mann mit der Baskenmütze detailversessen oder jemand, dem ein grober Überblick der Fakten ausreicht für die Kaufentscheidung? Um dies einzuschätzen, brauchen Sie keine langen Gespräche zu führen. Ein Blick in die Augen reicht, um zu wissen, wie er tickt. Denn die Erfahrung zeigt: Anhand des Augenabstandes lassen sich Menschen einfach und zuverlässig unterscheiden.

Enger Augenabstand – der Detailsortierer

Manche Menschen achten sehr auf Einzelheiten. Nur wenn jedes Detail perfekt ist, sind sie zufrieden oder bereit, etwas zu kaufen. Dass ein Hemd hochwertig gearbeitet ist, erkennen sie ebenso schnell wie den haardünnen

Kratzer am Tiffany-Lampenschirm. Deshalb nennt man diesen Käufertyp: Detailsortierer.

Genauigkeit, Detailverliebtheit und die Fähigkeit, auf Anhieb Mängel zu erkennen: Auf dieses Verhalten sollte der Verkäufer eingehen, wirklich jede Frage beantworten und erst dann den Kunden zielgerichtet zum Abschluss führen.

Wenn Sie jemanden als Detailsortierer identifiziert haben, überlegen Sie, wie Sie ihn ansprechen beziehungsweise wie er angesprochen werden möchte. Lernen Sie jetzt, wie Sie sein Vertrauen gewinnen, womit Sie ihn begeistern, wie Sie reagieren, wenn er auf Fehler hinweist, wie Sie ihm Ihre Angebote präsentieren, was Sie tunlichst vermeiden, und – last but not least – wie Sie ihn zum Abschluss führen, auch wenn er trotz ausführlicher Beratung noch unentschlossen war.

3-Sekunden-Scan: So erkennen Sie den Detailsortierer

Schauen Sie Ihrem Kunden nicht nur aus Höflichkeit in die Augen. Ihre neue Aufgabe bei der Begrüßung: seinen Augenabstand einschätzen. Deutliche Gesichtszüge lassen sich schon mit bloßem Auge erkennen. Ist der Abstand sichtlich geringer als die Breite eines (seines!) Auges? Passt sozusagen kein weiteres Auge dazwischen? Wenn die Augen Ihres Kunden extrem eng zusammenstehen, dann haben Sie schon den Grundstein für Ihr Verkaufsgespräch in der Hand. Vor Ihnen steht ein Detailsortierer!

1. »Kann ich mich auf den verlassen?«

Kunden kaufen nur, wenn sie dem Verkäufer vertrauen. Und Detailsortierer vertrauen nur Verkäufern, die alle Einzelheiten im Griff haben. Wer also eine Detailfrage nicht beantworten kann oder sie gar als unwichtig darstellt, hat – ohne es zu merken – das Verkaufsgespräch selbst beendet. Denn der Kunde fragt nicht nur nach Zahlen, Daten, Fakten, weil er die nackten Tatsachen wissen möchte oder gar deuten kann, sondern weil er die Sicherheit braucht, dass der Verkäufer sich auskennt. Reagiert dieser souverän und liefert zu jeder Detailfrage eine plausible Antwort, ist das für diesen Kunden eine Bestätigung, tatsächlich das richtige Geschäft abzuschließen.

Auch scheinbar unwichtige Details am Rande des Gesprächs haben beim Detailsortierer eine große Bedeutung: Den Kundennamen oder die Adresse falsch zu schreiben oder gar fünf Minuten später als vereinbart zum Termin zu erscheinen, ist absolut unverzeihlich. Der Detailsortierer selbst darf sich schon mal verspäten, aber wenn der Verkäufer unpünktlich ist, dann ist er bei diesem Kunden durchgefallen. Denn schon die kleinsten Patzer sind ihm ein Dorn im Auge! Den Verkäufer hält er fortan für schlampig und unzuverlässig.

Klären Sie jedes Detail

Wenn der Detailsortierer Sie mit scheinbaren Nebensächlichkeiten aufhält oder mit irrelevanten Fragen löchert: Bleiben Sie gelassen! Machen Sie sich klar: Der Kunde ist kein Saboteur Ihrer Zeit, sondern Ihr Verbündeter! Fragt er nach Einzelheiten, dann nur, weil er sichergehen will, dass er bei einem Profi gelandet ist und wirklich alle Details berücksichtigt hat. Also: Geben Sie keine vagen und oberflächlichen Antworten. Nutzen Sie die Chance und zeigen Sie, wie gut Sie vorbereitet sind und helfen dem Kunden, sich zu entscheiden!

Oder sind Sie sich in einem Aspekt noch unsicher? Dann schlagen Sie kurz im Katalog nach oder rufen Sie beim Hersteller an. Damit geben Sie Ihrem Kunden das Gefühl, dass Sie sein Anliegen wirklich ernst nehmen.

2. »Darf ich mal fühlen?«

Detailsortierer wollen jederzeit die Kontrolle über ihren Geldbeutel behalten. Bevor sie kaufen, überprüfen sie grundsätzlich, ob das Gerät nicht zu laut, das Licht nicht zu grell, die Farben passend und das Material geschmeidig genug ist – und zwar für ihr Empfinden, ihre Wohnung und ihre Zwecke. Produktwerte und Testberichte können das Blaue vom Himmel versprechen: Detailsortierer müssen sich selbst von der Qualität und Passgenauigkeit von Produkten und Dienstleistungen überzeugen. Dazu müssen sie die Dinge auch anfassen, ausprobieren, fühlen und testen. Wird ihnen dieser Sicherheits-Check verweigert, werden sie höchstwahrscheinlich nicht kaufen. Denn schließlich sind sie das Maß aller Dinge – nicht andere Käufer, und erst recht nicht der Verkäufer.

Beziehen Sie alle Sinne mit ein

Auch wenn manch eine Kundenbitte übertrieben klingen mag: Lassen Sie den Detailsortierer alles in die Hand nehmen, was er meint für seine Entscheidung anfassen zu müssen. Wenn eine Frau, die nie ein Auto von unten gesehen hat, sich unbedingt auf den Boden werfen will, um zu schauen, ob alles in Ordnung ist, so versuchen Sie bloß nicht, sie davon abzuhalten! Sie verspielen sonst eine Chance, die Sie schnurstracks zum Abschluss führen kann. Einmal alles durchgecheckt, angefasst und angehört, bleibt auch für den Detailsortierer nicht mehr viel zum Nachhaken übrig. So kann er sich selbst überzeugen, ob Ihr Angebot das Richtige für ihn ist. Und wenn es passt, ist der Kunde begeistert: Denn er selbst hat ja diese tolle Entdeckung gemacht!

3. »Das haben Sie mir ja gar nicht gesagt!«

Detailsortierer sind wahre Seismographen für Fehler, Mängel und Schwächen. Das macht sie zum Beispiel zu idealen Testkäufern, und der Verkäufer erhält eine hervorragende Gelegenheit, durch entsprechendes Feedback dieses Kunden, seine Ausstellung, sein Produkt oder seine Dienstleistung weiter zu optimieren. Auch wenn es den Detailsortierern nicht bewusst ist: Bevor sie etwas kaufen, prüfen sie instinktiv, ob alles in Ordnung ist. Wenn es Fehler gibt, finden sie diese höchstwahrscheinlich. Denn ihre größte

Angst ist es, eine Entscheidung zu treffen, bei der sie ein wichtiges Detail übersehen haben.

Dieser Kunde braucht zum Beispiel nur einmal um den Mietwagen zu laufen: In zehn Sekunden hat er zehn Kratzer gefunden. Da kann der Vermieter noch so locker sein und dem Kunden versichern: »Das fällt alles unter die Toleranzgrenze, da brauchen Sie sich wegen der Fahrzeugrückgabe keine Sorgen zu machen.« In einer solchen Situation wird der Detailsortierer nicht ruhig abfahren können, bevor die »Mängel« nicht mindestens als Gebrauchsspuren in den Vertrag aufgenommen und eingezeichnet sind.

Viel schwerwiegender ist es jedoch, wenn der Kunde mitten im Verkaufsgespräch einen Mangel entdeckt, den der Verkäufer noch nicht erwähnt hat. Auch wenn der Verkäufer grundehrlich war und die kleine Macke einfach vergessen hatte: Dem Kunden macht das keine guten Gefühle.

Geben Sie Schwächen zu

Kein Produkt, keine Dienstleistung, kein Angebot ist rundum perfekt. Und wenn irgendjemand die Nachteile aufspüren kann, dann der Detailsortierer. Lassen Sie es gar nicht so weit kommen! Verheimlichen Sie nicht die Schattenseiten Ihres Angebots, zeigen Sie Ihrem Kunden aber detailliert, warum es trotzdem die beste Wahl für ihn ist. Damit nehmen Sie ihm den Wind aus den Segeln und vermeiden Totschlagargumente kurz vor dem Abschluss.

Auch wenn Sie einen Fehler gemacht haben: Gehen Sie offensiv darauf ein und bieten Sie von sich aus einen Ausgleich an. So genießen Sie auch weiterhin das Vertrauen Ihres Kunden – und behalten gleichzeitig das Heft in der Hand.

4. »Da schau ich mich lieber noch mal woanders um«

Der Grund, warum Detailsortierer relativ lange brauchen, um eine Kaufentscheidung zu fällen: Sie sehen manchmal den Wald vor lauter Bäumen nicht. Sie halten sich so lange bei den Details auf, bis sie eine Lösung finden, bei der jede Einzelheit passt. Und wenn sie die nicht finden, suchen sie weiter. Im nächsten Geschäft, in der nächsten größeren Stadt. Falls sie den Stabmixer ihrer Träume, die perfekte Esszimmer-Garnitur oder den gewünschten Kleinwagen auch dort nicht finden – dann kaufen sie eben keinen.

Ihre Aufgabe als Verkäufer: Den Kunden von seiner Unentschlossenheit zu befreien. Geben Sie ihm dazu Orientierung, indem Sie seine Entscheidungskriterien zusammenfassen und mit ihm zusammen eine Gewichtung erstellen. Denn das ist der blinde Fleck des Detailsortierers: Es fällt ihm schwer, die Dinge zu gewichten, insbesondere wenn er unter Stress gerät, etwa weil er sich für ein Produkt entscheiden muss, das er dringend benötigt.

Machen Sie aus Interessenten Käufer

Wenn Ihr Kunde sich mit der Entscheidung schwertut: Brüskieren Sie ihn nicht, sondern machen Sie ihm seine Lage klar: »Brauchen Sie noch weitere Informationen, um sich zu entscheiden?« Wenn nicht, geht es ums Gewichten.

Fassen Sie die Bedürfnisse Ihres Kunden zusammen und zeigen Sie ihm, welche Produkte sie erfüllen. Nebensächliche Details sollte auch Ihr Kunde als nebensächlich wahrnehmen. Helfen Sie ihm, das Wichtige zu erkennen, indem Sie jeden Aspekt durchgehen und gewichten.

Hat der Kunde sich entschieden, gilt ab jetzt das Gegenprogramm. Wenn er einen Vertrag unterzeichnen soll, lassen Sie ihn am besten allein. Statt wie ein Türhüter danebenzustehen, während er das Kleingedruckte liest, bieten Sie ihm lieber an, für Fragen zur Verfügung zu stehen. Der Kunde wird Ihre Gelassenheit zu schätzen wissen – und sie belohnen.

Die besondere Chance

Wenn Sie es geschafft haben, einem Detailsortierer etwas zu verkaufen, können Sie sich wirklich auf die Schulter klopfen! Weil er Vertrauen in Ihre Kompetenz gewonnen hat, ist er Ihnen nun besonders verbunden. Beim nächsten Kauf wird er daher großen Wert darauf legen, wieder genau von Ihnen bedient zu werden. Die persönliche Bindung kann so weit gehen, dass der Kunde, speziell um Sie zu treffen, zwei Stunden später noch mal vorbeischaut.

Der Detailsortierer: kurz & kompakt

➤ Bereiten Sie jedes Gespräch gründlich vor.

➤ Beantworten Sie Detailfragen geduldig und kompetent.

➤ Vermitteln Sie Ihrem Kunden Sicherheit durch Detailwissen.

➤ Beziehen Sie alle Sinne ein in das Verkaufsgespräch.

➤ Versuchen Sie nicht, Fehler zu vertuschen.

➤ Räumen Sie alle Zweifel aus, indem Sie Schwächen offensiv thematisieren und ein Schlichtungsangebot machen.

➤ Beraten Sie jeden Detailsortierer individuell, indem Sie seine Vorstellungen mit Fragen immer wieder neu ermitteln.

➤ Machen Sie Detailsortierern maßgeschneiderte Angebote und vermeiden Sie Hinweise auf Bestseller und Kassenschlager.

➤ Konzentrieren Sie sich während des Gesprächs voll auf Ihren Kunden und sorgen Sie für eine störungsfreie Atmosphäre.

➤ Achten Sie auf die richtige Schreibweise und Aussprache von Namen.

➤ Lassen Sie Ihrem Kunden ausreichend Raum und Zeit, um eine Entscheidung zu treffen.

➤ Fragen Sie, ob er weitere Informationen braucht, um sich zu entscheiden.

➤ Erleichtern Sie dem Kunden die Entscheidung, indem Sie zusammen mit ihm die Kaufkriterien gewichten.

➤ Seien Sie immer pünktlich.

➤ Meiden Sie Unterbrechungen und Störungen.

➤ Halten Sie sich immer an Ihre eigenen Zusagen dem Kunden gegenüber.

➤ Und denken Sie daran: Es lohnt sich, dem Detailsortierer Zeit zu schenken!

Weiter Augenabstand – der Globaldenker

Menschen mit weitem Augenabstand sehen die Welt wie durch ein Weitwinkel-Objektiv. Wofür sie sich interessieren: das große Bild, die Zusammenhänge, die Möglichkeiten und Optionen. Sie denken in weiten Maßstäben, verschaffen sich stets einen Überblick über die Lage, sind zweckorientiert und schauen locker über kleine Unstimmigkeiten hinweg. Sie sind an Details nicht sehr interessiert, wirken oft gelassen und haben ein Grundvertrauen in die Menschen.

Dank ihrer Gelassenheit ist es vergleichsweise leicht, Globaldenkern etwas zu verkaufen. Ihnen genügt ein grober Überblick über die wichtigsten Informationen zu einem Produkt, um sich dann bereits zu entscheiden. Doch auch hier lauert die eine oder andere Gefahr. Sie sind zwar nicht so anspruchsvoll in der Beratung, dafür aber häufig unfokussiert, lassen sich leicht ablenken und sind gedanklich schnell wieder woanders.

Sie sind die Menschen, die gut mal fünf gerade sein lassen können. In der Kindererziehung ebenso wie bei Fehlern von Mitarbeitern. Die Ruhe, die sie in solchen Situationen ausstrahlen, ist beeindruckend für ihre Mitmenschen.

3-Sekunden-Scan: So erkennen Sie den Globaldenker

Wenn zwischen die Augen Ihres Kunden locker ein weiteres Auge passt (seins) – und Sie das Gefühl haben, die Nase hat bei diesem Kunden ganz viel Platz – dann haben Sie es sicher mit einem Globaldenker zu tun.

1. »Ich brauche erst einmal den Überblick«

Egal, ob am Bahnhof, im Ferienort, in einem Geschäft oder einer Verkaufs-
filiale: Globaldenker verschaffen sich als Erstes einen Überblick über die
Dinge. Kaum sind sie in einer neuen Umgebung angekommen, wissen sie
schon grob Bescheid. Und dabei bleibt es meist auch, weil sie gar nicht den
Anspruch haben, sich genauer zu informieren. Sie können sich wunderbar
orientieren und gelten auch ihren Mitmenschen als Wegweiser. Denn das
Wichtigste für sie ist, das große Ganze zu erfassen.

So könnten Sie einen Globaldenker schon mal dabei beobachten, wie er
am Anfang des Besuchs erst einmal durch Ihren Laden streift. Ein bisschen
hier und ein bisschen dort schaut und nie lange bei einem Produkt bleibt.
Das bedeutet gar nicht, dass er keine Kaufabsicht hat, aber er fühlt sich
wohl, wenn er versteht, wie Ihr Laden aufgebaut ist und wo ungefähr welche Produkte stehen. »Es ist immer gut zu wissen, wo man so alles Mögliche bekommen kann«, denkt sich dieser Kunde.

Wenn Sie den Globaldenker bei seinem Streifzug mit einem fröhlichen
»Mit welchem Produkt kann ich Sie denn heute glücklich machen?«, unterbrechen, seien Sie nicht erstaunt, wenn er ein ganz anderes Produkt
sucht als das, was er sich gerade anschaut. Das gehört einfach dazu. Er versteht es durchaus als nette Geste, wenn Sie ihn dann zu dem wirklich gewünschten Produkt begleiten. Fokussieren Sie das Gespräch auf diesem
Weg am besten schon auf dieses Produkt, denn der Globaldenker ist ein
Kunde, bei dem Sie sich gerade am Anfang des Gesprächs kurz fassen sollten.

Führen Sie Ihren Kunden zum Thema zurück

Geben Sie dem Globaldenker einen Überblick über Ihr Angebot, fragen Sie ihn dann aber umgehend, was ihn aus dieser Fülle am meisten
interessiert. So bringen Sie ihn dazu, seinen Kaufwunsch offenzule-
gen. Nun können Sie anfangen zu verkaufen.

Der Kunde schweift mit weiteren Fragen ab? Lassen Sie sich nicht
ablenken! Beantworten Sie diese, und führen Sie ihn anschließend
unaufdringlich und zielgerichtet auf den Gegenstand des Gesprächs
zurück.

2. »Kann die alles?«

Wer Globaldenker mit detaillierten Produktinformationen, exakten Liefer-
bedingungen oder Zahlungsmodalitäten beeindrucken will, befindet sich
auf dem Holzweg. Denn wie der Name schon sagt, denkt dieser Kundentyp in weiten Maßstäben. In Kaufsituationen ist für ihn also der Nutzwert
entscheidend. Funktioniert es? Oder funktioniert es nicht? Erfüllt es den
Zweck? Ja oder nein? Mehr Informationen braucht er in der Regel nicht,
um zu kaufen. Und wenn doch, dann fragt er selbst danach.

Überschüttet der Verkäufer ihn jedoch mit Einzelheiten, verwandelt sich
der Vertrauensvorschuss in ein Misstrauensvotum: »Warum ist das bloß so
kompliziert? Ob etwas mit dem Produkt nicht stimmt?«, fragt er sich dann.
»Eigentlich wollte ich nur eine Versicherung abschließen. Also: Welche ist
denn jetzt die beste?« Wenn das Gesamtszenario zu seinen Vorstellungen
passt, ist der Globaldenker sofort dabei.

Bleiben Sie abstrakt

Halten Sie Globaldenker nicht mit Details auf. Sie werden zu ihrem
Partner, wenn Sie ihnen zu jedem Produkt eine prägnante Zusam-
menfassung bieten: »Das Wichtigste an diesen Bauteilen ist die hoch-
wertige Verarbeitung. Die halten eine Ewigkeit.« Oder: »Wir pflanzen
Ihnen da eine Eibenhecke in den Garten, das ist an einem Tag erledigt.
Wir nehmen so viele, wie Sie brauchen, und Sie haben ein Leben lang
Freude daran. Das kostet maximal 3.000 Euro inklusive allem.«

Mit solch klaren Botschaften bringen Sie Globaldenker ohne Details
schnell zum Abschluss. Wenn Sie diesem Kunden von vornherein nur
ein ausgesuchtes Produktsegment präsentieren, beschleunigen Sie
den Kaufvorgang gleich doppelt: Ihr Kunde bekommt den Eindruck,
Sie haben eine richtig gute Vorsortierung.

3. »Ich melde mich dann bei Ihnen«

Globaldenker haben alles im Blick – außer Details und festen Zusagen. Sie
geben mit Leichtigkeit Versprechen ab, können diese jedoch auch schnell
wieder vergessen. Nicht aus bösem Willen, sondern weil sich ihnen stets

neue Felder auftun. Und die sind so interessant, dass das einmal Festgelegte schlicht in Vergessenheit gerät.

Gerade bei Terminfragen ist deshalb höchste Aufmerksamkeit geboten. Wenn ein Globaldenker ankündigt, bis Ende der Woche zurückzurufen, darf sich der Verkäufer nicht darauf verlassen. Denn die Erfahrung zeigt: Weil bei Globaldenkern so viele andere interessante Dinge passieren, die ihre Aufmerksamkeit erfordern, melden die meisten sich nicht.

Bleiben Sie dran

Ein Globaldenker will sich melden, sobald er mit seiner Frau Rücksprache gehalten hat? Lassen Sie sich angenehm überraschen, aber haben Sie unbedingt einen Plan B in petto: »Okay. Und wenn ich bis Freitagmittag noch nichts von Ihnen gehört habe, probiere ich am Nachmittag ebenfalls, Sie zu erreichen.« So machen Sie die Verbindlichkeit noch einmal deutlich und haben die Sicherheit, dass Ihnen der Kunde nicht flötengeht. Nicht selten führen Globalsortierer nämlich drei verschiedene Kalender ...

Bei Live-Terminen bewahrt ein Erinnerungsanruf am Vortag Sie vor unangenehmen Überraschungen. Denn der Erfolg eines Verkaufsgesprächs kommt beim Globaldenker oft dann schon zustande, wenn das Gespräch überhaupt stattfindet.

4. »Packen Sie es ein«

Globaldenker sind Schnell-Entscheider. Sie sagen recht früh schon »Ja«. Eine Eigenschaft, die Verkäufer nutzen sollten. Ist das Zauberwort einmal gefallen, sollten diese ihre Kunden nicht weiter versuchen zu überzeugen. Den Vertrag in allen Einzelheiten durchzugehen, wäre nur hinderlich. Wenn Details schon während des Gesprächs nicht wichtig waren, sind sie es am Ende erst recht nicht. Dieser Kunde wünscht sich nichts anderes, als dass der Verkäufer den Kauf genauso schnell abwickelt, wie er sich entschlossen hat.

> **Vermeiden Sie Details**
>
> Machen Sie dem Globaldenker den Abschluss so leicht wie möglich.
> Steuern Sie also direkt auf die Vertragsunterzeichnung zu und erspa-
> ren Sie ihm alle unnötigen Formalitäten. »Herr Breitbacher, wir füllen
> die Formulare soweit wie möglich für Sie aus, sodass Sie nur noch das
> Datum und Ihre Unterschrift daruntersetzen müssen. Darf ich Ihnen
> derweil etwas zu trinken anbieten?« Ihr Kunde wird sich für den guten
> Service bedanken – und vielleicht sogar noch einen draufsetzen.

Die besondere Chance

Das größte Bedürfnis des Globaldenkers ist, für jede Eventualität gewappnet zu sein. Nach dem Motto »Lieber üppig als zu knapp« ist er immer bereit, mehr zu kaufen, als er momentan braucht. »Eine Anhängerkupplung
wäre vielleicht ganz praktisch. Und warum sollten wir nicht gleich noch
diese Garantie-Zusatzversicherung abschließen? Dann sind wir für alle Fälle bestens versorgt und müssen uns später nicht um irgendwelche Nebensächlichkeiten kümmern.« Machen Sie ihm deutlich, wie vielfach anwend-
bar Ihr Produkt oder Ihre Dienstleistung ist, so haben Sie die besten
Chancen, ihm noch eine Extrawurst zu verkaufen.

> **Der Globaldenker: kurz & kompakt**
>
> ➤ Seien Sie offen für die Themen, Ideen und Geschichten Ihres
>   Käufers und gehen Sie darauf ein.
>
> ➤ Überschütten Sie ihn nicht mit Details, sondern geben Sie Zu-
>   satzinformationen nur auf Nachfrage.
>
> ➤ Geben Sie ihm nur einen groben Überblick über das Produkt.
>
> ➤ Bleiben Sie dran und lassen Sie den Globaldenker möglichst
>   nicht ohne Geschäftsabschluss gehen.
>
> ➤ Erinnern Sie ihn immer im Vorfeld an abgesprochene Termine,
>   und halten Sie sich immer die Möglichkeit offen, selbst anzuru-
>   fen, um nachzuhaken.

> ➤ Machen Sie Ihrem Kunden den Geschäftsabschluss so einfach wie möglich.

> ➤ Übernehmen Sie das Ausfüllen der Formulare.

> ➤ Und denken Sie daran: Diesem Kundentyp können Sie immer ein bisschen mehr verkaufen.

Der Spickzettel

➤ Enger Augenabstand: der Detailsortierer

➤ Typische Aussage: »Details, Details, Details.«

➤ Haltung des Verkäufers: Gib alles – alle Informationen!

➤ Weiter Augenabstand: der Globaldenker

➤ Typische Aussage: »Passt schon!«

➤ Haltung des Verkäufers: Führen und abschließen!

ZWEITE SEKUNDE

6. Und was habe ich davon?

Der Nasenhuckel

Es ist eine ausgelassene Clique, die am frühen Nachmittag in den Verkaufsraum des eleganten Herrenausstatters stürmt, um den Anzug des Bräutigams zu kaufen. Der junge Mann hat seine Verlobte und seinen besten Freund mitgebracht, die bei der Vorbereitung auf das erfreuliche Ereignis helfen. Das Trio ist wild entschlossen, notfalls den ganzen Tag mit Shopping zu verbringen, wie sie dem Verkäufer verkünden. »Man heiratet schließlich nur einmal. Hoffentlich«, sagt der Bräutigam mit einem breiten Grinsen und beginnt mit der Durchsicht der Ware an den Verkaufsständern. Seine Braut hat dem Verkäufer bereits durch ein freundliches Herbeiwinken bei der Begrüßung das Zeichen gegeben, dass hier eine Beratung dringend gefragt ist. Die drei sind, das kann man auch an der Qualität ihrer Freizeitkleidung schon sehen, modisch interessiert und offensichtlich bereit, in eine gute Optik zu investieren.

Verkaufsleiter Kalle Eckenfels aus der Abteilung für elegante Abendmode lässt sich gern auf diese Herausforderung ein. Er fragt nach der Konfektionsgröße des Bräutigams und holt dann ohne Zögern einen ganzen Arm voller Anzüge. »Klassisches Schwarz oder lieber einen Grauton? Oder ein weißes Jackett?« Alles läuft bestens. Der Kunde probiert enthusiastisch verschiedene Anzüge durch, bis er sich mit Braut, Freund und Kalle Eckenfels auf einen klassischen Hochzeitsanzug aus dunkler schiefergrauer Seide einigt, der so perfekt sitzt, als wäre er maßgeschneidert worden.

Doch damit ist der Einkauf noch lange nicht am Ende, denn nun erkundigt sich der Bräutigam nach dem passenden Beiwerk: »Können Sie mir denn auch ein paar Hemden zeigen?« Nun läuft Eckenfels zur Höchstform auf und befragt zunächst die Braut nach dem Farbton des Hochzeitskleids: »Trägt die Braut ein strahlendes Brillantweiß, so kommt ein Creme-Farbton für das Hemd des Herrn eher nicht infrage, denn das kann auf Fotos schnell leicht schmuddelig aussehen«, erklärt er und zeigt den dreien eine Auswahl an italienischen Seidenhemden, bei denen die Braut in Entzücken verfällt: »Das mit der Stickerei am Kragen sieht sehr edel aus, aber wir brauchen dann unbedingt zwei davon, falls mein Romeo mal wieder kleckert!« Romeo ist nicht beleidigt, sondern scheint das für eine realistische Einschätzung zu halten, denn er lacht und fordert zusätzlich noch eine Ersatzhose ein: »Der Tag wird lang, und bevor Julia mir nachher böse ist wegen eines Flecks, ziehe ich mich lieber noch mal um.«

Mit viel Spaß an der Sache auf allen Seiten wird eine komplette Hochzeitsausstattung zusammengestellt: Anzug, zweite Hose, Hemd und Ersatzhemd, Krawatte, Einstecktuch, Gürtel und sogar Schuhe haben Romeo und Julia mit Hilfe von Kalle Eckenfels ausgesucht und sind rundherum zufrieden mit ihrer Wahl. Auch der Freund strahlt, denn seine Meinung war bei jedem Accessoire gefragt. Insgesamt hat der ganze Einkauf keine Stunde gedauert. Kalle Eckenfels trägt die gesammelte Beute zur Kasse, während Romeo wieder in seine eigene Kleidung steigt. »Die verdienen heute ganz schön an uns. Rechne das bitte mal zusammen«, sagt er in der Umkleidekabine zu seiner Verlobten, die schon längst mitkalkuliert hat und ihm wissend lächelnd die Endsumme nennt.

»Also, wir haben jetzt ja wirklich schnell alles zusammengestellt, und ich hätte vorher echt nicht gedacht, dass ich die gesamte Ausstattung hier bei Ihnen finde. Da kommt ja jetzt doch einiges zusammen. Was können Sie da denn noch am Preis machen?«, fragt Romeo den Verkäufer. Kalle Eckenfels, der gerade die Einkäufe zusammenlegt, runzelt die Stirn und zögert kurz: »Ich könnte Ihnen noch ein Paar dunkle Socken dazugeben.«

»Echt, nur ein paar Socken bei fast 1800 Euro?«, zeigt sich der Bräutigam etwas ungehalten. Kalle antwortet bedauernd, ich kann da leider nicht mehr für Sie tun. Unsere Preise sind extrem knapp kalkuliert.«

»Ach, dann legen Sie mir das bitte zurück, ich überlege es mir erst noch mal.«

»Wie kleinlich dieser Verkäufer ist«, hört Kalle Eckenfels den Kunden auf dem Weg zur Tür zu seinem Freund sagen. Wie Kalle schon befürchtete, kam dieser Kunde nicht zurück. Nicht etwa weil die Hochzeit ausgefallen war, sondern weil das Paar die passende Kleidung woanders gekauft hat.

Mit Huckel oder Senke?

Nicht nur Verkäufer brauchen einen guten Riecher für den Umgang mit ihren Kunden. Auch Kunden gehen immer der eigenen Nase nach, wenn sie ein Geschäft betreten oder eine Verkaufsverhandlung beginnen. Der eine ist immer auf der Suche nach dem besten Schnäppchen im Angebot und hat einen knallharten Instinkt dafür, immer den günstigsten Preis zu ergattern. Und darauf legt er auch sehr viel Wert. Dem anderen ist das Gefühl der Zusammengehörigkeit wichtiger als jeder Preisnachlass. Seine Einkäufe sollen nicht nur seinen eigenen Bedarf decken, sondern auch andere glücklich machen. Am liebsten würde er Freundschaft mit dem Verkäufer schließen.

So gegensätzlich diese beiden Verhaltensweisen auch sind, auf die Nase kommt es an. An ihr lässt sich bereits im Vorfeld ablesen, wie sich ein Mensch in einer Kaufsituation verhalten wird.

Sichtbarer Huckel – der Schatzmeister

Der Umgang mit Geld liegt ihm einfach sehr gut, er hat den richtigen Riecher bei der Verwaltung von Finanzen und lebt dabei einen ganz grundsätzlichen Wesenszug seiner Persönlichkeit aus: das Umsorgen seines Umfelds. Für ihn heißt das, das aktuelle Preisgefüge stets zu überblicken und auch für Familie, Firma oder Freundeskreis Schnäppchen an Land zu ziehen. Das ist seine Stärke. Seine Grundhaltung dabei: Lohnen muss es sich, und Profit ist immer gut. Diese Einstellung macht vor dem Arbeitstempo nicht halt, denn »Zeit ist Geld«. Der Schatzmeister handelt schnell und möchte zügig zu Entscheidungen gelangen – eine Eigenschaft, die er kaum verbergen kann.

Als guter Controller ist er pragmatisch veranlagt und kann gut delegieren. Lob und Anerkennung hört er trotzdem gerne, denn auch ein Schatzmeister wünscht sich Wertschätzung. Deshalb berichtet er auch so gerne Freunden und Bekannten von seinen Erfolgen bei der Jagd nach guten Preisen.

Schatzmeister sind die typischen Meilensammler bei Airlines, die sich zum Beispiel durch viele Flüge einen bestimmten Kundenstatus erwerben. Wenn sie dadurch etwa schneller einchecken können als normale Kunden, schlägt ihr Schatzmeisterherz gleich doppelt so schnell vor Freude.

3-Sekunden-Scan: So erkennen Sie den Schatzmeister

Der Nasenrücken des Schatzmeisters wölbt sich deutlich nach außen und bildet einen sichtbaren Huckel. Keine Frage: Wenn es um den Preis geht, sind Schatzmeister auch optisch ganz vorn mit dabei.

1. »Ich kaufe am liebsten Sonderangebote«

Profit ist der Kompass, nach dem sich das Interesse des Schatzmeisters beim Betreten eines Ladens oder der Eröffnung einer Verkaufsverhandlung ausrichtet: Wie bekomme ich den besten Preis für das beste Produkt? Dabei geht es ihm gar nicht darum, möglichst wenig Geld auszugeben, also um das billigste Angebot, sondern um den besten erhältlichen Gegenwert. Denn er hat ein Auge für Werte, zumindest bezogen auf das Produkt und die Kosten. Schatzmeister sind als typische Verwalter oft so etwas wie Chefeinkäufer für ihre Familien. Sie werden gefragt, wenn es um Anschaffungen geht. Und das ist berechtigt, denn ihnen gelingt es tatsächlich immer wieder, das beste Produkt zum günstigsten Preis zu bekommen.

Für Verkäufer scheint es sich um eine einfache Formel zu handeln: Gute Preise, überzeugte Kunden, abgeschlossenes Geschäft. Doch dieser Dreisatz hat eben auch Grenzen, und die erste Hürde lautet: Was tun, wenn man an den Preisen nicht weiter drehen kann oder möchte?

Heben Sie den Wert des Produkts

Für den Schatzmeister muss der Preis Ihres Angebots zwar gut sein, er ist aber bei Weitem nicht alles, was über den Kauf entscheidet. Nutzen Sie die Chance, ihm zu vermitteln, warum Ihr Produkt genau das Richtige für ihn ist: Statt den Preis zu senken, heben Sie den Wert des Produkts.

Machen Sie ihn auf die Qualität aufmerksam, erläutern die Unterschiede zur Konkurrenz oder erklären mit berechtigtem Stolz in der Stimme, warum Sie keinen Rabatt geben können: »Wir arbeiten nicht mit Mondpreisen, sondern kalkulieren unsere Preise sehr fair. Unsere Kunden können deshalb vertrauen – uns und unseren Preisen.« So machen Sie deutlich, dass es keine überhöhte Gewinnspanne gibt, von der Sie beliebig nachlassen können. Wenn der Schatzmeister trotzdem immer noch hartnäckig verhandelt, gehen Sie auf die Meta-Ebene und loben sein Verhandlungsgeschick: »Ich mag zielstrebige Kunden und bitte Sie um Verständnis, dass wir bei diesem Produkt keinen Nachlass gewähren.«

2. »Sagen Sie mir einfach den Preis«

Ein Schatzmeister betritt ein Geschäft schnell und entschlossen, verschafft sich zügig einen Überblick über sämtliche Angebote und ordnet diese in wenigen Augenblicken mit seinem eigenen Koordinatensystem aus Preisen und Werten ein. So wird er sich im Handumdrehen über die Möglichkeiten klar, die sich ihm in der konkreten Situation bieten. Dabei treten diese Menschen mit dem Riecher für gute Rabatte ganz direkt und ohne diplomatische Wendungen auf: Sie nennen ohne Umstände ihre Erwartungen an das Produkt und den Preis. Längere Verhandlungsphasen möchte ein Schatzmeister nicht auf sich nehmen, diese unterbindet er nach Möglichkeit schnell. Am liebsten nimmt er die Führung über das Verkaufsgespräch komplett in die Hand.

Verkäufer sind nicht persönlich gemeint mit diesem Verhalten. Sie sollten nicht das Gefühl zulassen, nur noch als Preisansage oder gar als Gesprächsgegner zu dienen, den der Kunde kleinhalten möchte. Darum geht es dem Schatzmeister nicht. Er ist einzig und allein daran interessiert, das gewünschte Produkt zum bestmöglichen Preis zu bekommen. Und zwar ohne größere Umwege über Verhandlungen, die er persönlich nur als zeitraubend betrachtet. Zeit ist Geld – auch das weiß der Schatzmeister, und fordert vom Verkäufer das entsprechende Verhalten.

Nennen Sie die Gesamtkosten

Lassen Sie sich von der unverblümten Verhaltensweise des Schatzmeisters nicht erschüttern. Stehen Sie über den Dingen und eröffnen Sie den Kampf gar nicht erst. Als Verkäufer ist es Ihre Aufgabe, eine Win-win-Situation herbeizuführen, und diese besteht für beide Seiten in einem guten Abschluss.

Nennen Sie also ruhig gleich den Preis – und zwar den Brutto-Preis. Aufhübschungen wird Ihr Kunde sofort enttarnen. Übersichtlicher wird die Verhandlung für den Kunden, wenn Sie Preise und Ausstattungen verschiedener Modelle vorbehaltlos miteinander vergleichen. Scheuen Sie auch nicht davor zurück, entgegen dem üblichen Vorgehen die Präsentation mit einem günstigen Modell zu eröffnen.

3. »Da ist doch bestimmt noch Luft drin!«

»Sagen Sie mal, wenn ich jetzt dieses Produkt dazunehme, wie viel Nachlass geben Sie mir dann insgesamt?«, oder: »Das ist ja jetzt ein Ausstellungsstück, da müssen Sie mir dann aber auf den Rabatt noch mal einen deutlichen Preisnachlass einräumen!« Mit solchen oder ähnlichen Äußerungen fordert der Schatzmeister die Rechenleistung des Verkäufers. Dieser Kunde lässt die ganze Zeit über einen Taschenrechner in seinem Kopf mitlaufen und erwartet vom Verkäufer, dass er genauso schnell wie er mit Zahlen jonglieren kann: 15 Prozent Rabatt bei 890 Euro macht... und auf das Ergebnis noch einmal fünf Prozent Preisnachlass ...« Wer da nicht in Sekundenbruchteilen Zwischensummen und Prozentanteile ausrechnen kann, ist verloren. Kopfrechnen ist Trumpf (oder ein Taschenrechner in der Hosentasche). Ein Verkäufer ist gut beraten, einen kühlen Kopf zu bewahren. Auch ein bisschen Spielraum in der Preisgestaltung kommt ihm gelegen, um dem Kunden das gewünschte Erfolgserlebnis auch bieten zu können.

So erzielen Sie einen guten Preis

Grundsätzlich gilt: Noch vor Beginn der Verhandlung sollten Sie Ihre unterste Preisgrenze für sich festgesetzt haben – und dieser eisern treu bleiben. Im Eifer des Gefechts wird sonst leicht die Schmerzgrenze überschritten.

Der Erfolg des Verkaufsgesprächs hängt aber auch davon ab, dass Sie Ihren niedrigsten Preis nicht zu früh und nicht zu spät nennen. Der Schatzmeister will das Gefühl haben, dass sein Verhandeln Erfolg hat. Halten Sie sich also mit Preisnachlässen erst einmal zurück. Warten Sie, bis dieser Kunde nach dem Preisnachlass fragt. Wenn er zu handeln anfängt, erklären Sie zunächst, wie der Preis zustande kommt, warum das Produkt sein Geld wert ist. Dann erst steigen Sie in die Verhandlungen ein. Die sollten sich allerdings nicht zu zäh gestalten, sonst hat dieser Kunde Ihren Laden schon wieder verlassen, bevor Sie sich einigen konnten. Hier dürfen Sie als Verkäufer lernen, den goldenen Mittelweg zu finden.

Falls Sie keinen finanziellen Spielraum haben oder geben möchten: Ein guter Rabatt muss nicht immer gleich ein Nachlass beim Kaufpreis sein. Es geht dem Schatzmeister schließlich um das wohlig-warme Erfolgsgefühl, bei seinem Einkauf einen echten Gegenwert zu ergattern. Dieser kann auch in einem Einkaufsgutschein für den nächsten Besuch bestehen oder in einem weiteren wertigen Artikel, den Sie ihm einfach zu seinem Einkauf dazupacken.

Die besondere Chance

»Bei Ihrem Einkauf ab 50 Euro erhalten Sie einen Zehn-Euro-Gutschein für Ihren nächsten Einkauf«, oder: »Haben Sie schon unsere Kundenkarte mit der Rabattgarantie?« Solche Sätze bringen die Augen des Schatzmeisters zum Leuchten, denn so bekommt er das Gefühl, auch wirklich alle Möglichkeiten eines Preisnachlasses auszuschöpfen. Ihr Vorteil: Mit Treuekarten und Rabattaktionen binden Sie den Kunden an Ihr Haus.

Weiterer Pluspunkt für Sie als Verkäufer: Mit Kombi-Angeboten à la »zwei kaufen, drei bekommen« können Sie mit diesem Kundentypen Ihren Umsatz weiter steigern: Der Kunde kauft zum Beispiel zwei edle Krawatten und bekommt eine dritte zum halben Preis. Mit ein wenig Kreativität lässt sich auch eine ergänzende Dienstleistung mit in die Waagschale legen: Beim Abschluss eines Auto-Kaufvertrags erhält Ihr Kunde ein Drei-Monats-Abo für kostenloses Autowaschen.

Den Hang zum Mehrwert können Sie auch noch anders nutzen: Wenn ein Produkt dem Kunden viele Möglichkeiten bietet und beispielsweise gleich drei andere Geräte ersetzt, ist der Schatzmeister glücklich: Verkaufen Sie ihm also den Rasenmäher, der im Winter mit Schneepflug versehen die Einfahrt räumt – und bescheren dem Schatzmeister schon mitten im Sommer ein kleines Weihnachtsfest. Ihnen als Verkäufer übrigens auch.

Der Schatzmeister: kurz & kompakt

➤ Nennen Sie grundsätzlich Endpreise und diese immer ohne Verzögerung.

➤ Bleiben Sie auch bei energischen Preisverhandlungen sachlich.

➤ Sprechen Sie Anerkennung für die gezielten Überlegungen aus.

➤ Machen Sie die Preise transparent, schlüsseln Sie zusammengesetzte Angebote und gebündelte Aktionen auf.

➤ Bieten Sie schon zu Beginn günstige Artikel an.

➤ Bieten Sie nach Möglichkeit Rabatte oder Zusatzangebote an.

➤ Schöpfen Sie die Rabatte nicht zu früh aus.

➤ Belohnen Sie die Kundentreue mit Kundenkarten, Rabattmarken und Mailing-Sonderpreisen für Stammkunden.

Senke im Nasenrücken – der Hilfsbereite

»Geben ist seliger denn Nehmen.« Für bestimmte Menschen ist Helfen eine Leidenschaft. Wenn es darum geht, ihrem Mitmenschen eine Last abzunehmen und unter die Arme zu greifen, sind sie gleich zur Stelle. Ihr Wille zur Unterstützung grenzt an Selbstlosigkeit. Daher heißen sie: die Hilfsbereiten.

Der Hilfsbereite möchte niemandem zur Last fallen, sondern ist ganz im Gegenteil immer für alle da, und zwar gerne. Ein Anruf nachts um drei Uhr? Kein Problem. Der anstehende Umzug? Klar – auf den Hilfsbereiten ist zu zählen. Wann immer Unterstützung gesucht wird, ist er zur Stelle. Gemeinschaft ist für Hilfsbereite ein hoher Wert, ganz nach dem Motto: »Die Welt ist meine Familie, alle gehören zusammen und irgendwie verstehen wir uns auch immer gut.«

Als Kunde ist er der Erste, der sich nach einem heruntergefallenen Stift bückt oder einen Karton tragen hilft. Wenn ein Verkäufer mit so einem

Kunden häufiger zu tun hat, sollte er nicht überrascht sein, wenn dieser am Geburtstag oder zu Weihnachten mit einem Kuchen für ihn im Laden steht. Das ist ganz typisch für Hilfsbereite. Und sie freuen sich wie ein Schneekönig, wenn sich der andere darüber freut.

Der Hilfsbereite lebt für das Zugehörigkeitsgefühl. Er liebt es, ein Teil einer Gruppe zu sein. Nicht notwendigerweise der wichtigste – es geht ihm gar nicht so sehr um die Anerkennung. Er möchte einfach nur dazugehören. Dieses Gefühl stellt sich für ihn vor allen Dingen dann ein, wenn er einem anderen Gruppenmitglied helfen kann. Genau hier liegt der Schlüssel für den Verkäufer: Schafft er eine Verkaufsatmosphäre, in der der Hilfsbereite eine unterstützende Rolle in dem gemeinsamen Spiel hat, ist der Kauf praktisch schon perfekt. Denn der Helfer kann eben nur zum Helfer werden, wenn er auch helfen darf.

3-Sekunden-Scan: So erkennen Sie den Hilfsbereiten

Sie erkennen den Hilfsbereiten ganz einfach an der konkaven Form seines Nasenrückens. Wie bei einem Baby wölbt sich sein Nasenrücken nach innen und bildet eine gemütliche kleine Senke. Falls Sie sich den Unterschied zwischen konkav und konvex noch einmal deutlich machen möchten, hilft folgende Bierzelt-Weisheit: »Hat das Mädchen Sex, wir der Bauch konvex, ist das Mädchen brav, bleibt der Bauch konkav.«

1. »Alle sollen zufrieden sein«

Unerbittliche Verhandlungen zur Preissenkung und eiskalte Business-Strategien liegen dem Hilfsbereiten völlig fern. Sein Anliegen ist ein ganz anderes: Er möchte, dass alle an dem Kauf Beteiligten allerbeste Gefühle haben. Er liebt Win-win-Situationen, weil er möchte, dass alle glücklich sind. Am wohlsten fühlt er sich, wenn er das Gefühl hat, dass alle von seinem Kauf profitieren. Das kann so weit gehen, dass der Abschluss unterm Strich eher eine Win-Situation für den Verkäufer ist; aber solange alle dabei glücklich sind, ist es das wert.

Beziehen Sie den Kunden mit ein

Den Hilfsbereiten erobern Sie im Verkaufsgespräch, indem Sie den menschlichen Nutzen Ihres Angebots und vor allem die gemeinschaftsstiftenden Aspekte ausgiebig hervorheben. Zeigen Sie Ihrem Kunden, dass sein Einkauf für Sie nicht nur Geld und Umsatz bringt, sondern auch Freude und Zufriedenheit bedeutet. Beziehen Sie Ihr Umfeld und Ihre Kollegen mit ein, geben Sie dem Hilfsbereiten das Gefühl, an einem Ort angekommen zu sein, wo er einen Platz hat und dazugehört. Den Wert Menschlichkeit betonen Sie ebenfalls, indem Sie auch auf die Menschen hinter den Dingen und Abläufen hinweisen. So geht dem Hilfsbereiten das Herz auf.

Mit Ausdrücken wie »helfen«, »da sein« oder »Gefallen tun« geben Sie dem Gespräch die gewünschte Richtung. Wenn Sie über das Produkt sprechen, erzählen Sie beispielsweise, welche Probleme oder Anforderungen sich damit bewältigen lassen und wie gut es von anderen Kunden angenommen wird: »Wir bekommen seit Jahren nur positive Rückmeldungen. Ein Käufer aus dem Nachbarort kam sogar noch einmal bei mir vorbei, um sich für den Tipp persönlich zu bedanken.«

2. »Darf ich Ihnen helfen?«

»Hier bin ich Mensch, hier darf ich sein«: Hilfsbereite fühlen sich immer dann wohl, wenn sie so sein können, wie sie sind: unterstützend, empathisch, verständnisvoll. Das macht sie glücklich. Noch zufriedener sind sie, wenn sie das Glück vervielfachen und alle Menschen erfreuen können; vor dem Verkäufer machen sie dabei nicht Halt – ganz im Gegenteil. »Das ist doch für Sie jetzt auch schön, wenn Sie kurz vor Ladenschluss noch ein komplettes 8-teiliges Topfset an mich verkaufen, dann hat sich der Tag doch auch für Sie gelohnt, oder?«

Nähe und ein starker persönlicher Kontakt lassen das Herz des Hilfsbereiten höher schlagen. Am liebsten führt er ein gemütliches, ausführliches Gespräch rund um den Verkaufsvorgang – ganz wie unter Freunden, die sich auch einmal was Persönliches erzählen und sich nicht nur auf reine Fakten konzentrieren. Ihm kann nichts Besseres passieren, als dass er vom Verkäufer mit seiner offenen und hilfsbereiten Art angenommen wird.

Bitten Sie um Unterstützung

Keine falsche Bescheidenheit: Nehmen Sie die angebotene Hilfe an. Wenn Ihnen Ihr Kunde vorschlägt, einen schweren Karton mitzutragen oder selbst noch einmal nach der Detailinformation sucht, machen Sie ihm tatsächlich eine Freude, wenn Sie ihn gewähren lassen. Bescheren Sie ihm ein Extra-Glücksgefühl, indem Sie zum Beispiel sagen: »Sie sind so groß, können Sie mir bitte kurz helfen und den Karton da oben aus dem Regal holen, dann brauche ich die Leiter nicht extra hierhin zu schleppen.« Oder: »Es wäre ganz wundervoll, wenn wir Ihnen die neue Sofagarnitur erst übernächste Woche liefern dürfen. In der nächsten Woche sind zwei Kollegen in Urlaub, und da ist es personell wirklich eng bei uns. Sie würden uns wirklich einen riesigen Gefallen damit tun.«

3. »Über Geld wollen wir nicht reden«

Auch wenn Kunde und Verkäufer sich so gut verstehen, dass sie schon fast ihre Rollen vergessen, so ist das einerseits zwar gut, andererseits reicht das jedoch nicht aus, um zum erfolgreichen Abschluss zu kommen. Denn beim Geld hört die Freundschaft zwischen dem Hilfsbereiten und Verkäufer auf. Ist der Hilfsbereite etwa geizig? Nein, das Problem liegt nicht in der Höhe des Preises oder etwa dem mangelnden Rabatt. Der Hilfsbereite redet mit seinem neuen Freund, dem Verkäufer, einfach nur ungern über Geld. Die Details einer Preisverhandlung sind ihm unangenehm.

Am liebsten würde er um das Preis-Thema einen weiten Bogen machen. Er möchte den Verkäufer ja unterstützen und will ihm das Leben leicht machen. Er fragt auch nicht gern nach Rabatten, denn damit würde er ja sein Gegenüber bedrängen, und das liegt seinem Wesen fern. Ohne Nachfrage angebotene Rabatte erzielen bei ihm nicht den gewünschten Erfolg. Es besteht sogar die Gefahr, dass er sie als einen Bestechungsversuch interpretiert. Einen Hilfsbereiten, der sich ein harmonisches Miteinander wünscht und erwartet, würde das nur irritieren.

Er ist auch nicht übermäßig preissensibel. Der Hilfsbereite kauft ein Produkt auch dann, wenn der Preis etwas höher ist, oder weil es sich eben nicht um ein Sonderangebot oder eine Rabattaktion handelt. Für ihn ist der Preis selbst weit weniger wichtig als die Art und Weise, in der kommuniziert wird. Der Hilfsbereite kauft in erster Linie die Dienstleistung der Verkaufsberatung und die richtige Atmosphäre beim Gespräch – und erst dann das Produkt. Die Aufgabe des Verkäufers ist es also, ihm nicht nur ein Angebot, sondern auch weiterhin ein Gemeinschaftsgefühl zu vermitteln – auch wenn es um Geld geht.

So meistern Sie die Preiskommunikation

Gehen Sie mit lässiger Leichtigkeit an die Nennung des Preises und an den Abschluss heran: Es reicht, wenn Sie die Beträge nur kurz ansprechen. »Die grünen Schuhe liegen knapp unter hundert Euro.« Indem Sie darauf verzichten, Preise bis auf den Cent genau zu zitieren, zeigen Sie, dass es in Ihrer Kommunikation weniger auf das Finanzielle ankommt, als auf die wesentlichen Dinge des Lebens.

Sollte Ihr hilfsbereiter Kunde dennoch nur schwer zum Abschluss zu bewegen sein, knacken Sie ihn mit einem Hilfsangebot: »Wie sieht es denn aus, darf ich Ihnen später alles zusammen einpacken? Brauchen Sie Hilfe beim Tragen oder sollen wir es Ihnen liefern lassen?« So vermitteln Sie ihm, dass Sie auf einer Wellenlänge sind und dass die Welt ein Stückchen besser wird durch diesen Abschluss.

Die besondere Chance

Auch wenn der Hilfsbereite Ihnen einen erhöhten Zeitaufwand beschert, sollten Sie dieser Zeit nicht hinterherweinen. Immerhin werden Sie nervenaufreibendes Handeln und Feilschen nicht erleben. Die üblichen Asse wie Rabattaktion oder Sonderpreise brauchen Sie erst gar nicht aus dem Ärmel zu holen.

Ihre Mühen werden auch auf andere Weise mit einem höheren Profit belohnt: Da dieser Kundentyp gerne für das Wohl aller sorgt, ist er ein besonders guter Multiplikator, wenn er von einem Produkt begeistert ist. Hilfsbereite möchten eben immer alle glücklich machen. Es bereitet sehr viel Freude, mit diesem Kunden Geschäfte zu machen.

Der Hilfsbereite: kurz & kompakt

➤ Betonen Sie den menschlichen Faktor jedes Verkaufsgesprächs.

➤ Stellen Sie das Gemeinschaftsgefühl heraus.

➤ »Caring and Sharing« (Kümmern und Teilen) lautet die Devise.

➤ Nehmen Sie die von ihm angebotene Hilfe dankbar an.

➤ Gewähren Sie wenn möglich einen Blick auf das Team hinter den Kulissen.

➤ Bringen Sie Ihre persönlichen Aspekte in das Verkaufsgespräch ein.

➤ Vermeiden Sie es, knapp und zeitfokussiert zu sein.

➤ Weisen Sie nur kurz auf den ungefähren Preis hin.

➤ Bieten Sie von sich aus keine Rabatte an.

➤ Bringen Sie den Kunden abschließend zur Tür und verabschieden Sie ihn herzlich.

Der Spickzettel

➤ Sichtbarer Huckel: der Schatzmeister

➤ Typische Aussage: »Was habe ich davon?«

➤ Haltung des Verkäufers: Mit Pokerface und Ass im Ärmel zum Abschluss.

➤ Nasenrücken nach innen gewölbt: der Hilfsbereite

➤ Typische Aussage: »Hier bin ich Mensch, hier darf ich sein.«

➤ Haltung des Verkäufers: Lass dir vom Kunden beim Verkaufen helfen.

7. Was würden Sie mir empfehlen?

Die Nasenflügel

Die Verkäuferin im Schuhgeschäft, Vera Baumbach, hat soeben die neueste Saisonware in die Regale geräumt und mit Preisschildern versehen, als die Türglocke klingelt und ein Pärchen mittleren Alters den Laden betritt. Während der Mann sich die Sonderangebote für Sportsocken anschaut, wendet die Frau sich sofort den Stiefeln zu und fragt auch ganz gezielt nach Modellen, die ihren Vorstellungen entsprechen: »Warm sollen sie sein, ruhig mit ein bisschen Absatz. Aber nicht zu viel. Schon recht schick, aber eben nicht zu hoch – und passen sollen sie nach Möglichkeit zu wadenlangen Röcken ebenso wie zu Hosen.«

Vera Baumbach ist sofort in ihrem Element und holt stapelweise Kartons mit Winterstiefeln. Mit Leidenschaft präsentiert sie ein Modell nach dem anderen. Schließlich sind drei Paar Stiefel in die engere Auswahl gekommen, ein braunes, ein schwarzes und ein blaues.

»Die Entscheidung fällt mir jetzt aber wirklich schwer!« Die Kundin wechselt ein weiteres Mal vom ersten zum dritten Paar, um an den Regalen vorbei zur Probe zu laufen. »Was meinst du denn, Liebling?«, versucht Sie die Entscheidung an ihren Mann zu delegieren. »Sie stehen dir alle drei ausgezeichnet, Liebes«, beteuert ihr Ehemann und lobt die schlanken Waden, an denen wirklich jedes Schuhwerk fantastisch aussehe.

Irgendwie findet seine Frau das auch, aber damit ist die Auswahl ja noch nicht getroffen: »Lieber klassisches Schwarz auf Nummer sicher? Dann passen sie wirklich zu allem, was ich an Winterkleidung im Schrank habe. Oder Braun. Braun sieht auch immer gut aus, passt zu meiner Lieblingstasche und ist nicht so neutral. Andererseits habe ich ja eigentlich immer nur vernünftige Farben wie Schwarz und Braun, das ist ja auch auf Dauer irgendwie langweilig. Und wenn es mal gedeckt aussehen muss, reichen die alten Stiefel doch auch noch ein paar Winter. Dieses Blau ist wirklich mal was ganz anderes, ein richtiger Hingucker …« Und wieder von vorn. Vernünftig, gediegen oder peppig? Geduldig wechselt sie ein weiteres Mal die Stiefel, trabt in jedem Paar einmal durch den Laden, um die Regale mit Sportartikeln bis vor den Spiegel – und wieder zurück. Das blaue Paar nimmt sie gleich zweimal nacheinander in die Hand. Dies sind dann auch die Stiefel, bei denen die Kundin schließlich sagt: »Ach. Das ist mir jetzt zu schwierig! Ich glaube, ich überleg mir das noch mal.«

Inzwischen hat eine andere Kundin den Laden betreten, auch sie möchte Winterstiefel kaufen. Interessiert schaut sie dem Treiben im Laden zu, bis schließlich die beiden Damen aufeinandertreffen. »Was meinen Sie denn, welche Stiefel am besten zu mir passen?«

»Ich würde an Ihrer Stelle die blauen nehmen«, antwortet die neue Kundin zielsicher, und ergänzt: »Das ist eine nicht so alltägliche Farbe, die stehen Ihnen wirklich gut, und außerdem ist das ein Blau, das auch praktisch zu allem passt.«

Was Vera Baumbach jetzt beobachtet, verschlägt ihr fast die Sprache. Die zunächst zögerliche Kundin zieht die Stiefel aus, legt sie in den Karton, geht schnurstracks zur Kasse, bezahlt und verlässt fröhlich mit ihrem Mann wenige Augenblicke später den Schuhladen. Eine wildfremde Kundin scheint die bessere Beraterin zu sein als sie, die gelernte und langjährige Schuhfachverkäuferin.

Schmal oder breit?

Manche Verkaufsgespräche gestalten sich wie der Turmbau zu Babel: Sie schwingen sich in endlose Höhen, ein Stockwerk kommt nach dem anderen – und wenn man meint, endlich ans Ende gelangt zu sein, fällt das Ganze in sich zusammen: Der Kunde mag dann doch nicht, und der Verkäufer bleibt rat- und sprachlos zurück. Was ist da nur passiert?

Manche Kunden wissen halt genau, was sie wollen, und andere verlassen sich lieber auf die Meinung von Dritten. That's life! Für beide Kundentypen gibt es die richtige Strategie. Um diese zu finden, hilft ein Blick auf die Nasenflügel.

Wahre Wunderwerke sind diese schönen kleinen Hügel links und rechts der Nase. Und völlig unterschätzt! Sie sind in jeder Sekunde unseres Lebens in Bewegung, bei jedem Atemzug sind sie im Spiel – und natürlich auch mit dabei, wenn es darum geht, für den einzelnen Kunden die passende und zielführende Taktik zu wählen.

Schmale Nasenflügel – der Anpassungsfähige

»Was sagst du dazu?« – das ist schlichtweg die Lieblingsfrage der Anpassungsfähigen. Auf Platz zwei der Hitparade wäre: »Was meinst du, soll ich das so machen – oder so?« Die gesamten Top-Ten gestalten sich ähnlich: Anpassungsfähige fragen ihre Mitmenschen einfach gern um Rat. Ihnen ist die Meinung und Einschätzung anderer Menschen wichtig, und der folgen sie in aller Regel auch. Es geht ihnen im Grunde darum, dass sie nicht anecken, nicht negativ auffallen, und sie machen viele Menschen glücklich, indem sie ihren Rat annehmen. Dieses Verhalten gibt ihnen auch die Gelassenheit, die sie sich wünschen. Um eine Entscheidung zu fällen, braucht dieser Kundentyp häufig etwas mehr Zeit, und wenn er sie heute nicht trifft, dann eben erst morgen. Auf jeden Fall nicht ad hoc, schon gar nicht, ohne die Menschen in greifbarer Nähe einbezogen zu haben. Sie möchten mitsamt ihrer Entscheidung verstanden und akzeptiert werden – und das gelingt ihnen dadurch, dass sie den Rat anderer annehmen. Sie möchten sich gemocht wissen.

Anpassungsfähige sind exzellente Teamplayer, weil sie in einer Gruppe dafür sorgen, dass jeder zu Wort kommt und jeder nach seiner Meinung gefragt wird, wenn sie sich dafür verantwortlich fühlen. Da es ihnen sehr leichtfällt, sich selbst zurückzunehmen, ist der Umgang mit ihnen für viele Menschen sehr angenehm.

Unterstützung und Akzeptanz sind für Anpassungsfähige ein Ausdruck von Liebe, doch es kommt noch ein weiterer Faktor hinzu: Sie treffen Entscheidungen ungern allein. Bei allem, was sie tun, hätten sie gerne so etwas wie einen Segen von oben, oder eben vonseiten ihrer Mitmenschen. Anpassungsfähigen ist die Person, die eine Meinung äußert, wichtiger als ein stichhaltiges Argument. Autorität ist das, was den Ausschlag gibt – dazu muss der Anpassungsfähige die Person noch nicht einmal kennen; da reicht es schon, dass beim Klamottenkauf ein trendiger Kunde vorbeiläuft und anerkennend nickt: »Coole Hose!« Die Autorität hat gesprochen. Und die Entscheidung ist getroffen.

Außen- und Innenwelt sind beim Anpassungsfähigen übrigens ziemlich gleich. Auch mit ihrer inneren Stimme fragen sie unaufhörlich ab, was andere wohl sagen, denken und fühlen. Sie sind sehr aufmerksam, was um sie herum passiert. In Gruppen vermeiden sie, in irgendeiner Weise negativ aufzufallen, und sie wollen niemandem zur Last fallen. Das bedeutet nicht, dass sie keine eigene Meinung haben, sie trauen ihr nur nicht immer. Oft sind Anpassungsfähige sehr freundlich im Umgang mit anderen Menschen, sie lachen gerne über deren Witze und halten sich ansonsten eher bedeckt im Hintergrund.

3-Sekunden-Scan: So erkennen Sie den Anpassungsfähigen

Links und rechts der Nase sind die Nasenflügel – und die sind beim Anpassungsfähigen nur wenig ausgeprägt. Weil die Flügel kaum eine Wölbung aufweisen, sind die Nasenlöcher oft länglich geformt. Die Nase erinnert durch die schmalen Nasenflügel an einen Pfeil – flach und schnittig wie ein aerodynamischer Sportwagen.

1. »Ich bin mir da einfach unsicher«

Nach außen wirken Anpassungsfähige oft unentschlossen. Nur zögerlich wägen sie die verschiedenen Möglichkeiten ab, spiegeln vermeintlich Sicherheit und werden kurz vor dem Fällen einer Entscheidung noch einmal wankelmütig. Schlimmstenfalls machen sie aus Unsicherheit gar einen Bogen um Entschlüsse – und Abschlüsse. Das sind alles andere als günstige Vorzeichen für einen leichten Verkaufserfolg: Anpassungsfähige vertagen daher gerne Entscheidungen und lassen Produkte zurücklegen, statt sofort zuzugreifen. Ob sie dann wiederkommen und die Ware wirklich kaufen, steht in den Sternen. Eventuell kehren sie allerdings mit einer Autoritätsperson zurück, zum Beispiel der besten Freundin oder dem Partner. Damit erhält der Verkäufer eine zweite Chance für den Deal.

Das Eis ist schnell gebrochen und eine Entscheidung getroffen, wenn eine Autorität auftritt und den klaren Kurs angibt. Mitunter kann das auch der Verkäufer sein. Da ist die Versuchung groß, die Unsicherheit auszunutzen und Einfluss zu nehmen. Doch wer auf diesem Weg eine Kaufentscheidung forciert, sollte sich nicht zu früh freuen: Es ist zwar leicht, einem Anpassungsfähigen etwas aufzuschwatzen und ihn einen Ladenhüter nach Hause tragen zu lassen. Das wird aber schnell zum Bumerang, denn dieser Kunde wird höchstwahrscheinlich wiederkommen und das unattraktive Produkt umtauschen, oder noch schlimmer: Er wird eben nicht mehr zurückkehren. Ganz gleich ob am Ende der Pulli in der unverkäuflichen Farbe wieder im Laden liegt oder auch nicht, zum treuen Kunden wird der Anpassungsfähige nicht mehr.

Wie aber führt man nun diesen Kundentyp zu einer Kaufentscheidung?

Geben Sie Empfehlungen

Solidarisieren Sie sich mit Ihrem anpassungsfähigen Kunden: »Es stimmt. Beide Versicherungsarten haben ihre Vor- und Nachteile. Da ist es normal, dass Sie noch etwas Zeit zum Nachdenken brauchen, bevor Sie sich entscheiden. Das kann ich sehr gut verstehen.« – Sätze wie diese bauen Vertrauen auf.

Viele Verkäufer schrecken davor zurück, eine ganz klare Kaufempfehlung auszusprechen. Sie äußern eher Sätze wie »Ja, die schwarzen Stiefel stehen Ihnen gut und die braunen finde ich auch sehr nett an Ihnen.« Wer aus Höflichkeit seinen Kunden nicht bevormunden möchte, liegt im Fall, dass er es mit einem Anpassungsfähigen zu tun hat, völlig falsch.

»Ich empfehle Ihnen, nach dem, was ich über Ihre Anforderungen jetzt weiß, den Kalender mit der Tageseinteilung mit der schicken, handgenähten schwarzen Lederhülle.« Mit dieser klaren Stellungnahme kann der Verkäufer den Kunden sehr gut unterstützen, seinen Entschluss zu fassen. Sagen Sie Ihre Meinung vor dem Hintergrund dessen, was Sie über die Bedürfnisse des Kunden herausgefunden haben.

2. »Wie finden Sie es?«

Sobald sich der Anpassungsfähige einmal entschieden hat, geht alles Weitere sehr schnell über die Bühne. Denn im Grunde genommen haben Anpassungsfähige durchaus ihre eigene Meinung und einen eigenen Stil und Geschmack, sie sind sich nur in Bezug auf die Reaktionen ihrer Umwelt unsicher. Sie möchten Anerkennung und Komplimente für ihre Meinung erfahren und suchen daher nach Vorbildern und Autoritäten.

Es gibt bei den Anpassungsfähigen letztlich drei mögliche Entscheidungen: Wenn sie ein Produkt perfekt finden, kaufen Sie auch allein. Wenn Sie ein Produkt ganz schrecklich finden, ist es egal, was eine andere Person zu diesem Produkt sagt, sie werden es nicht kaufen. Die entscheidende Funktion übernimmt also die externe Autorität in den Fällen, in denen der Anpassungsfähige in Bezug auf die Entscheidung unentschlossen ist. Dann ist der andere Mensch – und das kann natürlich gegebenenfalls auch der Verkäufer sein – der ausschlaggebende Faktor.

Sie sind dann eine Art Ankerpunkt, an denen sich der Anpassungsfähige orientiert und festhält. So kann wirklich nichts schiefgehen. Das Schlimmste wäre für diesen Kundentyp, wenn ihm am Ende jede Zustimmung fehlt und er allein auf weiter Flur mit einer Kaufentscheidung dastehet. »Da muss ich doch noch mal telefonieren«, »Ich möchte mich da erst noch einmal umhören« oder »Dazu würde ich gerne den Rat von einem zweiten Experten einholen« – das sind normale Sätze, die für Verkäufer durchaus demotivierend wirken können. Aber das ist alles halb so schlimm, denn auch für den richtigen Umgang mit dem Anpassungsfähigen gibt es Lösungswege.

Bestätigen Sie seine Vorliebe

Um aus einem Anpassungsfähigen einen Käufer zu machen, dürfen Sie sich auf seine Unentschlossenheit einlassen und mitspielen. Die Kundin schlüpft doppelt so oft in die blauen Stiefel wie in die roten? Dann unterstützen Sie doch einfach die Wahl dieses blauen Schuhwerks, denn die Geste hat den Kaufwunsch schon verraten, der jetzt nur noch mit Ihrer Unterstützung in eine Absicht umgewandelt werden möchte. Achten Sie also auf kleine Gesten, welche Wahl tatsächlich dem Geschmack des Kunden entsprechen würde. Sie greifen so die Tendenz Ihres Kunden auf und bestätigen seine Vorliebe.

Oder Sie können überzeugend vermitteln, dass auch andere diese Entscheidung treffen würden – geben Sie nicht auf, werfen Sie Referenzen und Feingefühl in die Waagschale, um einen Kaufbeschluss herbeizuführen.

Wenn es dann immer noch nicht weitergeht: Geduld! Das Wesen des Anpassungsfähigen können Sie nicht ändern. Gehen Sie also ruhig in die Offensive und bieten Sie Ihrem Kunden an, sich eine Rückversicherung von außen zu holen. Viel besser ist es, ein Kunde kehrt noch einmal zurück und kauft dann, als wenn er den Laden unverrichteter Dinge und ohne Lösungsansatz beim ersten Besuch wieder verlässt.

3. »Gibt es einen Testbericht?«

Für Anpassungsfähige sind Regeln und klare Vorgaben hilfreich. Statt sich eingeengt zu fühlen, empfinden sie dann sogar ein Gefühl von Sicherheit. »Das ist die Standard-Wahl, sie hat sich hundertfach bewährt«, oder: »Damit können Sie nichts falsch machen, bei der Zeitschrift Test hat dieses Produkt mit sehr gut abgeschnitten.« – Verkäufer können den Anpassungsfähigen bei seiner Entscheidung auch damit unterstützen, dass sie auf externe Autoritäten – andere Kunden, Testberichte und Auszeichnungen – verweisen.

Damit begibt sich der Verkäufer selbst aus der Schusslinie. Er braucht nicht seine eigene Meinung zu sagen, sondern gibt das wieder, was andere Autoritäten über dieses Produkt festgestellt haben. Auch Testergebnisse und Referenzen vermitteln Sicherheit und unterstützen die Entscheidungsarbeit. So kann der Verkäufer seinem Kunden die Einschätzungen gleich mehrerer Autoritäten auf einmal präsentieren. Dem Anpassungsfähigen ist das sehr wichtig: Er möchte am liebsten breite Zustimmung erhalten – was alle wollen, kann nicht schlecht sein. Mainstream – das ist für Anpassungsfähige kein Ausschlusskriterium, sondern ein weiterer Sicherheitsanker für eine gute Entscheidung.

So geben Sie Ihrem Kunden Orientierung

Eine sichere Wahl, ein verlässliches Produkt, das im Grunde allen gefallen könnte – darauf ist der Anpassungsfähige aus. Erzählen Sie ihm also ganz konkret von anderen Kunden, die glücklich mit diesem Artikel sind, und beziehen Sie auch ruhig das Umfeld des Käufers mit ein: »Da werden Ihre Nachbarn wirklich sagen …« und »Ihre Kollegen sehen das sicherlich genauso.« Erläutern Sie, wie bewährt und weit verbreitet das Produkt ist und welche Referenzen, Statistiken oder Testergebnisse diese Aussage bestätigen. Auch Ihre eigenen Erfahrungen zählen: »Auch meine erfahrenen Stammkunden entscheiden sich immer wieder gerne für dieses Angebot.«

Sollte der Kunde dann sogar noch einen anderen Kunden im Laden als Referenz nach seiner Meinung befragen, so können Sie das als positives Zeichen werten: Im Grunde ist die Entscheidung schon getroffen, es geht zu diesem Zeitpunkt nur noch um die Anerkennung und Zustimmung aller Anwesenden.

Die besondere Chance

Der Anpassungsfähige braucht für seine Wahl ein Vorbild und für die Entscheidung ein Gegenüber, das er als Autorität anerkennt. Diesen Status erreichen Sie, wenn der Anpassungsfähige für seinen Kauf Anerkennung und Komplimente aus seinem Umfeld bekommt. Dann sind Sie in den Clan aufgenommen, dürfen bei Entscheidungen nicht nur vorschlagen, sondern auch mitreden, und werden gehört. Und das nicht nur einmal, sondern mit Sicherheit immer wieder: Der Anpassungsfähige erwidert Ihr Können mit großer Treue – und mit immer zügigeren Kaufentscheidungen. Ein Lohn, über den Sie sich freuen dürfen.

Der Anpassungsfähige: kurz & kompakt

➤ Beobachten Sie den Kunden im Umgang mit den Produkten genau.

➤ Erkennen und unterstützen Sie Tendenzen zu einer bestimmten Entscheidung.

➤ Legen Sie Zögern nicht als Ablehnung aus.

➤ Zeigen Sie Verständnis für Unentschiedenheit.

➤ Bestärken Sie den Kunden in seinen Entscheidungen.

➤ Bieten Sie an, die Ware zurückzulegen.

➤ Bauen Sie durch Kundenreferenzen und Beispiele Vertrauen auf.

➤ Vermitteln Sie, dass es Ihnen wichtig ist, dass er die für ihn richtige Kaufentscheidung trifft.

➤ Vermeiden Sie es, Druck aufzubauen oder die Geduld zu verlieren.

➤ Reagieren Sie nicht genervt oder unverständig.

➤ Wiederholen Sie seine positiven Äußerungen.

➤ Äußern Sie Ihre Meinung klar und eindeutig, wenn der Kunde Sie darum bittet.

Ausgeprägte Nasenflügel – der Bescheidwisser

Einmal tief einatmen und dann entscheiden – manche Menschen haben in jeder Situation eine ganz klare Vorstellung davon, wo es langgeht. Sie verfügen ganz offensichtlich über einen inneren Kompass. Egal ob es um das neueste Elektromobil, die Wahl des optimalen Schnellkochtopfs oder den besten Urlaubsort geht, sie wissen immer sofort, was das Beste ist. Sie sind für sich selbst die größte Autorität. Das macht sie weitgehend unabhängig von der Meinung anderer Menschen. Vorschläge von anderen oder gar Zustimmung zu einer Meinung brauchen sie nicht – denn sie wissen selbst, was für sie gut ist. Daher kommt auch ihr Name: die Bescheidwisser.

Mit seinen instinktiv getroffenen Entscheidungen und seinem geradlinigen Auftreten füllt er in Gruppen wie zum Beispiel in der Familie eine wichtige Rolle aus: Er bringt Entscheidungen voran. Er ist auch immer bemüht, seinen eigenen Standpunkt durchzusetzen. Oft versteht er nicht, warum andere Menschen bei einer Kleinigkeit ewig diskutieren und überlegen. Als Führungskraft beweist der Bescheidwisser oft auch dann Stärke, wenn viele andere Menschen noch viel mehr Fakten sammeln oder andere Meinungen einholen wollen. Er wirkt dann wie ein Fels in der Brandung. Da er gerne den Kurs vorgibt, dabei so selbstsicher auftritt und bei seiner Meinung bleibt, fällt es anderen leicht, ihm zu vertrauen und auch zu folgen. In einem Team zieht der Bescheidwisser daher immer eine Führungsrolle vor. Er ist selbstsicher, liegt immer richtig, der Bescheidwisser hat einfach gerne recht. Er ist daher ein recht interessanter Kunde bei Beratungsaufträgen.

Übrigens: Wenn der Bescheidwisser andere von seiner Meinung zu einem Thema profitieren lässt, möchte er dafür auch anerkannt werden. Das ist insbesondere für das Verkaufsgespräch von entscheidender Bedeutung.

3-Sekunden-Scan: So erkennen Sie den Bescheidwisser

Ein kurzer Blick genügt: Ausgeprägte Nasenflügel fallen schnell ins Auge. In Kombination mit dem Nasensteg wirken sie wie die großen Triebwerke an einem Jumbo-Jet. Die Gesichtsstruktur des Bescheidwissers lässt sich schon im frühesten Kindesalter leicht beobachten: Babys sind Meister der Durchsetzungsfähigkeit und wissen genau, was sie wollen – auch sie haben meist extrem ausgeprägte Nasenflügel.

1. »Ich weiß Bescheid«

Sobald der Bescheidwisser ein Geschäft betritt oder ein Beratungsgespräch eröffnet, sind die Rollen schon klar verteilt: Hier entscheidet er – keine Frage. Dass er es ist, der im Mittelpunkt steht und die Entscheidungskompetenz hat, steht gar nicht zur Debatte.

Der Bescheidwisser erwartet von seinem Gegenüber nicht, automatisch zu kuscheln, ihm alles recht und kommod zu machen oder sich gar devot zu verhalten. Ganz im Gegenteil: Er schätzt ein selbstbewusstes Auftreten seines Gegenübers, denn dann kann er sich noch stärker profilieren. Im schlimmsten Fall erlebt der Verkäufer Co-Referate oder weiterführende Produkterläuterungen des Kunden. So überraschend das manchmal ausfällt, so herausfordernd ist es auch: Denn das selbstsichere Auftreten dieses Kunden wird von Verkäufern oft als oberlehrerhaft interpretiert. Auf jeden Fall: Keine gute Voraussetzung für ein gelungenes Beratungsgespräch, wenn der Verkäufer versuchen möchte, den Kunden von seiner Meinung zu überzeugen.

Verkäufer reagieren oftmals in zwei Extremen: Entweder denken sie, dass ihr Kunde keinen Rat oder keine Hilfestellung braucht – und ziehen sich mit dem Gefühl, überflüssig zu sein, in ein passives Verhalten zurück. Oder sie geben Kontra und liefern sich einen Schlagabtausch. Beides ist nicht zielführend. Gibt es einen Königsweg?

Nehmen Sie die Meinung des Kunden an

Für den Bescheidwisser ist es besonders wichtig, in der Verkaufssituation die Autorität innezuhaben. Bereits Feinheiten in der Formulierung können diese Rolle infrage stellen. Das fängt schon bei einfachen Wörtern an: Achten Sie darauf, statt »aber« lieber »und« zu sagen. Wenn also der Kunde eine Meinung geäußert hat, wie »Winterreifen auf Stahlfelgen sehen einfach hässlich aus«, antworten Sie als Verkäufer lieber nicht: »Aber dafür sind die viel billiger«. Denn beim Bescheidwisser ist es wichtig, dass er sich von Ihnen verstanden und mit seiner persönlichen Meinung angenommen fühlt. In vielen Verkaufssituationen ist es also am einfachsten, wenn Sie schlicht zustimmen: »Da haben Sie recht, bei Ihrem Auto sollten Sie auf jeden Fall auch die Winterreifen auf Leichtmetallfelgen nehmen.« Bei diesem Kunden können Sie mit Ihrer eigenen Meinung auch einfach mal hinterm Berg halten. Leisten Sie keinen Widerspruch, sondern würdigen Sie sein Fachwissen und Engagement.

Bleiben Sie gleichzeitig selbstbewusst: Sie haben ein gutes Produkt anzubieten und dürfen das auch mit Stolz zeigen. Sollte Ihr Kunde sich nun weiter profilieren und Ihnen mit demonstrativ präsentiertem Fachwissen die Rolle des Fachkundigen streitig machen wollen, so lassen Sie sich nur nicht provozieren, sondern bleiben Sie entspannt. Jede Provokation lenkt die Aufmerksamkeit dieses Kunden vom Produkt weg auf einen Konkurrenzkampf. Und den verlieren Sie als Verkäufer, weil der Kunde zur Not entnervt geht. Stehen Sie über den Dingen: eine Investition, die sich auszahlt.

2. »Sie kennen sich ja sicher auch gut aus«

Die große Selbstsicherheit der Bescheidwisser sorgt dafür, dass sie schnell und ganz unmittelbar handeln und entscheiden. Sie verlassen sich dabei voll auf ihren Instinkt. Eigentlich darf es Unsicherheiten im Alltag der Bescheidwisser gar nicht geben, wenn es sie aber doch einmal gibt, greifen sie im Gespräch auf kreative Lösungen zurück. Zur Bekräftigung ihrer Argumente berufen sie sich auf Studien, Tests oder Hörensagen und untermauern ihre Meinung selbstbewusst mit allem, was ihnen gerade dazu einfällt. Um Rückfragen oder um die Bitte, dass etwas noch einmal erklärt wird, machen Bescheidwisser gerne einen Bogen – denn damit würde ihre Expertenrolle gefährdet.

Der Bescheidwisser möchte für sein Durchsetzungsvermögen und seine große Entscheidungsfähigkeit bewundert und als Autorität wahrgenommen werden. Er geht davon aus, dem Fachverkäufer im Wissen nicht nachzustehen – er hat eben einfach gerne recht. Die besondere Herausforderung für den Verkäufer mit einem Bescheidwisser als Kunden liegt also darin, trotz dessen dominanter Selbstsicherheit eine gute Beratung zu liefern und damit zu erreichen, dass der Kunde auch wirklich nachhaltig zufrieden ist.

So meistern Sie die Beratung

Der wichtigste Ansatz für ein erfolgreiches Beratungsgespräch mit dem Bescheidwisser: Bestätigen Sie Ihren Kunden in seiner Selbstsicherheit und seiner Herangehensweise. Lassen Sie ihn unbedingt sein Gesicht wahren und vermitteln Sie ihm das Gefühl, dass er nach wie vor eine Autorität ist. »Ich mag Kunden, die sich auskennen!«, »Das sehe ich genauso wie Sie«, oder »Diese Entscheidung kann ich sehr gut verstehen, das würde ich genauso machen« – das sind typische Sätze, mit denen Sie dem Bescheidwisser signalisieren, dass er bei Ihnen an den richtigen Verkäufer geraten ist.

Vermeiden Sie jede Situation, die den Kunden bloßstellt, und gestalten Sie Korrekturen im Weltbild des Bescheidwissers als diplomatisches Hilfsangebot. »Ich habe am Anfang diese Schuhe mit den MBT-Laufsohlen auch für sehr seltsam gehalten. Inzwischen bin ich allerdings von der speziellen Abrollbewegung überzeugt.

Vielleicht möchten Sie sie einfach mal anprobieren?« Oder: »Sie kennen sich sicher schon aus, ich zeige es Ihnen auch gern noch einmal, wenn Sie möchten.«

Lassen Sie dem Bescheidwisser die Wahl, ob er sich von einer neuen Meinung überzeugen lassen will. Damit erkennen Sie ihn unbedingt als Autorität an und geben ihm gleichzeitig die Chance, einen Schritt in eine neue Richtung zu gehen.

3. »Hier kommt meine Meinung«

Solange der Bescheidwisser in dem Verkaufsangebot das Produkt findet, von dem er persönlich überzeugt ist, ist er einer der bequemsten Kunden. Denn er weiß, was er will, und solange sich der Verkäufer nicht wehrt, ist der Weg frei zu einem zügigen Abschluss.

Wenn dieser Kundentyp in diesem Fall ein Beratungsgespräch in Anspruch nimmt, dann ist meist das einzige Ziel, seine Expertise unter Beweis zu stellen.

Hat der Bescheidwisser sich in Bezug auf ein Angebot vorher noch nicht allzu viele Gedanken gemacht, weil er zum Beispiel das Produkt noch nicht kennt, bildet er sich schnell eine eigene Meinung und zeigt sich auch in dieser Situation entschlussfreudig. Wenn er also etwa noch nie einen Kaffeevollautomaten gekauft hat, nun aber aus irgendwelchen Gründen einen beschaffen muss, dann ist er nach einer sehr kurzen, geschickten Beratung durch den Verkäufer in der Lage, sich für sein Modell zu entscheiden.

Der Verkäufer kann in diesem Fall erstaunt sein, wie schnell sich der eben noch uninformierte Kunde zu einem Experten weiterentwickelt, der ganz klar sagt: »Diese Milchschaumlösung ist ja so nicht brauchbar« oder »Der Wasserbehälter ist viel zu klein«. Auch in dieser Situation ist es für den Verkäufer sofort wieder wichtig, aus der Rolle des Beraters in die Rolle des anerkennenden Bewunderers zu wechseln und die Meinung des Kunden zu bestätigen. Der Spruch: »Der Kunde hat immer recht« gilt beim Bescheidwisser in ganz besonderer Weise.

Weil dieser Kundentyp sich seiner eigenen Meinung und seiner Intuition so sicher ist, kauft er gerne auch online in Internetshops ein. Hier findet er nämlich ohne große Umwege direkt das Produkt, von dem er schon weiß, dass er es kaufen wird.

Fachsimpeln Sie mit den Kunden

Doch wenn der Bescheidwisser im Internet einkauft, geht ihm natürlich auch einiges durch die Lappen: die Möglichkeit, über einen besonderen zusätzlichen Service oder einen Rabatt zu verhandeln, und vor allem die Chance, persönliche Anerkennung für sein Fachwissen und seine Zielstrebigkeit zu erhalten.

Sobald der Bescheidwisser über Ihre Ladenschwelle tritt, können Sie genau dort ansetzen, wo das Einkaufserlebnis im Internet aufhört: »Welches sind für Sie denn die herausragenden Kriterien eines Mountainbikes?« – Eine solche Frage ist der ideale Einstieg für diesen Kundentyp. Denn damit eröffnen Sie als Verkäufer von Anfang an die Bühne für den Bescheidwisser, anstatt ihn mit Ihren eigenen Vorstellungen vom idealen Produkt zuzutexten. Und diese Bühne wird der Bescheidwisser jederzeit gerne wieder aufsuchen wollen. Vielleicht kommt er zwischendurch mit seinem neuen Mountainbike immer mal wieder vorbei, um ein wenig mit Ihnen zu fachsimpeln und dabei gleich das eine oder andere Zusatzangebot, das ein Mountainbike-Spezialist natürlich benötigt, sofort mitzunehmen.

Deshalb kann es je nach Branche sehr wichtig sein, dass Sie als Verkäufer den Kontakt zum Bescheidwisser auch dann halten, wenn der eigentliche Verkaufsvorgang schon abgeschlossen ist. In der Automobilbranche ist es zum Beispiel üblich, dass der Kunde nach dem Kauf des Autos überwiegend vom Service-Personal betreut wird. Wenn der Bescheidwisser dann an den ruppigen Werkstattmeister gerät, der den Bescheidwisser nicht mal eben freiwillig den Expertenstatus einräumt, ist das schnell das schlagartige Ende der sorgsam aufgebauten Kundenbeziehung. Besser ist es, wenn der Verkäufer den Kunden bei einem Werkstattbesuch zumindest kurz begrüßt und für eine Fachsimpelei mit Expertenbonus zur Verfügung steht.

Die besondere Chance

Zielstrebigkeit ist beim Bescheidwisser Trumpf: Verkürzen Sie den Weg zum Abschluss so sehr wie möglich und lassen Sie auch mal fünf gerade sein. Das dürfen Sie ruhig auch wörtlich nehmen. Denn es kann ja durchaus sein, dass der Bescheidwisser eine Meinung vertritt, die in Bezug auf dieses Produkt nebensächlich oder vielleicht sogar unsinnig ist. Lassen Sie das stehen und hören Sie ihm einfach nur interessiert und aufmerksam zu.

Ein guter Gesprächspartner kann den Bescheidwisser süchtig nach mehr machen. Schließlich ist es eins der schönsten Gefühle für ihn, endlich jemanden kennengelernt zu haben, der sich richtig gut in der Materie auskennt und ihn trotzdem als absolute Autorität anerkennt. So gewinnen Sie einen von Ihnen begeisterten Kunden fürs Leben.

Der Bescheidwisser: kurz & kompakt

➤ Erkennen Sie die Autorität des Kunden an.

➤ »Der Kunde hat immer recht« – das gilt hier in ganz besonderer Weise.

➤ Ermöglichen Sie ihm den gewünschten schnellen Abschluss.

➤ Verzichten Sie auf »Aber«-Sätze, nutzen Sie stattdessen »und« als Überleitung.

➤ Treten Sie zielstrebig und sicher auf.

➤ Bleiben Sie gelassen, wenn Ihr Kunde seine eigene Meinung entschieden vertritt.

➤ Vermitteln Sie Wissen diplomatisch.

➤ Zetteln Sie keine Diskussionen an.

➤ Drängen Sie Ihrem Kunden nicht Ihre eigene Meinung auf.

➤ Loben Sie, sprechen Sie Anerkennung aus.

➤ Bestätigen Sie den Käufer in seinen Meinungen.

➤ Zeigen Sie Ihren Stolz auf die Produktpalette.

Der Spickzettel

➤ Schmale Nasenflügel: der Anpassungsfähige

➤ Typische Aussage: »Da muss ich noch mal jemanden fragen.«

➤ Haltung des Verkäufers: Gemeinsam sind wir stark.

➤ Breite Nasenflügel: der Bescheidwisser

➤ Typische Aussage: »Ich weiß schon, was ich will.«

➤ Haltung des Verkäufers: Natürlich haben Sie recht.

8. Das muss ich aber erst noch mal lesen

Der Nasensteg

Wolfram Müller kann sich kaum zurückhalten, am liebsten würde er sich in die Tür seines Geschäfts stellen und potenzielle Kunden von der Straße hereinbitten. Die Verkaufsschulung vom Wochenende wirkt nach und hat den Elektro-Fachhändler fast schon elektrisiert. Zum dritten Mal stellt er den Prospektständer für die neue Generation der 3D-Flachbildfernseher an eine andere Stelle und erzählt seinem Azubi von den frischen Erkenntnissen:»Dennis, wenn ich eins gelernt habe an diesem Wochenende, dann ist es dieses: Verkaufen kann nur, wer seinen Kunden begeistert. Gefühle sind das A und O. Schließlich verkaufen wir Fernseher nicht, weil wir jede Schraube und jeden Draht an einem Gerät erklären können. Nein, wir verkaufen Lebensträume, wir machen es möglich, dass unser Kunde das bekommt, was er schon immer haben wollte.« Wolfram Müller badet noch förmlich in der Welle der guten Gefühle, als ein Kunde den Laden betritt, Siggi Schmitz, der schräg gegenüber wohnt.

»Hallo Herr Müller, ich hab mir überlegt, dass ich mir doch endlich so einen modernen flachen Fernseher kaufe, bei dem alten flimmert das Bild schon manchmal, und ich glaube, dass es an der Zeit ist für einen Wechsel.« Da ist er bei Wolfram Müller an diesem Morgen genau an den Richtigen geraten. Ein Superlativ jagt den nächsten:»Wir haben hier ein exzellentes Gerät in der allerfeinsten LED-Technik, schauen Sie mal hier, mit hauchdünnem Rahmen und einer der modernsten Fernbedienungen, die

Sie überhaupt auf dem Markt finden können. Dieses Gerät hat zugleich die intelligenteste Technik, die man momentan auf der ganzen Welt kaufen kann, ist ergonomisch ausgeklügelt und bietet auch im 3D-Bereich absolute Spitzenwerte. Einfach alle, die ihn bisher bei uns gekauft haben, sind total aus dem Häuschen und werden immer wieder danach gefragt, wo sie das tolle Gerät her haben!«

Der Verkäufer ist so hin und weg von seiner eigenen Präsentation, dass er völlig übersieht, wie sich der Kunde mehr und mehr zurückzieht. Siggi Schmitz scheint mit dieser ausufernden Begeisterung gar nicht umgehen zu können. Er schaut auf einen Zettel, auf dem er Fragen notiert hat. Als er die erste gerade stellen möchte, wird er schon von der nächsten Begeisterungswelle des frisch geschulten Verkäufers überrollt: »Schauen Sie doch nur, wie elegant die Fernbedienung ausfällt, so ergonomisch und doch klassisch, sie könnte glatt auch zu einem Sportwagen gehören! Eine beglückend herausragende Technik befindet sich in diesen Geräten und die absolut neueste Software, die Sie zusätzlich auch noch über das Internet updaten können. Dieser Fernseher lässt keine Wünsche offen und wird Sie auch in fünf Jahren noch begeistern.«

Siggi Schmitz faltet den Zettel wieder zusammen, steckt ihn in die Tasche, bedankt sich für die Information und verlässt den Laden. Bei diesem Abgang wundert es Wolfram Müller nicht, dass am nächsten Tag der Lieferwagen eines Mitbewerbers vor der Tür des Kunden hält und ein extra großer LED-Fernseher der neuesten Generation geliefert wird. Dabei hatte ihm das gefühlsbetonte Verkaufen so gefallen, und er war so fest davon überzeugt, dass der bei dem Wochenend-Seminar vermittelte Ansatz genau der richtige war. »Warum bloß hat das bei diesem Kunden überhaupt nicht funktioniert?«, denkt er sich.

Abwärts oder aufwärts?

Die Welt ist komplex. Und Kundenpersönlichkeiten sind es erst recht. Der eine Kunde kommt mit einem Rucksack voller Vorschusslorbeeren und einem riesigen Berg an Vertrauen in den Laden, während sich der Verkäufer beim nächsten Kunden wie ein Eisbrecher durch dicke Schichten an Skepsis und Zurückhaltung kämpfen muss.

Natürlich merkt der Verkäufer spätestens im Verlauf des Gesprächs, was für einen Kunden er vor sich hat – nur kann es dann natürlich bereits zu spät sein. Wie viel besser wäre es, die Verkaufsstrategie von vorneherein auf den Kundentyp – skeptisch oder vertrauensvoll – abzustimmen.

Wie gewinnt man einen skeptischen Kunden und bringt ihn zum Abschluss? Wie kann man herausbekommen, welche Informationen ihm fehlen, und wie muss man seine Fragen beantworten, damit er am Ende ein Kunde wird? Und mindestens ebenso wichtig ist die richtige Strategie auch bei dem entgegengesetzten Typ. Wie weit kann der Verkäufer bei diesem Kunden gehen, ohne zu übertreiben und die Kundenbeziehung aufs Spiel zu setzen?

Auskunft über das richtige Vorgehen gibt der Nasensteg, die schmale Brücke zwischen den beiden Nasenlöchern. Weist dieser nach oben oder nach unten? Daran sehen Sie sofort, woran Sie sind.

»Himmelfahrtsnase« – der Vertrauensvolle

Unerschrocken und mit einem scheinbar unendlichen Vorrat an Optimismus in das Gute der Welt gehen bestimmte Menschen die Dinge an. Ihr Schlüssel, mit dem sie jede Tür öffnen und jedem ihrer Mitmenschen ein Lächeln ins Gesicht zaubern, ist Vertrauen. Daher auch der Name dieses Kundentyps: der Vertrauensvolle.

Der Vertrauensvolle lebt in dem festen Glauben an das Gute der Welt und lässt sich schnell für alles begeistern, was ihm begegnet. Eine große Gabe, die oberflächlich besehen leicht mit Naivität verwechselt wird, aber aus einem starken Urvertrauen entspringt. »Alles ist gut, und notfalls wird es gut, selbst wenn alles dagegen zu sprechen scheint«, das ist das Lebensmotto dieses Kundentyps.

Natürlich hat auch der Vertrauensvolle schon einmal Situationen in seinem Leben erlebt, in denen er enttäuscht worden ist. Nur hat er daraus nicht den Schluss gezogen, dass er ab sofort vorsichtiger ist oder gar skeptisch in vergleichbare Situationen hineingeht. Stattdessen bleibt er optimistisch, gelassen darauf bauend, dass es dieses Mal bestimmt gut ausgeht. Sein wunder Punkt: wenn Freunde ihm Leichtgläubigkeit vorwerfen. Dann wird er zögerlich und beginnt, sein Grundvertrauen und seine Begeisterung mit rationalen Argumenten zu unterfüttern.

Andere Menschen erleben den Vertrauensvollen oft als unbekümmerten Zeitgenossen, deshalb fühlt man sich in seiner Gesellschaft wohl. Zweifel findet er schrecklich. Argwohn ist für ihn ein Fremdwort. Gerade in einem neuen Umfeld – zum Beispiel in einer Verkaufssituation – sticht er gegenüber seinen zurückhaltenderen Mitmenschen heraus wie ein sonnengelber Löwenzahn, der sich durch Asphalt gekämpft hat. Dann kommen seine Eigenschaften in ganz besonderem Maße zum Leuchten.

> **3-Sekunden-Scan: So erkennen Sie den Vertrauensvollen**
>
> Der Hans-Guck-in-die-Luft aus dem Märchen macht es vor: Sorgenfrei und unbeirrt geht er durch die Welt und zeigt ihr dabei gut sichtbar den Nasensteg. Wenn dieser Nasensteg nach oben zeigt, umgangssprachlich Himmelfahrtsnase genannt, dann wissen Sie: Vor Ihnen steht ein Vertrauensvoller.

1. »Das ist genau das Richtige für mich!«

Vertrauensvolle sind Meister darin, positiv mit dem Leben umzugehen. Sie wollen keine Probleme, also gibt es für sie auch keine. Sie verschließen einfach die Augen, wenn ihnen etwas nicht so ganz in den Kram passt. Das gilt auch für den Fall, dass ein anderer Mensch in Bezug auf eine bestimmte Situation oder ein Produkt Zweifel anmeldet. Am liebsten würde der Vertrauensvolle dann gar nicht hinhören und über die Argumente einfach hinweggehen. Er bleibt bevorzugt in seiner heilen Welt und vermeidet all das Störende, was andere Menschen als Realität bezeichnen würden. Für ihn ist eben das Glas immer randvoll, selbst wenn nur noch wenige Tropfen darin sind. Dieser erstaunlich positiven Grundhaltung bleibt der Vertrauensvolle wirklich sehr, sehr lange treu.

Beim Kauf ist es für Vertrauensvolle ganz besonders wichtig, dass andere Menschen ihre Begeisterung teilen und während des gesamten Verkaufsvorgangs auch beibehalten. Ein Verkäufer, der nicht alle Tonlagen der Begeisterungshymne mitsingt, hat schnell den Ruf als Skeptiker weg. Und damit möchte dieser Kundentyp gar nicht umgehen. Auf Einwände reagiert er ärgerlich und bricht lieber seinen Einkauf ab.

> **Begeistern Sie den Kunden**
>
> Wenn Sie mit dem Vertrauensvollen zu tun haben, so sollten Sie Ihr Verkaufsgespräch als Gesamtkunstwerk verstehen, das mit dem Produkt zusammenfließt: Ist der Kunde von Ihnen begeistert, dann vom Produkt umso mehr. Falls Sie einem Kundenvorschlag skeptisch gegenüberstehen, halten Sie Ihre Bedenken zunächst zurück. Hören Sie also erst einmal zu, und schaffen Sie eine Grundatmosphäre, die von gegenseitigem Vertrauen und Wertschätzung geprägt ist. »Da haben

Sie sich wirklich für den besten Trecker aus dem gesamten Sortiment entschieden.« Oder: »Ja, das Leder dieser Tasche ist wirklich samtweich, ich liebe es, einfach nur mit meiner Hand darüberzustreichen. Probieren Sie das ruhig einmal aus.« Teilen Sie die Begeisterung Ihres Kunden und drücken Sie dies auch aus – mit Hilfe Ihrer Körpersprache, mit interessierten Rückfragen und indem Sie eigene Erfahrungen einflechten.

Wenn Sie sich als Verkäufer in die positive Welt des Vertrauensvollen begeben, wird der Einkauf für ihn ein rundherum perfektes Erlebnis. Spiegeln Sie den Kunden ruhig und passen Sie sich sowohl sprachlich als auch körperlich an. Benutzen Sie die gleichen Vokabeln, nehmen Sie ähnliche Körperhaltungen ein. Seien Sie offenherzig, spontan. Und: Formulieren Sie positive Sätze! Satzkonstruktionen wie »Das ist nicht umweltschädlich« sollten lauten: »Das ist sehr umweltverträglich«. Damit bleibt die Welt heil, und das soll auch so sein.

2. »Das brauche ich auch noch!«

Meist kommen Vertrauensvolle schon völlig enthusiastisch in den Verkaufsraum, wie ein Kind, das zum Kindergeburtstag eingeladen ist und nun mit leuchtenden Augen an der Tür steht und all der herrlichen Dinge harrt, die heute noch passieren werden. Eigentlich ein Selbstläufer – sogar wenn der Verkäufer an diesem Tag mal nicht gleich mit der nötigen Begeisterung bei der Sache ist, überzeugen sich die Vertrauensvollen selbst davon, dass alles bestens ist.

Die große Gefahr: Der Verkäufer könnte sich dazu hinreißen lassen, diesen offenherzigen Menschen etwas aufzuschwatzen, was sie gar nicht brauchen. Denn das wäre ganz leicht – verführerisch leicht sogar. Doch machen wir uns nichts vor: Ein Kunde, der gutgläubig einen überteuerten Ladenhüter mit nach Hause trägt, mag dem Verkäufer kurzfristig ein gutes Geschäft beschert haben. Auf längere Sicht sieht das allerdings anders aus. Denn wenn der Kunde schon nicht resolut nein gesagt hat, ist es spätestens sein Umfeld, das ihm die Augen öffnet. Dann wird sich die Begeisterung des Vertrauensvollen erst recht entfachen – als glühender Missionar gegen den Verkäufer XY oder den Laden Z wird der Vertrauensvolle dafür sorgen, dass sich seine schlechte Erfahrung gründlich herumspricht. Sein Vertrauen zu enttäuschen lohnt also nicht.

Behalten Sie Ihre Verkäuferehre

Es ist wirklich sprichwörtlich: Vertrauensvolle sind die Eskimos, denen man nicht nur einen, sondern gleich eine ganze Batterie von Kühlschränken und Tiefkühltruhen verkaufen kann. Wenn Sie in der Zeitung von Betrugsfällen lesen, bei denen jemand mit undenkbar simplen Methoden übers Ohr gehauen wurde, können Sie fast sicher sein, dass es sich bei dem Kunden um einen Vertrauensvollen handelte. Sie als seriöser Verkäufer werden von einem solchen Gebaren natürlich Abstand halten. Zumal Sie sehr viel gewinnen, wenn der Vertrauensvolle seine positive Grundeinstellung und seine Fähigkeit, begeistert zu sein, auf Ihr Unternehmen überträgt. In ihm finden Sie einen herausragenden Multiplikator, der ihnen viele weitere Kunden schicken wird. Wenn Sie diese Perspektive im Auge behalten und den Vertrauensvollen begeistert und hingebungsvoll beraten, sind Sie auf der Straße der Sieger.

3. »Das andere ist aber auch sehr hübsch!«

Was immer der Vertrauensvolle präsentiert bekommt, er kann sich dafür erwärmen. Großer Widerstand oder ein skeptisches Hinterfragen sind eher nicht zu erwarten. Der Vertrauensvolle glaubt dem Verkäufer jede positive Aussage und freut sich über alle Produkte, die er im Laufe des Verkaufsgesprächs als Möglichkeiten aufgezeigt bekommt. Doch genau das ist auch die Tücke! Jeder weitere Artikel, jede neue Möglichkeit ist eine weitere Variante, über die sich der Vertrauensvolle ebenso endlos begeistern kann. Große Begeisterung ist bei ihm allerdings noch lange keine Kaufentscheidung. Denn die Gefahr besteht darin, dass der Enthusiasmus ganz schnell auf ein anderes Objekt oder sogar einen anderen Verkäufer und einen ganz anderen Laden überspringt.

Der Vertrauensvolle ist wie eine Biene, die voller Glück von Blüte zu Blüte fliegt und jedes Mal davon überzeugt ist, dass sie dieses Mal wirklich die allerallerschönste Blume gefunden hat. Für den Kaufvorgang bedeutet das: Der Verkäufer muss alles daransetzen, das Produkt-Hopping zu vermeiden. Am einfachsten funktioniert das, indem er seine eigene Begeisterung für ein bestimmtes Produkt besonders stark zum Ausdruck bringt und damit das Kundeninteresse immer wieder darauf fokussiert. »Stimmt, diese TAG-Heuer-Uhr ist wirklich auch etwas ganz Besonderes. Wie gut fühlt sich denn jetzt die Cartier mit dem Kautschukarmband an Ihrem Arm an? Sie steht Ihnen wirklich gut! Diese Uhr ist sportlich und elegant zugleich, das finde ich an diesem Modell besonders gelungen, und sie passt hervorragend zu Ihnen.« Der Verkäufer darf also am Ball bleiben, und zwar genau so lange, bis das Tor gefallen ist und er gemeinsam mit dem Kunden jubelt.

Nutzen Sie das Kopfkino

Arbeiten Sie mit Bildern und lebendigen Zukunftsprojektionen. Das gilt zwar für alle Kunden, der Vertrauensvolle ist jedoch einer der dankbarsten Abnehmer dieser Ausblicke.

Die Nachhaltigkeit Ihrer Beziehung zum Vertrauensvollen als Kunden können Sie gut unterstreichen, indem Sie bei der Präsentation der Zukunftsvision sich selbst mit ins Spiel bringen: »Sobald Sie dann mit dem Cocktail in der Hand am Strand sitzen, schreiben Sie mir doch bitte eine Postkarte.« Oder: »Wenn Sie das nächste Mal vorbeikommen, dann erzählen Sie mir unbedingt von den Reaktionen Ihrer Kollegen.« Sie führen damit eine Bindung des Kunden an das Produkt herbei, machen die Entscheidung fühlbar und nehmen persönlich daran teil.

Bei diesem Kundentyp hilft es sehr, wenn Sie die bevorstehende Verkaufsentscheidung sprachlich in die Vergangenheit legen und seine Aufmerksamkeit damit auf einen zukünftigen Moment lenken. »Vielleicht nehmen Sie mich in Ihrem neuen Traumcabriolet mal mit, sobald es ausgeliefert ist, das möchte ich unbedingt erleben.« Mit diesem Bild sieht sich Ihr Kunde bereits im neuen Auto mit offenem Verdeck durch die Sonne fahren, obwohl es noch Winter ist und der neue Wagen erst noch bestellt und gebaut werden muss. Die Begeisterungsfähigkeit des Vertrauensvollen ist eng gekoppelt an seine Fähigkeit, sich seine eigene Zukunft in Farbe und 3D auszumalen. Die realistischen Filme in seinem Kopfkino erlebt er so, als wären sie schon hier und jetzt wahr.

Sie als Verkäufer dürfen also lernen, Sprache so einzusetzen, dass Sie genau die passenden Bilder im Kopf Ihres begeisterten Kunden entstehen lassen. Dann erleben Sie mit dem Vertrauensvollen nicht nur ein großartiges, motivierendes Verkaufsgespräch, Sie führen ihn auch galant auf direktem Weg zu einem guten Abschluss.

Die besondere Chance

Vertrauensvolle sind typische Noch-was-Käufer. Ihre Begeisterung ist immer noch steigerungsfähig. Ein kleines Zubehörteil hier, ein weiteres Produkt da und noch zwei Zusatzoptionen, dann ist dieser Kunde so richtig in seinem Element. Shopping ist nicht nur ein Hochgenuss, sondern eine der schönsten Möglichkeiten sich in unserer Welt voll auszuleben. Vertrauensvolle kaufen gerne in Paketen, so wird aus dem einzelnen Küchenmesser dann beispielsweise ein Set mit Messerblock und Wetzstahl. Machen Sie was draus!

Der Vertrauensvolle: kurz & kompakt

➤ Verwenden Sie stets positive Formulierungen.

➤ Zeigen Sie echte Begeisterung: über das eigene Produkt, den Kunden, die Welt.

➤ Halten Sie Maß im Verkauf.

➤ Nutzen Sie den Kunden nicht aus.

➤ Arbeiten Sie mit bildhaften Zukunftsprojektionen.

➤ Passen Sie Ihr Vokabular und Ihre Körpersprache an das Verhalten des Kunden an.

➤ Arbeiten Sie mit Paketen und Add-ons.

➤ Vermeiden Sie Zweifel und Skepsis.

➤ Lassen Sie Raum für Emotion.

➤ Vernunft ist bei diesem Kunden unangebracht.

➤ Gehen Sie auf die Gefühlswelt des Kunden ein.

➤ Agieren Sie offen und herzlich.

»Adlernase« – der Vernunftbedachte

Während manche Menschen beim Ausmalen ihrer Weltsicht gar nicht genug Farbtöpfe und unterschiedliche Pinselstärken haben können, gibt es andere, denen ein einfacher Kugelschreiber und vielleicht noch ein Lineal reichen. Messbarkeit ist das Maß aller Dinge – Zahlen, Daten und Fakten sind für ihn die entscheidenden Aspekte. Alles muss rational nachvollziehbar und vor allem vernünftig sein. Und daraus ergibt sich sein Name: der Vernunftbedachte.

Man könnte den Vernunftbedachten auch als sympathischen Skeptiker bezeichnen: Er möchte nicht zweifeln, mit Halbwissen agieren oder sich gar vom schönen Schein einer Sache leiten lassen. Er beruft sich auf den gesunden Menschenverstand. »Ich muss doch die Fakten mal prüfen.«

»Man kann doch nicht einfach mal eben so etwas kaufen.« Schließlich ist das Wichtige bei einer Entscheidung für ihn nicht, dass man sich überschwänglichen Gefühlen der Begeisterung hingibt. Einer Aussage traut der Vernunftbedachte erst, wenn er noch einmal in Ruhe darüber nachgedacht hat und nachvollziehbare Argumente gefunden hat. Was für ihn zählt, ist die Vernunft, und die ergibt sich aus objektiv nachprüfbaren Fakten.

Um Missverständnisse zu vermeiden: Vernunftbedachte sind keine benachteiligte Spezies auf diesem Planeten, die von Kindesalter an eine schlechte Erfahrung nach der anderen gemacht haben. Sie blicken in der Regel auch nicht auf eine lange Geschichte von Misserfolgen, gebrochenen Herzen und anderen Widrigkeiten zurück. Insofern gibt es keine erfahrungsbasierte Erklärung für ihr Verhalten. Doch auch wenn sie auf viele positive Erlebnisse zurückblicken können, bedeutet das für sie nicht, dass die Welt grundsätzlich gut ist. Vielmehr nehmen sie das als Bestätigung dafür, dass es ihre Vernunft und rationale Herangehensweise ist, die sie vor den Unwägbarkeiten des Lebens beschützt.

Im Umgang mit anderen kann diese Haltung sehr leicht dazu führen, dass sie als Spaßbremsen wahrgenommen werden. Andererseits traut man den Vernunftbedachten sehr gute Entscheidungen zu. Ihr Rat ist durchaus willkommen, weil man sicher sein kann, dass sie sich eine Sache gut überlegt haben, wenn sie sich für etwas aussprechen.

Aber so fürsorglich die Zweifel des Vernunftbedachten auch gemeint sein mögen, so sehr wirkt er im Alltag schon einmal übertrieben skeptisch. Darauf können optimistische Menschen mit Unverständnis und sogar Ablehnung reagieren. Die Löcher im Käse gehören nun einmal dazu, auch wenn sie nur Luft enthalten.

3-Sekunden-Scan: So erkennen Sie den Vernunftbedachten

Fällt der Nasensteg Ihres Gegenübers nach unten ab und Sie werden dadurch an eine stolze Adlernase erinnert, so wissen Sie, dass Sie einem Vernunftbedachten gegenüberstehen. Ein Gesichtsmerkmal, das sich übrigens erst mit Ablegen des Kindchenschemas ausbildet: Vorher sind alle Nasen gen Himmel gerichtet.

1. »Ich rechne das lieber selbst nach«

Für den Vernunftbedachten ist beim Einkaufen nicht nur das Ergebnis sein Ziel, sondern auch der Weg dorthin. Er nimmt Aussagen über die Eigenschaften des Produktes zwar ernst, dabei ist ihm jedoch die Art und Weise, wie diese zustande kommen, ebenso wichtig wie ihr Inhalt. Ein vernunftbedachter Kunde wirkt schnell wie ein Nörgler und Erbsenzähler, wenn er beispielsweise Angebote noch einmal durchrechnet oder sich die Einzelheiten von Testberichten genau aufschlüsseln lässt. Er ist ein Meister darin, sich schlimme Szenarien in allen Facetten auszumalen. Er ist kein unheilbarer Pessimist, sondern er möchte nur vermeiden, etwas falsch zu machen. Dies ist sein Antrieb, und der Verkäufer tut gut daran, sich dessen immer wieder bewusst zu sein.

Blindes Vertrauen findet der Vernunftbedachte gefährlich und nimmt deshalb unbedingt alles selbst noch einmal genau in Augenschein. Dabei akzeptiert er in erster Linie sich selbst als ausschlaggebende Autorität, gerne aber auch Testberichte, Tabellen, Vergleiche und andere objektiv anmutende Kriterien. Seine Devise lautet: Emotionen sind für den Moment, Beweise für die Ewigkeit.

Vertrauen ist also der Schlüssel für die Eroberung des Vernunftbedachten, und das erwirbt er sich über Fakten, und nicht durch Beziehungsangebote. Ein saloppes, gar kumpelhaftes Auftreten des Verkäufers verstärkt seine natürliche Skepsis und lässt ihn befürchten, dass er hinters Licht geführt werden soll. Seriosität ist schließlich ein enger Verwandter der Vernunft und sobald beides zusammen auftritt, wird dieser Kundentyp schnell Vertrauen in die Beratung des Verkäufers fassen können.

Beziehen Sie sich auf Referenzen

Sie können beim Vernunftbedachten keinen Blumentopf damit gewinnen, dass Sie von den guten Erfahrungen anderer Kunden berichten oder Ihre eigene Begeisterung einfließen lassen. Vermeiden Sie also Gefühlsprojektionen im Stil von »Sie werden sicher auch begeistert sein«. Gehen Sie stattdessen mit sachlichen Argumenten in die Offensive. Getroffene Aussagen sollten Sie stets mit Begründungen untermauern. Wenn Sie etwa die gute Verarbeitung eines Produktes anpreisen, dann müssen Sie auch belegen, warum Sie diese Aussage treffen können. »Alle Nähte dieser Lederjacke sind doppelt genäht, das können Sie hier an der Innenseite am Futter ganz deutlich sehen. Das ist ein Zeichen für die besondere Verarbeitungsqualität dieses Herstellers.«

Verwenden Sie außerdem Testberichte, um dem Kunden Sicherheit zu geben: »In einer aktuellen Marktstudie der Fachzeitschrift *Mein Klavier und ich* ist dieser Flügel zum Modell des Jahres gewählt worden«, »Die Stiftung Warentest hat diese Nähmaschine als sehr gut getestet, als einziges Produkt des Testfeldes übrigens« – solche Hinweise auf externe Quellen bieten den Vorteil, dass Sie diese als neutrale Instanzen von außerhalb hinzuziehen können. Für den Vernunftbedachten wirken sie als wichtiger Meilenstein auf dem Weg zu seiner Entscheidung.

Auch Fachkenntnis zahlt sich im Gespräch mit dem Vernunftbedachten aus: Detaillierte Produktkenntnisse und Sachverständigkeit rund um Markt und Branche weisen Sie als kompetenten Partner aus. Wichtig ist, dass Sie diesem Kundentyp nicht notwendigerweise extrem viele Details geben müssen, er möchte nur viele verschiedene sinnvolle und eben auch objektiv nachprüfbare Fakten für seinen Kauf erhalten.

2. »Ich möchte das auf keinen Fall bereuen«

Die skeptische Grundhaltung und die vielen Zweifel sind wahrlich keine einfache Voraussetzung für Verkäufer, die sich schnell gegängelt fühlen, wenn jedes Detail und jede Aussage kritisch überprüft wird. Die Versuchung liegt nahe, den Kunden als »ungläubigen Thomas« abzustempeln oder gar an den eigenen Fähigkeiten als Verkäufer zu zweifeln. Doch dazu haben Sie keinen Grund. Die Einwände des Vernunftbedachten beziehen sich nicht auf die Person oder Qualifikation des Verkäufers. Ihm geht es wirklich nur darum, die anstehende Entscheidung von allen Seiten abzusichern und damit vor sich selbst in alle Zukunft vertreten zu können. Manchmal scheint es so, als hätte dieser Kundentyp am meisten Angst davor, sich in Zukunft einen Fehler in seiner Vergangenheit vorwerfen zu müssen: »Hätte ich damals die Angaben aus dem Prospekt nur noch einmal geprüft«, oder »Wenn ich das Haus doch vorher bloß einem Fachmann gezeigt hätte, dann … « – Ja, dann müsste sich der Vernunftbedachte keine Vorwürfe machen. Und damit es gar nicht erst so weit kommt, unternimmt er eben in der Gegenwart alles, um sinnvolle und richtige Entscheidungen zu treffen. Wenn ein Verkäufer solch ein Verhalten aus diesem Blickwinkel betrachtet, wird er voller Verständnis mit diesem Kunden umgehen können.

Ein Argument, das bei diesem Kundentyp wohl immer zieht, ist der schonende Umgang mit finanziellen Ressourcen. Vernunftbedachte sind wahre Sparfüchse. Denn Geld zu sparen wird eben in unserer Gesellschaft von vielen Menschen als vernünftig angesehen, nicht zuletzt, weil ja zumindest einige Jahre lang Geiz in Deutschland ganz besonders »geil« war. Der Verkäufer sollte also diesen Aspekt in das Verkaufsgespräch mit einbeziehen und sich darüber im Klaren sein, dass Hinweise wie »Dieses Produkt hat dieselben technischen Werte wie das von der bekannten Marke X, dabei kostet es 50 Euro weniger«, oder »Dieses Produkt läuft vom selben Band wie das teure da drüben, nur das Markenemblem sieht anders aus«, sich sehr verkaufsfördernd auswirken.

Wenn alles mit Daten und Fakten belegt werden muss und zudem jede Überlegung durch die Brille der Vernunft kritisch beäugt wird, kann dies einem begeisterten Verkäufer ganz schön den Wind aus den Segeln nehmen – vor allem, weil Vernunftbedachte mit ihren Eindrücken und Meinungen nicht immer hinterm Berg halten. Bedenken wollen schließlich auch besprochen und diskutiert werden, das ist nichts, was der Vernunftbedachte nur mit sich selbst ausmacht. Der Verkäufer sollte sich dann einfach als Sparringspartner sehen, der mit seinen sachlichen Argumenten alle Zweifel aus dem Weg räumt – echt vernünftig eben.

Nehmen Sie Einwände nicht persönlich

Eine Ihrer wichtigsten Fähigkeiten als Verkäufer ist es, dass Sie so gut wie möglich in der Welt des Kunden agieren. Das gilt für den Vernunftbedachten in besonders ausgeprägtem Maße. Hier ist jede Interpretation fehl am Platz. Denn Sie wissen einfach nicht, welchen Hintergrund eine Frage dieses Kunden hat. Die Frage »Kann ich dieses ausgestellte Doppelbett nicht auch ohne die Kissen und die Tagesdecke kaufen?« kann natürlich bedeuten, dass der Kunde das Design, für das Sie sich mit dem Verkaufsleiter vor vier Monaten entschieden haben, geschmacklos findet, aber warum sollten Sie eine solche negative Grundannahme haben? Das bringt Sie nicht weiter. Genauso gut kann es sein, dass dieser Kunde einen Überwurf eh nie benutzt oder dass er von Tante Erna, die vor vier Wochen gestorben ist, noch eine nagelneue Garnitur geerbt hat. Legen Sie als Verkäufer nicht ein Worst-Case-Szenario zugrunde, sondern stellen Sie sich den bestmöglichen, freundlichsten Hintergrund für die Einwände Ihres Kunden vor. Gehen Sie davon aus, dass die Fragen dieses Kundentyps gut gemeint sind.

Machen Sie also den Relevanz-Check. Fragen Sie doch einfach mal nach: »Was genau ist für Sie so wichtig an dem Gewicht, müssen Sie das Gerät häufiger transportieren?« Wenn Sie den Kunden so fragen und dabei freundlich anlächeln, gibt er Ihnen bestimmt gerne Auskunft: »Nein, ich bin der Meinung, dass richtig gute Küchengeräte einfach auch ein gewisses Gewicht haben müssen, dann sind sie solide verarbeitet und halten lange«.

Zugleich gilt: Bleiben Sie immer ehrlich. Verfallen Sie keinesfalls der Versuchung, Wissenslücken mit Halbwissen zu kaschieren – oftmals kennt sich der Vernunftbedachte selbst schon ganz gut aus und wird ohnehin noch mal nachprüfen, was Sie sagen. Wenn Ihre Aussagen immer Hand und Fuß haben, kann das der Beginn einer wunderbaren Beziehung werden.

3. »Ich hätte da noch eine Frage«

Auch wenn Vernunftbedachte den Verkäufer ganz schön fordern: Es hat durchaus nicht nur Nachteile, wenn der Kunde sich im Vorfeld bereits ein bisschen informiert hat. Vernunftbedachte Kunden kennen sich bei den meisten Produkten, die sie kaufen, so gut aus, dass sie ihre Einwände und Fragen an den Verkäufer genau formulieren können. Das sollte den Verkäufer nicht darüber hinwegtäuschen, dass dieser Kunde normalerweise kein Experte auf diesem Gebiet ist.

Wenn ein Vernunftbedachter mit einem heftigen »Ist eine 6.000er-DSL-Leitung überhaupt noch zeitgemäß?« das Beratungsgespräch eröffnet, kann der Verkäufer nicht davon ausgehen, dass er hier einen Fachmann vor sich hat, mit dem er auf Augenhöhe über asynchrone und synchrone Leitungen, VDSL und Internetvideo-Angebote diskutieren kann. Der Verkäufer darf also sehr gut prüfen, wie weit das Wissen reicht, und der Fokus bleibt darauf, nur die Einwände auszuräumen. Die Antwort: »Solange Sie im Wesentlichen E-Mails bearbeiten und ein bisschen im Internet surfen, genügt sicherlich ein 6.000er-Anschluss. Was sind denn Ihre genauen Anforderungen?« So gibt der Verkäufer die Frage an den Kunden elegant zurück und klärt gleichzeitig noch, wie gut der Kunde informiert ist.

Der Vernunftbedachte ist kein Sofortkäufer, denn es nimmt Zeit in Anspruch, all die vielen Fragen zu beantworten und die Bedenken aus dem

Weg zu räumen. Der Verkäufer sollte dafür also entsprechend Zeit einplanen, sobald dieser Kundentyp in seinem Geschäft auftaucht. Es kann auch durchaus sein, dass sich der Vernunftbedachte noch Bedenkzeit erbittet, etwa um die Angebote zu Hause noch einmal zu überprüfen oder zu recherchieren. Doch auch bei diesem Kunden lässt sich der Weg zum Verkaufsziel mit geeigneter Vorbereitung und dem richtigen Verhalten während des Verkaufsgesprächs deutlich beschleunigen.

Hinterfragt – überprüft – noch mal gecheckt – gekauft!

In einem herkömmlichen Verkaufsseminar hört sich das alles so simpel an: Ermitteln Sie den Bedarf des Kunden, informieren Sie ihn ausführlich, räumen Sie die Einwände aus dem Weg und schließen Sie den Verkauf ab. Wäre es doch nur so einfach! Wenn Sie einen Vernunftbedachten an der Angel haben, werden Sie höchstwahrscheinlich hängen bleiben – und zwar beim dritten Schritt, der Einwandbehandlung. Hier ist noch eine Frage, eine fehlende Information, ein Check des Datenblatts, ein Vergleich mit anderen Produkten oder was auch immer zu klären, lange bevor die Zielgerade auch nur in Sichtweite ist.

Je besser Sie vorbereitet sind, je mehr Testberichte, Referenzartikel, schriftliche Feedbacks anderer Kunden und Aussagen unabhängiger Marktexperten Sie vorlegen können, desto schneller fasst auch der skeptischste Kunde Vertrauen in Ihre Empfehlung. Hier können Sie also im Vorfeld des Kundengesprächs auf jeden Fall schon viel Arbeit leisten, mit der sich der spätere Verkaufsvorgang deutlich verkürzen lässt.

Wenn es zum Beispiel um den Vertragsabschluss bei einem Hauskauf oder einer anderen größeren Investition geht, tun Sie gut daran, dem Vernunftbedachten den Vertrag im Entwurfsstadium schon einmal mit nach Hause zu geben. Der Hinweis: »Dieser Vertrag ist ein Standardvertrag und wird so weltweit von über tausend Maklern seit Jahren eingesetzt«, ist dann eine willkommene Zusatzinformation.

Ebenso sinnvoll kann es sein, sich in Ihrem Produktbereich die typischen Einwände von Kunden schriftlich zu notieren und die passenden Antworten anschließend in Ruhe zu überlegen. So verschaffen Sie sich eine gute Ausgangsbasis für Verkaufsgespräche. Schließlich ist es unwahrscheinlich, dass ein neuer Kunde Sie mit völlig neuen

Fragen überrascht, wenn Sie schon ein paar Jahre im Geschäft sind. Geben Sie sich trotzdem Mühe, Ihre Antwort immer individuell einzufärben, damit der Kunde nicht das Gefühl hat, er erhielte von Ihnen die Standardantwort aus dem Verkäuferhandbuch. Abgedroschene Phrasen haben wie immer keinen Platz, denn Ihre Kunden sollen ja immer das Gefühl der optimalen persönlichen Betreuung haben.

Für diesen Kundentyp ist ein ganz wichtiges Argument, dass Sie oder der entsprechende Hersteller keine Eintagsfliegen sind. Ein kurzer Verweis wie »Unser Geschäft führen wir in der dritten Familiengeneration« oder »Die Servicehotline dieses Herstellers steht Ihnen an sieben Tagen zwischen 8 und 22 Uhr auch nach dem Kauf immer für Ihre Fragen zur Verfügung«, sind wichtige Zusatzinformationen, die dem Vernunftbedachten ein Gefühl von Sicherheit geben, die richtige Entscheidung zu treffen.

Die besondere Chance

Zum einen ist der Vernunftbedachte für Sie ein Ansporn, Ihre Angebotspalette auch wirklich aus dem Effeff zu kennen und auch jede noch so kleine Einzelheit abgeklärt zu haben. Dazu kommt: Der Vernunftbedachte lässt sich nicht durch Äußerlichkeiten betören. Für ihn zählen die inneren Werte, das Eigentliche. Nicht schmissige Sprüche oder Produkte, die voll im Trend sind, sind Anlass für den Kauf, sondern das Produkt selbst.

Zum anderen können Sie von diesem Kunden viel über die Wirkung Ihres Produkts erfahren. Wenn sich der Vernunftbedachte für Ihr Produkt entscheidet, dann hat es eine hohe Hürde genommen, und Sie können stolz sein. Ein großes Kompliment!

Der Vernunftbedachte: kurz & kompakt

➤ Untermauern Sie Ihre Aussagen immer mit Fakten, Beweisen und Nachweisen.

➤ Gehen Sie auf Zweifel ein, fragen Sie nach.

➤ Nehmen Sie die Einschätzungen und Wahrnehmungen des Kunden ernst.

➤ Räumen Sie Ihrem Kunden Zeit ein.

➤ Überzeugen Sie mit Inhalten, nicht mit Gefühlen.

➤ Vermitteln Sie Hintergrundinformationen.

➤ Seien Sie transparent und ehrlich.

➤ Nehmen Sie Skepsis und Kritik Ihres Kunden nicht persönlich.

➤ Bereiten Sie sich gut vor.

➤ Vermeiden Sie oberflächliche Informationen.

➤ Loben Sie die vernünftige Herangehensweise des Kunden.

➤ Betonen Sie den Geldspareffekt.

Der Spickzettel

➤ »Himmelfahrtsnase«: der Vertrauensvolle

➤ Typische Aussage: »Das Leben ist wirklich schön.«

➤ Haltung des Verkäufers: Begeisterung ist das A und O.

➤ »Adlernase«: der Vernunftbedachte

➤ Typische Aussage: »Das möchte ich noch einmal überprüfen.«

➤ Haltung des Verkäufers: Zum Glück gut vorbereitet.

9. Jetzt kommen Sie mal auf den Punkt!

Die Oberlippe

Die junge Reiseverkehrsfrau Sara Kaufmann balanciert einen weiteren Stapel Kataloge vom Prospektständer zu ihrem Schreibtisch, wo ihre reiselustige Kundin schon gespannt wartet. Hanna Vogelbach hat sich nämlich schon alles angeschaut, was sie auf den Werbepostern an der Wand erspäht hatte: Von Allgäu bis Alaska und von Wellness-Weekend bis Weltumrundung mit dem Kreuzfahrtdampfer. Einzig ein festes Reiseziel ist noch nicht in Sicht.

»Sagen Sie mal, wird mir das nicht zu langweilig auf einer Kreuzfahrt? Ich stelle mir das entsetzlich öde vor, wenn ich da von morgens bis abends nur auf dem Schiff rumlaufe und mich mit niemandem unterhalten kann. Da weiß ich wirklich nicht, ob das das Richtige für mich ist.« Die Verkäufern Sara Kaufmann gibt zu bedenken: »Kreuzfahrten sind gerade für Alleinreisende sehr gut geeignet, weil auf diesen Schiffen, zum Beispiel beim Essen, große runde Tische stehen, wo man mit sechs oder sogar acht Mitreisenden zusammensitzt. Und es finden sich bestimmt viele Gesprächspartner, die Ihre Interessen teilen. Natürlich wäre es noch besser, wenn Sie eine gute Freundin hätten, die mit Ihnen gemeinsam fährt. Da ist übrigens gestern ein tolles Angebot reingekommen, bei dem Sie 30 Prozent des Reisepreises sparen, wenn Sie eine weitere Person mitnehmen.«

Zunächst zeigt sich Hanna Vogelbach an diesem Angebot interessiert: »Och, das hört sich ja ganz gut an, da könnte ich zumindest mal drüber nachdenken. Meine Freundin Caroline wäre eigentlich eine ideale Reisebegleiterin, und wir haben uns auch immer viel zu erzählen, obwohl wir uns ja schon vor 35 Jahren kurz nach dem Studium kennengelernt haben. Das war übrigens eine tolle Geschichte ...«

Was sich in der nächsten halben Stunde in diesem Reisebüro abspielt, hat mit dem Buchen einer Reise nicht viel zu tun. Gebrochene Männerherzen, gemeinsames Nacktbaden in den Kalkterrassen von Pamukkale, ein heißer Flirt am Strand von Hawaii, gemeinsame Theaterabende, ein kaputter Fiat Panda – die Themen sind so unterschiedlich, wie man es sich nur vorstellen kann. Sara Kaufmann hat innerlich schon resigniert. Sie glaubt gar nicht mehr, dass diese Kundin wirklich zum Abschluss einer Reise ins Geschäft gekommen ist. »Vielleicht braucht diese alleinstehende Frau einfach mal jemanden zum Reden, und ich habe heute dieses Los gezogen«, denkt sich die 22-Jährige.

Hanna Vogelbach ist inzwischen beim Gartenfest zur Erstkommunion des Patenkindes Patricia angekommen. Selbst alle Kuchen und Torten hat sie noch parat. Die Kollegin am benachbarten Beratungsplatz wirft schon mitleidige Blicke auf die junge Verkäuferin, als die Kundin nun noch das Thema Kuchenbacken anschneidet und auch nicht davor zurückscheut, die Herstellung einer erstklassigen Sachertorte zu schildern.

Sara Kaufmann würde gern das Thema wechseln und über die gewünschte Reiseplanung sprechen, doch muss ihre Gesprächspartnerin unbedingt noch loswerden, was die Vor- und Nachteile eines Frankfurter Kranzes sind und wieso eine echte Schwarzwälder Kirschtorte diesem in jedem Fall vorzuziehen ist. Sara Kaufmann wird langsam hungrig, ist Hanna Vogelbach doch inzwischen bei frischen Windbeuteln angekommen. Gerade als die Reisebüro-Kauffrau die Beratung entmutigt abbrechen will, teilt ihr die Kundin ganz unerwartet mit, dass sie sich nun dank der tollen Beratung für die extra lange Karibik-

Kreuzfahrt mit anschließendem Aufenthalt auf der Wellness-Farm entschieden hat. Und ihre Freundin Caroline wird sie auch gleich überzeugen. »Es ist doch einfach am besten, wenn man jemanden zum Reden dabei hat und der mit einem das Doppelzimmer teilt.«

Sara Kaufmann ist baff! Sie hat mit allem gerechnet, nur nicht mit diesem plötzlichen Entschluss. War das ein Zufallstreffer? Oder hätte sich das Verhalten der Kundin voraussagen lassen?

Dick oder dünn?

Plaudertasche oder hocheffizienter Ergebnispräsentator – so weit kann das Verhalten von Kunden auseinanderliegen. Für den Verkäufer ist das eine echte Aufgabe, sich darauf einzustellen. Bei wem sollte er nur vorsichtig fragen, damit sich kein endloser Wortschwall über ihn ergießt? Und wen muss er eher zum Reden ermuntern, um an die für den Abschluss so dringend benötigten Informationen zu gelangen? Für die meisten Verkäufer waren die Kunden bisher auch in dieser Hinsicht ein Buch mit sieben Siegeln, das sich erst allmählich im Verkaufsgespräch geöffnet hat. Dabei gibt es einen ganz leichten Weg zu erkennen, wie wortgewaltig oder sprecheffizient der vor einem stehende Zeitgenosse ist: die Oberlippe. Schmal wie ein Strich kann sie sein oder prallvoll wie bei dem sprichwörtlichen Kussmund.

Dünne Oberlippe – der Effiziente

Gäbe es eine Weltmeisterschaft im Auf-den-Punkt-Kommen, der Effiziente würde sich die Goldmedaille holen. Sein Erfolgsgeheimnis lautet: kurz und bündig. Um seinen Meinungen und Gedanken Ausdruck zu verleihen, braucht er keine langen Reden oder großen Vorträge. Er macht das Meiste mit sich selbst im Kopf aus, fasst die Ergebnisse anschließend gedanklich zusammen und formt daraus die kurzen Sätze, die er mit seinen Zuhörern teilt. Er setzt auf maximales Ergebnis bei minimalem Sprecheinsatz, daher auch der Name: der Effiziente.

Die entscheidenden Dialoge finden beim Effizienten sozusagen hinter verschlossenen Türen statt, in seinem Kopf und völlig unbemerkt von der Außenwelt. So kommt es im Umgang mit diesem Kunden schon einmal zu der einen oder anderen Schweigeminute, in der kein einziges Wort fällt, aber intensiv nachgedacht wird. Nur sehen kann man das von außen natürlich nicht. Das mag vor allen Dingen für solche Verkäufer irritierend sein, die sich gerne mit dem Kunden unterhalten und im Verlauf eines freundlichen Gesprächs zu einem Abschluss gelangen. Für solche Strategien ist der Effiziente in aller Regel der falsche Gesprächspartner.

Auch Telefongespräche sind mit diesem Kundentyp nicht ganz so beglückend, vor allem Dingen dann nicht, wenn man selbst eher eine Quasselstrippe ist und die modernen Formen der Kommunikation gerne für ausführliche Gespräche nutzt. Der Effiziente ist eher der Typ schweigsamer Indianer, der seine Zustimmung auf ein kurzes »Howgh« beschränken möchte. So ein Indianer musste ja auch seine Information in wenige Rauchzeichen packen können – aus Sicht des Effizienten eine ideale kurze Form der Verständigung.

Effiziente sind Sprechpuristen, ihr Auftritt ist schnörkellos und auf das Wesentliche konzentriert: Übertragen auf die Architektur wäre ein Effizienter ein Kubus in Bauhaus-Optik und alles andere als ein verziertes Barockschlösschen. Bestenfalls besiegelt er sein Anliegen im persönlichen Gespräch noch durch eine kurze Berührung am Arm, unter engen Freunden oder im Familienkreis auch mal mit einer Umarmung. Die körperliche Nähe gibt dem Effizienten die Möglichkeit, etwa seine Zustimmung oder seine Unterstützung nonverbal und wiederum sehr effektiv zum Ausdruck zu bringen.

In Sachen Zurückhaltung gibt es eine Ausnahme: Die macht der Effiziente, sobald sein Lieblingsthema angeschnitten wird – und in jedem Effizienten schlummert eines, ob es sich um sein Hobby Tauchen, seine literarische Vorliebe zu mittelhochdeutschen Gedichten oder einfach seine Liebesfilm DVD-Sammlung handelt. Dann begeistert sich auch der Effiziente, und es sprudelt nur so aus ihm heraus.

Insbesondere in stressigen Situationen wirkt der Effiziente so, als habe er keine Gefühle. Tatsächlich hat dieser Kundentyp einfach nur im Laufe seines Lebens anhand von Erfahrungen gelernt, dass es nicht ratsam ist, seine Gefühle zu offen zu zeigen oder auch nur darüber zu reden. Er beißt sich auf die Lippe – in seinem Fall: die Oberlippe. Dadurch wird sie auffallend schmal. Interessanterweise kann sich dieses Gesichtsmerkmal auch wieder verändern, etwa dann, wenn sich der Effiziente längere Zeit in einer geschützten Umgebung aufhält, in der er sich geborgen fühlt und lernt, immer offener über seine Emotionen zu sprechen. Doch so lange werden die meisten Verkaufsgespräche hoffentlich nicht dauern …

3-Sekunden-Scan: So erkennen Sie den Effizienten

Hauchdünn wie der perfekte Crêpe eines französischen Gourmetkochs, so präsentiert sich die Oberlippe dieses Kundentyps. Manchmal ist sie noch zusätzlich umgeben von einer dünnen weißen Linie, die den ständigen Druck anzeigt, und dass dieser Mensch sich noch weiter auf dem emotionalen Rückzug befindet. Das geht bei einigen so weit, dass Sie überhaupt nicht mehr erkennen können, ob eine Oberlippe vorhanden ist. Völlig klar: Hier steht ein Effizienter vor Ihnen.

1. »Ich möchte eine neue Hose«

Der Effiziente beschränkt sich auf das Wesentliche, nicht mehr oder weniger, sondern am liebsten noch weniger. Er ist auch nicht der Typ, der ein

Gespräch oder eine Verhandlung mit einem großen Hallo von sich aus eröffnet. Eher im Gegenteil: Interesse und Kaufvorhaben werden nur sehr zurückhaltend formuliert, Wünsche kommen nur in Kurzversion ans Licht.

Denn mindestens ebenso effektiv wie der Effiziente mit Sprache umgeht, geht er auch mit seiner Zeit beim Einkaufen um. Tendenziell ist er nicht der Powershopper, der den ganzen Tag in der Stadt verbringt, diverse Angebote prüft, sich hier und da ein wenig umschaut und dann mit acht prallvollen Einkaufstaschen eine halbe Stunde nach Ladenschluss das letzte Geschäft hinter sich lässt. Nein, dieser Kunde kommt auch beim Einkaufen auf den Punkt: Wenn er eine neue Hose braucht, dann nur eine neue Hose, und meist hat er sich vorher schon überlegt, was er genau will. Festlich elegant oder leger, diese Frage ist für ihn bereits beantwortet. Allerdings nur in seinem Kopf.

Wie soll ein Verkäufer einen Kunden adäquat beraten, der viele Informationen gar nicht oder nur sehr sparsam preisgibt?

Stellen Sie viele Fragen

Kennen Sie als Verkäufer den Unterschied zwischen geschlossenen und offenen Fragen! Geschlossene Fragen lassen sich mit Ja oder Nein beantworten, offene Fragen erlauben es dem Gesprächspartner hingegen, ein wenig auszuholen. Deshalb sollten Sie nur diese im Umgang mit dem Effizienten verwenden. Sonst kann es Ihnen leicht passieren, dass Sie auf die Frage »Haben Sie schon an ein bestimmtes Modell gedacht?« einfach die Antwort »Ja« erhalten – eine Verkaufsbremse par excellence. Sollten Sie tatsächlich mal eine solche Situation mit einem Effizienten erleben, dann lächeln Sie innerlich über diese sparsame Antwort und formulieren Sie die Frage neu, dieses Mal offen: »Welches Modell interessiert Sie am meisten?« Oder: »Was gefällt Ihnen an Ihrem Lieblingsmodell am besten?«

Wenn Sie mit dem Effizienten über ein beratungsintensives Produkt, etwa eine individuelle Softwarelösung oder eine Weiterbildungsmaßnahme sprechen, sind folgende Fragen hilfreich: »Wie sieht die ideale Lösung für Sie aus?«, »Welche Erfahrungen haben Sie bereits mit anderen Produkten dieser Art gemacht?« oder »Was sind für Sie die wichtigsten Rahmenbedingungen für die Zusammenarbeit mit einem Softwarehaus?« Solche Fragen bringen Sie auf jeden Fall weiter.

Mit einem langen Vortrag sollten Sie trotzdem nicht rechnen. Wichtig ist, dass Sie dem Effizienten bei seinen Ausführungen sehr genau folgen. Er legt seine Worte auf die Goldwaage und Ihre Aufgabe als Verkäufer ist es, sie einzeln von dieser Waage wieder herunterzunehmen.

2. »Ah ja«

Verkäufer, die ihn in einen nicht enden wollenden, begeisterten Wortschwall einhüllen, sind für einen Effizienten genauso unerträglich wie weitschweifige, mit Superlativen gespickte und emotionsgeladene Prospekte und Verkaufsvideos. Es gibt vermutlich auf dem ganzen Planeten nicht ein einziges Produkt, für das der Effiziente bereit ist, diese Tortur über sich ergehen zu lassen.

Dabei ist das Verhalten des Verkäufers doch völlig nachvollziehbar: Er will dem wortkargen Zeitgenossen mit der eigenen Begeisterung aushelfen und die Gesprächslücken ganz einfach selbst füllen. Doch damit ist ein Verkäufer beim Effizienten schneller unten durch als ein Münchner, der sich als Dortmund-Fan outet. Dieser Kundentyp schreckt auch nicht davor zurück, mit den Augen zu rollen und den Verkäufer mit einem deutlichen »Jetzt kommen Sie mal auf den Punkt« nachdrücklich zu einem anderen Verhalten zu bewegen.

Genauso untauglich ist es, wenn der Verkäufer sein Verhalten an den Kunden anpasst und mit ihm minutenlang schweigend vor dem Regal mit den tollen Produkten steht.

Nun, manche Männer können acht Stunden miteinander angeln gehen und in dieser Zeit außer ein paar Sätzen über das Wetter oder die letzten großen Angelerfolge nichts reden – zwei schmale Oberlippen verbringen einen fröhlichen Tag …

Der Verkäufer darf im Umgang mit dem Effizienten die perfekten Mischung aus Sprechen und fein abgestimmten Denkpausen treffen. Wie geht das genau?

Setzen Sie auf kurze Erklärungen

Für Sie als Verkäufer ist der Effiziente ein extrem pflegeleichter Kunde: Er erwartet kein umfangreiches Detailwissen, wird sich nicht mit zehn anderen Kunden darüber austauschen, ob das ausgewählte Produkt auch das richtige ist. Und wenn er das findet, was er sich vorher in seinem Kopf ausgemalt hat, dann haben Sie als Verkäufer extrem schnell den Abschluss in der Tasche.

Etwas kniffliger wird es, wenn »das Blau irgendwie nicht so ganz das ist«, was er sich vorgestellt hat. Denn der Effiziente wird Ihnen nicht viel mehr Informationen über das richtige Blau geben. Gleichzeitig erwartet er zu Recht, dass Sie ihm den Kundenwunsch erfüllen. Zeigen Sie ihm also die verschiedenen Blautöne, die Sie auf Lager haben. Kurz und knapp – »Wie wäre es mit diesem Farbton?« kommt bei diesem Kundentyp erheblich besser an als ausschweifende Erklärungen: »Schauen Sie mal hier, hier habe ich noch ein ganz exzellentes Königsblau, das mit seiner Strahlkraft eine ganz besondere Wirkung entfaltet.«

Das alles ist dem Effizienten viel zu viel, Small Talk ist nicht seine Sache, Berichte aus Ihrem Privatleben sind ihm im Verkauf zu persönlich. Halten Sie sich also zurück, bleiben Sie sachlich, kurz und prägnant. Selbst bei Nachfragen sollten Sie sich Mühe geben, dass Ihre Antwort nicht länger als einen oder maximal zwei Sätze lang wird. Damit machen Sie den Effizienten glücklich und Ihre Flexibilität wird mit einem zügigen Kauf belohnt.

3. »Gut. Machen wir«

Im Businessumfeld ist der Effiziente ein sehr angenehmer Gesprächspartner, weil er zum Beispiel selbst bei einem langen Meeting oder Vorgang, der über Wochen oder Monate dauert, die Ergebnisse sehr schnell zusammenfassen kann. Mit ihm wird der Verkäufer keine endlosen Kundenmeetings erleben, in denen man vom Hölzchen auf Stöckchen kommt und am Ende nicht einmal genau weiß, was jetzt genau der konkrete Auftrag ist. Alles Überflüssige wird weggelassen, und das kann der Verkäufer dankend annehmen.

Mit diesem Kommunikationsstil passt dieser Kundentyp also perfekt in eine Zeit, in der es oft darum geht, große Informationsmengen auf das Wesentliche zu reduzieren. Manchen erscheint das übertrieben. Bei E-Mails schreibt er ohne weitere Begrüßungsformel kurze Antworten einfach in den Text des Absenders hinein. Da kann es vorkommen, dass der Empfänger meint, dass dieser Kunde sich vertan habe und eine an ihn gesendete E-Mail aus Versehen zurückgeschickt hat. Erst bei genauerem Hinsehen entdeckt der Adressat dann hinter den Fragen, die er dem Kunden gestellt hat, hier und da ein »O.k.«, »Ja, bis 30. Juni« oder »Machen wir«. Und wenn der Effektive in Plauderlaune war, findet der Verkäufer unterhalb seiner eigenen Grußformel auch ein kurzes »Dank, MfG P. B. … Das bedeutet ausgeschrieben: »Vielen Dank für Ihre E-Mail. Meine Antworten finden Sie oben. Ich freue mich, dass wir so erfolgreich zusammenarbeiten! Mit freundlichen Grüßen und den besten Wünschen für den Tag, Peter Baumann.« Ein Verkäufer sollte diesen Telegrammstil auf keinen Fall übel nehmen. Es bedeutet keineswegs, dass dieser Kunde ihn nicht mag oder sauer auf ihn ist. Es ist einfach nur seine sachliche Art, sich auszudrücken.

Doch wie soll der Verkäufer bei einem Kunden, der so mit seinem Feedback haushaltet, mitbekommen, wann der richtige Zeitpunkt für den Abschluss gekommen ist?

Bleiben Sie ganz beim Kunden

Wenn ein Effizienter in den Laden kommt, schnurstracks auf ein bestimmtes Produkt zugeht, es aus dem Regal nimmt, zur Kasse geht, bezahlt und einfach wieder geht – dann ist das nicht das Schlimmste, was einem Verkäufer passieren kann. Ist das Produkt aber erklärungsbedürftig oder benötigt die Verkaufsverhandlung eine gewisse Zeit, dann dürfen Sie als Verkäufer alle Ihre Antennen auf Empfang stellen, um die Nuss zu knacken.

Denn auch der Effiziente gibt klare Hinweise. Wenn er »gut« zu einem Produkt sagt, darf Sie das als Verkäufer sehr optimistisch stimmen, denn bei diesem Kundentyp ist das gleichzusetzen mit einem »gekauft«. Beobachten Sie auch die normalerweise als beiläufig oder belanglos wahrgenommene Gestik und Mimik des Kunden. Sie können das gesprochene Wort vollständig ersetzen. Sich etwa auf den Bildschirm Ihres Computers zu konzentrieren oder an der Cappuccino-Tasse zu nippen, wäre fatal, weil Sie in diesem Moment das entscheidende Kaufsignal übersehen könnten.

Ein kurzes Lächeln, eine Berührung am Arm oder der Schulter oder schlicht die Tatsache, dass der Kunde das Produkt in die Hand nimmt – all das sind ganz klare Hinweise, dass Sie hier nicht nur einen Interessenten, sondern einen kaufwilligen Kunden vor sich haben.

Jetzt haben Sie nur noch eine Aufgabe: Bringen Sie den Abschluss mit der Frage: »Welche Informationen fehlen Ihnen noch, bevor Sie das Produkt kaufen?« unter Dach und Fach.

Die besondere Chance

Ein wohltuender Kunde! Freuen Sie sich einfach darüber, wie ruhig und unaufgeregt der Effiziente ist. Er erlaubt es Ihnen, Ihre Stimme zu schonen und ganz ohne Adrenalinattacke zu beraten. Denn dann ist Ihr Kunde zufrieden und alle sind glücklich. Gesten sagen mehr aus als tausend Worte – das gilt auch für Sie als Verkäufer. Achten Sie auf die leisen Zwischentöne: Wenn Sie ihm nach dem Abschluss höflich in den Mantel helfen oder ihn mit der Ware zur Türe begleiten, stehen Ihre Chancen gut, den Effizienten als Stammkunden zu gewinnen. Er schenkt Ihnen dann immer wieder einen entspannten Moment im hektischen Verkäuferalltag. Und natürlich weitere gute Abschlüsse.

Der Effiziente: kurz & kompakt

➤ Ermitteln Sie den Wunsch Ihres Kunden mit offenen Fragen.

➤ Präsentieren Sie das Produkt sachlich, faktenorientiert und vor allem kurz.

➤ Verwenden Sie eine prägnante und klare Sprache.

➤ Geben Sie dem Kunden Raum zum Reden.

➤ Ertragen Sie Denkpausen gelassen.

➤ Fragen Sie ihn nach Ergebnissen.

> ➤ Zeigen Sie auch nonverbal Sympathie.

> ➤ Vermeiden Sie Smalltalk, konzentrieren Sie sich aufs Geschäftliche.

> ➤ Klammern Sie die Privatsphäre des Kunden aus.

> ➤ Fragen Sie nicht nach Gefühlen, um Argumente zu untermauern.

> ➤ Achten Sie auf körperliche Zeichen der Zustimmung.

Volle Oberlippe – der Erzähler

Der Beruf des Verkäufers gehört sicherlich zu den schönsten auf der ganzen Welt, insbesondere dann, wenn man es mit netten, freundlichen und offenen Kunden zu tun hat, mit denen sich in der Kürze der Zeit eine richtig schöne zwischenmenschliche Beziehung aufbauen lässt.

Menschen mit voller Oberlippe sind in dieser Hinsicht die perfekten Kunden, sie erzählen emotional und offen von privaten Themen, lassen den Verkäufer an persönlichen Erlebnissen teilhaben und es macht oft viel Spaß, ihnen zuzuhören. Daher kommt auch ihr so zutreffender Name: der Erzähler.

In all den wundervollen Gesprächen, die dieser Kundentyp im Laufe seines Lebens so führt, stehen die Gefühle ganz klar im Vordergrund: Wie ist es ihm hier ergangen, was hat ihn in jener Situation besonders aufgeregt und warum freut er sich auch heute noch an dem Erfolg, der schon fünfzehn Jahre zurückliegt? Der Erzähler ist immer mittendrin in seinen Geschichten, hautnah lässt er seinen Gesprächspartner jede emotionale Regung miterleben. Die Ich-Perspektive ist so dominant, dass es einem manchmal auch ein wenig viel werden kann. Fragt dieser Mensch denn niemals, wie es seinem Gegenüber geht? Nein, offen gestanden nicht oft. Und das liegt gar nicht an mangelndem Interesse, sondern eher daran, dass ihm gerade noch eine wundervolle Erinnerung in den Sinn kommt, von der er noch kurz berichten möchte, bevor er sich dann – ganz bestimmt – den Ausführungen seines Gesprächspartners widmen wird.

Besonders interessant ist es für den aufmerksamen Zeitgenossen, einen Erzähler beim Lösen eines persönlichen oder beruflichen Problems zu unterstützen. Das läuft häufig so ab: Der Erzähler schildert seinem Gesprächspartner, dass er sich zum Beispiel über das Verhalten eines anderen Menschen geärgert hat. Die nächste Viertelstunde widmet er der ausführlichen und sehr emotionsgeladenen Erzählung, was an dem Verhalten falsch war, wie er sich genau vor der Situation, in der Situation und nach der Situation gefühlt hat, was er gerade jetzt darüber denkt und fühlt und was er glaubt, wie es weitergeht. Es ist ihm dabei schon wichtig, dass sein Gesprächspartner ab und an zustimmend nickt und ihn mit »Ooohs«, »Nein echt?« und mit einem ab und zu eingestreuten »Das kann ja wohl nicht wahr sein!« zu weiteren Ausführungen anfeuert. Und dann, ganz unvermittelt, sagt der Erzähler: »Vielen Dank, dass Sie mir so sehr geholfen haben, dass ich endlich die richtige Lösung für mein Problem gefunden habe.«

Dabei hat sein Gesprächspartner in der ganzen Zeit kaum ein Wort gesagt, geschweige denn einen Lösungsvorschlag unterbreitet. Aber das war auch gar nicht nötig, denn das Reden hilft dem Erzähler dabei, seine eigenen Gedanken zu sortieren. Er denkt sozusagen beim Sprechen. Sein Gegenüber braucht er nur als Sparringspartner.

Der Verkäufer kann sich auf diesen Kunden wirklich freuen, denn dieser löst seine Probleme ganz allein – solange er genügend Zeit mit dem Verkäufer in einem Raum verbringen darf und in ihm einen aufmerksamen Zuhörer findet.

3-Sekunden-Scan: So erkennen Sie den Erzähler

An seiner deutlich sichtbaren, vollen Oberlippe erkennen Sie den Erzähler, noch bevor er den Mund aufmacht. Er redet lieber als zu schweigen, vor allen Dingen über seine Gefühle. Auch auf die Gefahr hin, dass hier ein Klischee bedient wird: Volle Oberlippen sind für viele Frauen ein Schönheitsideal – und bei den meisten Kaffeekränzchen – heute eher After-Work-Party genannt – bei denen intensiv geplaudert wird, sitzen nun mal vor allem Frauen zusammen … Was nicht bedeuten soll, dass es nicht auch männliche Plaudertaschen gibt.

1. »Ach übrigens ...«

Machen wir uns nichts vor: Der Erzähler nimmt dem Verkäufer in jeder Hinsicht das Heft aus der Hand. Er bestimmt das Tempo, den Verlauf und den Zeitpunkt des Verkaufsabschlusses ganz allein. Bis es so weit ist, bedient er sich eines schier unerschöpflichen Themenvorrats. Privates vermischt sich mit Geschäftlichem, persönlichste Erlebnisse werden vor dem Verkäufer ausgebreitet. Das, was andere Menschen mit sich im Kopf ausmachen, das breitet dieser Kundentyp direkt vor ihnen aus. Und zwar ganz nach dem Motto: nur keine Hemmungen! Das kann sich für den Verkäufer schon mal so anfühlen, als säße er in einem Redekarussell und würde herumgeschleudert. Kein Wunder, wenn er bei diesem wilden Ritt sein eigenes Produkt aus den Augen verliert und zwischendurch zu zweifeln beginnt, ob er von diesem speziellen Kunden überhaupt noch als Verkäufer wahrgenommen wird.

Dies ist die Klippe, die es zu umschiffen gilt: So nett der Verkäufer diesen Kunden finden mag, seine Aufgabe bleibt es, ihm etwas zu verkaufen. Dazu darf er das Gespräch immer wieder auf den Verkaufsgegenstand zurückzuführen. Aber das ist beim Erzähler eine Herausforderung. Jede Unterbrechung pariert dieser mit einem »Ooooh, das will ich Ihnen schnell zu Ende erzählen ...« oder »Stellen Sie sich vor, was ich letzte Woche noch erlebt habe ...«. Sich in einem Verkaufsgespräch mit ihm um das Gesprächsruder zu streiten, ist aussichtslos. An Bord des Erzähldampfers ist der Kunde der Kapitän. Und der Verkäufer kann als Lotse hier und da mal einen guten Tipp geben und damit das Schiff allmählich in den sicheren Abschlusshafen lenken.

Bauen Sie Brücken

Das Erfolgsprinzip für den Umgang mit dem Erzähler lautet: Zuhören belebt das Geschäft! Fordern Sie Ihren Kunden erst gar nicht zum Rededuell heraus. Der Erzähler würde nur umso mehr das Gespräch an sich reißen. Machen Sie Ihrem Kunden stattdessen das eine große Geschenk, das er sich wünscht: Aufmerksamkeit. So gewinnen Sie bei ihm Respekt und Sympathie.

Wenn Sie eine Unterbrechung des Redeflusses nicht mit der Holzhammer-Methode erreichen – wie dann? Nutzen Sie das Erzählte als Chance und bleiben Sie hellwach bei dem Thema, über das Ihr Kunde gerade spricht. Oft ist es ein Nebensatz, der sich als Aufhänger eignet, um so beiläufig wie möglich zurück in den Verkaufsprozess zu springen: »Windbeutel, ich liebe Windbeutel. Das letzte Mal habe ich die auf einem Kreuzfahrtschiff im Mittelmeer gegessen. Ach stimmt ja, diese Kreuzfahrten hatte ich Ihnen ja noch gar nicht angeboten. Da haben wir gerade gestern noch ein super Angebot für eine dreiwöchige Mittelmeertour hereinbekommen. Das hole ich mal grad heraus ...«

Bauen Sie Brücken, achten Sie auf halbwegs logische Anschlüsse, und vor allem: Üben Sie sich in Geduld, wenn es bei den ersten zehn Versuchen bei einem Kunden nicht gleich klappt, seine Aufmerksamkeit wieder zurück in den Verkaufsraum zu holen. Wichtiger als ständig auf den Abschluss zu pochen, ist es, dem Erzähler ein angenehmes Verkaufserlebnis zu verschaffen. Wenigstens darauf können Sie dann stolz sein, auch wenn es länger dauert als mit vielen anderen Kunden.

2. »Danke für den tollen Tipp!«

Wenn der Erzähler viel redet, ist das ein ausgesprochen gutes Zeichen für den Verkäufer. Denn dieser Kundentyp erlebt das Erzählen als ein gemeinschaftsstiftendes Element. »Wir gehören zusammen. Ich mag dich!« Doch Reden allein bringt leider noch keinen Umsatz, sonst wäre der Verkäufer bei diesem Kunden auf der Stelle Multimillionär.

Ein interessanter Anhaltspunkt für den Verkäufer: Dieser Kundentyp kompensiert Anspannung mit Reden. Wenn der Kunde im Verlauf des Verkaufsgesprächs unter Druck gerät, etwa weil er sich zwischen zwei

Ausstattungsvarianten entscheiden muss, wird er gleich noch einen Gang zulegen: »Tja, das ist jetzt wirklich eine schwierige Frage, ob ich diesen Brillantring zu dem Armband noch dazunehme? Ich habe neulich mal so etwas Ähnliches beim Friseur erlebt, da wollte er von mir wissen, ob ich meine Haare in Kastanienrot oder doch lieber mit blonden Strähnchen färben lassen möchte. Wissen Sie, da wusste ich zunächst einmal nicht, was ich antworten soll, immerhin rennt man dann doch mit den gefärbten Haaren einige Wochen durch die Gegend, da ist es schon doof, wenn man es überhaupt nicht mag, und so eine Färbung ist ja auch nicht gerade billig.«

Unter dem Aspekt des Stressabbaus betrachtet, macht dieses Verhalten durchaus Sinn: Der Kunde verschafft sich Zeit, er sucht eine andere Situation, in der er ebenfalls eine schwere Entscheidung gelöst hat. Vielleicht ist das auch die logische Erklärung dafür, warum er nach Abschluss des sehr facettenreichen Berichts über die Haarfärbung plötzlich und unvermittelt sagt: »Wissen Sie was, ich nehme den Ring. Damit werde ich eine Menge Spaß haben, wenn meine Freundinnen ganz neidisch auf mich sind und mich bewundern.«

Reden beim Denken, und zwar absolut ungefiltert, frei heraus, ohne angezogene Handbremse – daran darf und sollte man sich als Verkäufer bei diesem Kundentyp gewöhnen. Da Sie nun den Grund für die Verhaltensweise der Menschen mit voller Oberlippe kennen, können Sie sich voll darauf konzentrieren, ihnen beim Lösen von Problemen zuzuhören. Das ist durchaus interessant!

Seien Sie geduldig

Unterbrechen ist zwecklos. Wenn Ihr Kunde mit seiner Geschichte nicht fertig ist, wird er sowieso dahin zurückkehren, bis er sie beendet hat. Außerdem würden Sie nur ablehnende Gefühle beim Erzähler auslösen. Er kann dann sogar richtig ungehalten werden: »Jetzt lassen Sie mich mal wenigstens in Ruhe ausreden.«

Sehen Sie es positiv: Auch wenn die gerade erzählte Geschichte sehr weit weg zu sein scheint von Ihrem Produkt und dem Verkaufsgespräch, befindet sich Ihr Kunde vielleicht in einer seiner Problemlösungs- oder Entscheidungserzählschleifen. Üben Sie sich also in Geduld, statt seinen Gedankenfluss und damit auch seinen Entschei dungsprozess zu stören. Das heißt allerdings nicht, dass Sie nicht aktiv werden könnten.

Wenn die Bremsen nicht funktionieren, wird das Lenken umso wichtiger: Steuern Sie als Verkäufer die eine oder andere kleine Geschichte bei: »Vor einem halben Jahr hatte ich eine Kundin, die eine Perlenkette gekauft und dann die passenden Ohrringe auch gleich mitgenommen hat. Ich habe sie vorgestern zufällig im Kaufhaus getroffen, und sie berichtete mir, dass sie so glücklich ist, jetzt immer alles passend tragen zu können. Erzählen Sie mir doch noch schnell: Wie ist die Geschichte mit dem Friseur denn eigentlich ausgegangen?«

Was für ein meisterhafter Schachzug! Denn in Ihrer kleinen Erzählung haben Sie von einer ähnlichen – für Sie positiven – Entscheidung berichtet und gleichzeitig der Kundin gezeigt, wie sehr Sie sich auf Sie konzentrieren und sogar so interessiert sind, dass Sie wegen des Ausgangs einer Geschichte nachfragen. Das ist nicht nur die hohe Schule des Verkaufs, es ist auch eine Garantie für eine lange Kundenbindung mit vielen guten Gefühlen auf beiden Seiten!

3. »Was war noch gleich Ihre Frage?«

Wer fragt, führt! Das gilt insbesondere bei diesem Kundentyp. Mit geschlossenen Fragen, also Fragen, auf die sich nur mit Ja oder Nein antworten lässt, darf der Verkäufer hoffen, den Redefluss seines Gegenübers ein wenig einzudämmen. Die Frage: »Welche Funktionen sind Ihnen bei einer Tauchpumpe für Ihren Gartenteich noch wichtig?« wäre also bei diesem Kunden besser so zu stellen: »Soll die neue Tauchpumpe auch eine integrierte Beleuchtungseinheit haben?« Das klappt nicht immer. Aber zumindest hat der Verkäufer sein Bestes gegeben.

Auch wenn der Redefluss mitunter ermüdend wirken kann: Der Verkäufer sollte sich sehr konzentrieren und sich von den vielen Geschichten, Abschweifungen und Zusatzinformationen nicht ablenken lassen. Seine Aufgabe ist es, genau zu wissen, ob er schon alle relevanten Informationen für den Verkauf zusammengetragen hat. Kennt er wirklich den Bedarf des Kunden, oder muss er noch drei oder vier weitere Fragen stellen, um die Wünsche herauszufinden? Auch wenn es mal ein paar Minuten dauern kann, bis er eine Antwort auf eine seiner Fragen erhält, ist es wichtig, dass der Verkäufer weiter und weiter fragt. Schließlich sind Fragen eine der besten Möglichkeiten, das Gespräch zu steuern und immer wieder zum eigentlichen Gesprächsgegenstand, dem Produkt, zurückzukommen.

Wer diese Art der Gesprächsführung kontinuierlich verbessert, wird sich in Verkaufssituationen mit dem Erzähler in einer Art sanfter Wellenbewegung befinden, in der die Themen hin und her gespielt werden und man sich so in aller Genüsslichkeit dem erfolgreichen Abschluss annähert.

Nutzen Sie eine gefühlsbetonte Sprache

Ganz besonders mag es dieser Kunde, wenn Sie Ihre eigenen Beiträge an seine anpassen, zum Beispiel, indem Sie nach einer persönlichen Geschichte des Kunden auch etwas Persönliches von sich beitragen. Fassen Sie sich jedoch deutlich kürzer als Ihr Kunde, sonst wird Ihr Redeanteil zu hoch.

Der Erzähler liebt Emotionen, also verwenden Sie eine gefühlsbetonte Sprache mit vielen Adjektiven und Metaphern. So erzeugen Sie mit Worten aussagekräftige Bilder. Hat Ihr Kunde schon eine Entscheidungstendenz benannt? Greifen Sie das auf und bestärken Sie ihn darin. Als Verkäufer dürfen Sie beim Erzähler die perfekte Balance hinbekommen zwischen Zuhören und dem klaren Lenken des Gesprächs in Richtung Abschluss.

Drücken Sie dafür dem Kunden das Produkt ruhig einmal in die Hand oder vereinbaren Sie eine Probefahrt oder bieten einen Testtermin vor Ort an. Die Devise lautet: »Bringen Sie den Erzähler ins Handeln.« Idealerweise gehen Sie gemeinsam mit ihm und dem Produkt in Richtung Kasse, während er noch schnell die nette Geschichte von seiner Enkelin Klara und dem Besuch im Circus Krone zu Ende erzählt. Dann hat der Verkauf den richtigen Stellenwert, er ist eher das Beiwerk eines wirklich guten Gesprächs zwischen Kunde und Verkäufer.

Sobald der Erzähler mit Ihnen eine angenehme Verkaufssituation erlebt hat und Sie den Abschluss in der Tasche haben, sollten Sie unbedingt noch auf Zusatzprodukte und ergänzende Angebote zu sprechen kommen. Beachten Sie dabei unbedingt: Keine Minute früher, als bis der Kunde wirklich das erste Produkt gekauft hat. Jede Ablenkung, die von Ihnen ausgeht, und dazu gehört auch der Verweis auf einen Zusatzartikel, lenkt nämlich den Fokus wieder vom Verkaufsgeschehen ab und inspiriert Ihren Kunden zu weiteren Geschichten.

Die besondere Chance

Wer so offen mit intensiven persönlichen Gefühlen umgeht, der öffnet einem schnell das Herz. Mit einem Erzähler kann der Verkäufer sehr leicht eine gute Kundenbeziehung entwickeln, denn er ist alles andere als zurückhaltend, sondern trägt sein Herz auf den Lippen. Grandios wäre es, wenn Sie sich beim nächsten Einkauf dieses Kunden noch an eine der Geschichten erinnern, die er Ihnen erzählt hat. Ein kurzes »Wie war denn die Hochzeit Ihrer Freundin Stefanie?« bringt diesen Kunden sofort wieder in die positive emotionale Stimmung, in der er das letzte Verkaufsgespräch mit Ihnen verlassen hat. Und damit können Sie sich ziemlich sicher sein, auch heute wieder etwas an ihn zu verkaufen.

Der Erzähler: kurz & kompakt

➤ Planen Sie reichlich Zeit ein.

➤ Achten Sie auf Details.

➤ Hören Sie zu, behalten Sie die Nerven.

➤ Fokussieren Sie das Gespräch, indem Sie Einzelheiten aufgreifen.

➤ Stellen Sie geschlossene Fragen.

➤ Zeigen Sie keinesfalls Langeweile.

➤ Fragen Sie nicht nach dem Bezug des Erzählten.

➤ Treten Sie nicht belehrend auf.

➤ Führen Sie pointiert auf die Entscheidung hin.

➤ Notieren bzw. merken Sie sich Details und verwenden Sie diese bei weiteren Terminen.

Der Spickzettel

➤ Schmale Oberlippe: der Effiziente

➤ Typische Aussage: Keine – er folgt dem Prinzip »Weniger ist mehr.«

➤ Haltung des Verkäufers: In der Kürze liegt die Würze.

➤ Volle Oberlippe: der Erzähler

➤ Typische Aussage: »Das muss ich Ihnen auch noch erzählen!«

➤ Haltung des Verkäufers: Zuhören sorgt für mehr Business.

10. Ach komm, das nehme ich dann auch noch!

Die Unterlippe

Susi und Heiner Knallenburger freuen sich schon seit Wochen auf diesen Nachmittag: Gemeinsam gehen sie zum Mini-Händler, um für ihre gerade volljährige Tochter Cindy ein Auto auszusuchen. In den vergangenen Monaten haben sie ihre Tochter immer wieder ganz beiläufig gefragt, was sie denn von diesem grünen Mazda MX 5 dort am Straßenrand oder jenem roten VW Beetle hält. So kristallisierte sich im Laufe der Zeit der klare Wunsch der Tochter heraus: Ein Mini-Cooper ist ihr Traumauto.

Heiner und Susi haben sich natürlich nichts anmerken lassen. Und so mussten sie auch den richtigen Nachmittag abpassen, an dem ihre Tochter für zwei Tage bei den Großeltern ist, um nun den perfekten Beutezug durchzuführen.

Katrin Waldhäuser strahlt, als das gut gelaunte Pärchen ihr Autohaus betritt und sofort auf den roten Mini-Cooper S, das Schmuckstück ihrer aktuellen Ausstellung, zugeht. »Das ist einer der Schönsten, den wir in der Ausstellung haben«, pflichtet sie den begeisterten Blicken der Knallenburgers bei und fragt nach: »Wer von Ihnen beiden wird denn den Mini fahren?«

Nicht ganz ohne Stolz nennt Heiner den Grund ihres Besuches. »Ach wissen Sie, der ist für unsere Tochter, sie ist gerade 18 geworden, und nun wollen wir sie mit ihrem Lieblingsauto, einem Mini-Cooper, überraschen. Der hier sieht doch schon richtig gut aus.« Katrin Waldhäuser lenkt ein: »Tja, das ist ein Cooper S, das sportliche Modell mit über 200 PS und außerdem mit der absoluten Vollausstattung. Wir hätten da auch einen roten Mini-Cooper draußen, einen Leasingrückläufer mit Stoffsitzen für gerade mal 12.000 Euro. Der ist zwar schon 95.000 km gelaufen, aber für eine Fahranfängerin ist der bestimmt gut geeignet.«

Hier mischt sich Susi Knallenburger ein: »Na, den sollten wir uns auf jeden Fall mal anschauen.« Gemeinsam gehen die drei nach draußen zum Gebrauchtwagenparkplatz. Aber Kathrin Waldhäuser bemerkt schon, dass der Vater nur zögernd mitkommt. Sie zeigt dem Paar den vier Jahre alten Gebrauchten, erklärt die Funktionen, lässt beide Probe sitzen und gibt sich alle Mühe, das Modell anzupreisen. »Der scheint mir wirklich vernünftig, wenn er auch ziemlich viele Kilometer gelaufen ist«, meint Susi Knallenburger.

Doch ihr Mann gibt zu bedenken »Weißt du, sie wird doch nur einmal 18 und stell dir mal vor, wir hätten damals von unseren Eltern solch ein Traumauto bekommen wie diesen Cooper S mit allem Drum und Dran. Kannst du dir vorstellen, wie glücklich wir gewesen wären?«

Seine Frau ist noch lange nicht überzeugt. »Ich habe schließlich meinen ersten Ford Fiesta auch erst mit 37 bekommen und der hatte schon 144.000 km auf dem Tacho. Der nagelneue Cooper S ist echt übertrieben.«

Heiner wendet sich diplomatisch an Katrin Waldhäuser.

»Hätten Sie vielleicht einen, der preislich irgendwie zwischen den beiden liegt?«»Ja, da drüben den in Taxigelb mit den hellbeigen Sitzen. Zugegebenermaßen eine etwas gewagte Farbkombination. Dafür aber mit einer guten Basisausstattung. Und da er schon etwas länger auf dem Hof ist, kann ich Ihnen auch einen richtig guten Preis machen.«

»Igitt, nee, den nehmen wir auf keinen Fall«, entscheidet Susi Knallenburger nach einem kurzen Blick, »das können wir Cindy nicht antun.« Es geht noch ein bisschen hin und her zwischen dem Paar, aber am Ende hat Heiner Knallenburger das Ruder wieder fest in der Hand. Mit dem Hinweis, dass der neue Wagen mindestens bis zum ersten Enkelkind absolut ausreichen wird, hat er seine Frau überzeugt. Die Autoverkäuferin beobachtet gespannt die Diskussion des Paares. Sie staunt nicht schlecht, dass Eltern einer Fahranfängerin eine solche Rakete kaufen, die noch dazu funkelnagelneu ist.

Während die Verträge unterschrieben und die perfekte Übergabe mit großer Schleife am Auto terminiert wird, nutzt Heiner Knallenburger die Zeit, um noch ein wenig im Zubehörkatalog zu blättern: »Diese Gummimatten hier brauchen wir auf jeden Fall auch noch und die Anti-Rutschmatte für den Kofferraum. Schau nur Susi, hier gibt es auch noch einen superschönen Schlüsselanhänger. Und diesen Mini-Schirm mit Halterung, den würden wir auch noch gern haben, Frau Waldhäuser.« Susi Knallenburger sitzt nur noch lächelnd neben ihrem Mann und freut sich an seiner Großzügigkeit.

Als das Paar eine halbe Stunde später das Autohaus verlassen hat, ist Katrin Waldhäuser immer noch ganz perplex: »Das hätte ich nie gedacht, dass diese Kunden mal eben so ins Autohaus kommen, mein teuerstes und schönstes Auto kaufen und dann auch noch die meisten Optionen aus der Zubehörliste mitnehmen. Solche Kunden hätte ich am liebsten jeden Tag«, denkt sich die 27-Jährige. Sie hätte bestimmt den gebrauchten Roten genommen. Ein Glück, dass der Vater seinen Kopf durchgesetzt hat.

Voll oder schmal?

Es stimmt, bei so vielen Rabattschlachten, Super-Sonder-Extra-Angeboten, Wochenend-Specials und Räumungsverkäufen glauben die meisten Verkäufer gar nicht mehr daran, dass es auch großzügige Kunden gibt.

Doch diese sind gar nicht so selten. Schade, wenn dieser Käufertyp mit unsinnigen Preisnachlässen und Hinweisen auf das günstigste Angebot völlig falsch behandelt wird. Auf der anderen Seite gibt es Kunden, die erst mit Argumenten überzeugt sein wollen, bevor sie ihre Großzügigkeit zeigen. Doch wie kann der Verkäufer die beiden auseinanderhalten?

Jeder im Verkauf Tätige ist gut beraten, sich ein Gesichtsmerkmal sehr genau anzuschauen: Die Unterlippe. Ist sie eher voll und prall ausgeprägt oder schmal und dünn?

Dicke Unterlippe – der Gönner

Es gibt Menschen, die gerne geben – spontan und ohne jede Einschränkung. Ihr Patron in Sachen Lebensgestaltung wäre Sankt Martin, der hoch zu Ross einem frierenden Bettler begegnete und seinen Mantel teilte, um die Hälfte zu verschenken. Freigiebig ist er seinem gesamten Umfeld gegenüber – er ist der klassische Spender großzügiger Trinkgelder. Weil er anderen eine Freude machen will, ist der Name dieses Kundentyps: der Gönner.

Wie ein Seismograph nimmt der Gönner die Bedürfnisse und Wünsche von Menschen in seiner Umgebung wahr. Wenn er sich in der Lage sieht, diese zu erfüllen, dann tut er es gerne. Mitunter hat sein Helfen und Unterstützen etwas Zügelloses und Verschwenderisches. Sagt der Gönner zu, für den nächsten Sonntagskaffee eine Kleinigkeit mitzubringen, dann balanciert er drei Kuchen in die Wohnung und holt anschließend auch noch eine Torte aus dem Auto. Zeit, Energie, Geld, Geschenke, Aufwand – es ist ihm nichts zu schade, nichts zu teuer, nichts zu aufwendig. In Sachen Großzügigkeit gibt es praktisch nur eine einzige Ausnahme: Er selbst kommt erst an letzter Stelle. Seine eigenen Bedürfnisse stellt der Gönner zurück oder er hat schlichtweg einfach nicht mehr die Mittel.

Für den Gönner ist ein »Das ist aber nicht nötig« wie ein Stich ins Herz. Ihm wird dadurch vermittelt: »Hier darfst du nicht so sein, wie du bist.« Wenn der Beschenkte sich aber freut, ist der Gönner umso glücklicher. Dabei geht es gar nicht um überschwänglichen Dank. Die größte Freude und Bestätigung zieht der Gönner daraus, dass der Beschenkte seine Gabe voller Begeisterung nutzt. Das ist sein höchster Lohn.

Wer von einem Gönner bedacht wurde, sollte auf dieses Feedback achten. Detailreiche Darstellungen, wie sehr sich das Geschenk in ihrem Alltag bewährt, wie viel einfacher das Leben dadurch geworden ist oder wie sehr man sich jeden Tag daran erfreut – das sind die Berichte, die dem Gönner das Leben versüßen.

Für Verkäufer ist dieser Kundentyp ein Geschenk des Himmels: Welcher andere Kunde legt gerne noch einen Hunderter drauf, wenn er einem anderen Menschen eine Freude bereiten kann?

3-Sekunden-Scan: So erkennen Sie den Gönner

Prächtig, ausladend und geschwungen wie die beeindruckende Balustrade einer Jugendstilfassade wirkt die Unterlippe des Gönners. Sie zeugt von der Großzügigkeit ihres Trägers. Vielleicht mögen Sie auch an die Fischskulptur eines Brunnens denken, aus deren Mund mit riesiger Unterlippe es nur so heraussprudelt und den ganzen Brunnen füllt. So verhält es sich mit dem Gönner. Er fließt über vor Großzügigkeit und Glück, sobald der andere sich freut.

1. »Ein bisschen mehr darf es schon sein!«

Kunden vom Typ Gönner sind dankbare Kunden, die gerne viel Geld ausgeben. Das klingt wie im Paradies – solange der Verkäufer sich nicht in den Weg wirft. Es sind keine Einzelfälle: Viele Verkäufer ziehen die Handbremse an, wenn sie an einen Gönner geraten: »Braucht das Patenkind wirklich noch ein Trampolin zu Ostern, wenn es schon einen Puppen-Kinderwagen, ein Frisbee und ein Barbie-Haus bekommt?« Kaum zu glauben, aber auch Folgendes ist von Verkäufern zu hören: »Die Kinder von heute haben eh schon alles; also ich finde das völlig übertrieben.« Verkehrte Welt!

Wie kann das sein? Viele Verkäufer werden angesichts der von ihnen als maßlos empfundenen Großzügigkeit des Gönners zum missgünstigen Verhinderer. Sie antworten auf das gewünschte Sowohl-als-auch mit einem beschränkenden Entweder-oder. Oder sie packen Sonderangebote und Rabattvorschläge aus und setzen alles daran, dass der Kaufrausch nicht allzu sehr eskaliert. So bremsen sie den Käufer aus. Wenn der Gönner aber das Gefühl hat, dass ihm eine Sparfuchsmentalität aufgedrängt werden soll, baut er massiven Widerstand auf. Denn geizig ist er nicht, und Sparsamkeit ist für ihn einfach kein hoher Wert.

Ziehen Sie die Spendierhosen an

Versetzen Sie sich bei diesem Käufertyp am besten in den Kunden hinein. Er verfolgt nur ein Ziel: Er möchte Ihr Angebot auf optimale Weise so ausnutzen, dass davon ein anderer Mensch bestmöglich profitiert.

Ziehen Sie also für Ihr Kundengespräch mit dem Gönner die Spendierhosen an! Was würden Sie sich selbst oder einem geliebten Menschen oder treuen Freund gönnen, wenn Geld keine Rolle spielen würde? Welche Ausstattungsvariante und welche Zusatzartikel könnten Ihr Angebot abrunden, sodass sich der Beschenkte noch glücklicher damit fühlt?

Eventuell hilft Ihnen dabei auch folgendes Gedankenspiel: Sie haben einen superreichen Onkel oder eine sehr wohlhabende Tante und dürfen sich aus Ihrem eigenen Sortiment wünschen, was Sie wollen. Oder Sie stellen sich gleich den tatsächlichen Endkunden, also den Beschenkten, vor.

Wenn Sie dann zusätzlich die Großzügigkeit Ihres Kunden loben, anstatt sie kritisch zu hinterfragen, sind Sie einer der besten Berater für diesen Käufertyp.

2. »Ich gönne andern das«

Gönner sind nicht nur in materieller Hinsicht hilfsbereit und aufopferungsvoll, sondern packen gerne auch mal zu: »Wenn jemand Hilfe braucht, dann helfe ich ihm!« Feste Regeln kennen sie dabei nicht. So kann es vorkommen, dass sie beim Verpacken der Ware plötzlich mit anpacken wollen, die im Regal durcheinandergeratenen Produkte kurzerhand frisch sortieren oder den Verkäufer unversehens bei der Beratung anderer Kunden unterstützen. Das Durcheinanderbringen etablierter Rollen- und Aufgabenverteilungen kann sehr irritierend auf den Verkäufer wirken. Doch wenn er mit der unkonventionellen und spontanen Frische des Kunden richtig umgeht, weiß dieser das zu schätzen.

Die Hilfsbereitschaft des Gönners macht auch vor dem Verkäufer nicht halt. So wie er seinen Kindern, seiner Partnerin oder guten Bekannten gegenüber großzügig ist, kann er sich auch dem Verkäufer gegenüber verhalten. Es kommt sogar vor, dass er einen Dienstleister nur deshalb beauftragt, damit dieser einen zusätzlichen Verdienst einstreichen kann. Oder dass er sich ein überflüssiges Produkt zulegt, weil er glücklich ist, dass sich der Verkäufer über den Abschluss sehr freut. Wenn der Verkäufer mitbekommt, dass er seinen Abschluss überwiegend oder ausschließlich der Großzügigkeit des Kunden mit der prallen Unterlippe zu verdanken hat, darf er das ruhig zeigen. Für den Gönner ist das in Ordnung. Hauptsache, der Verkäufer zeigt seine Freude und nutzt dieses Verhalten nicht aus.

Viele Verkäufer sind mit einem Gönner als Kunden überfordert. Auf Aussagen wie »Da werden sich Ihre Kinder aber freuen, wenn Sie heute ein so gutes Geschäft gemacht haben« reagieren sie irritiert bis pikiert. Wie können Sie es also richtig machen, wenn ein Gönner Ihren Laden betritt?

Nehmen Sie die Großzügigkeit an

Dieser Kunde stellt die Welt auf den Kopf. Er gibt großzügig Geld aus, wo andere nur vom Sparen, schwachen Währungen und unbezahlbaren Preisen reden. Und viel lieber würde er Ihnen den Gang zum Lager abnehmen, als dass er sich von Ihnen ein paar Getränkekisten zum Auto bringen lassen würde. Hier gibt es nur eins: Lassen Sie den Kunden wenn irgend möglich machen. Nehmen Sie seine Hilfe und seine Großzügigkeit an und zeigen Sie Ihre Freude und Dankbarkeit so offen, wie Sie können. Denn Genießen heißt für den Gönner zu teilen, und das tut er am liebsten, wenn die anderen ihm dafür Anerkennung zollen.

Und was noch wichtiger sein mag: Halten Sie diesen Kunden nicht für eine »Torfnase«, weil Sie der Meinung sind, dass er etwa einen Deal, der nicht ganz zu seinen Gunsten ausgeht, nicht durchschaut hätte. Dass er fünf gerade sein lässt oder mehr überweist, als auf einer Rechnung steht, lässt keine Rückschlüsse auf seine Intelligenz zu. »Ich weiß Ihre Großzügigkeit sehr zu schätzen« oder »Das ist der größte Abschluss, den ich in diesem Jahr bisher gemacht habe, vielen Dank!« – so reagieren Sie angemessen auf die Freundlichkeit dieses Kundentyps.

Die Empfehlung ist ganz klar: Gönnen Sie sich als Verkäufer so viele großzügige Kunden wie möglich, und nehmen Sie dieses Verhalten jedes Mal voller Dank an. Schließlich macht es Spaß, den Gönner auf seiner Einkaufstour durch Ihren eigenen Laden zu begleiten. Und auch finanziell lohnt es sich für Sie und Ihr Geschäft auf jeden Fall.

3. »Ich möchte genau dieses Produkt«

Manchmal sind Gönner begnadete Detektive: Aufmerksam und voller Konzentration hören sie ihren Mitmenschen zu und notieren gedanklich jede Äußerung eines Freundes, Bekannten oder Verwandten, die Aufschluss über deren Wünsche und Bedürfnisse gibt. Das tun sie am liebsten so unauffällig, dass der zu Beschenkende gar nicht merkt, dass für ihn gerade eine tolle Geschenkaktion vorbereitet wird. Auf seinen Recherchen nach dem perfekten Produkt, mit dem er der Person seiner Wahl eine Freude machen möchte, kann er einen Verkäufer schon sehr ins Schwitzen bringen. Denn da der Gönner aus reiner Freude schenkt, möchte er die Vorstellung des zu Beschenkenden auch so gut wie möglich treffen.

Deshalb muss es auch genau dieses eine bestimmte Produkt von exakt dieser Marke sein.

Es hilft also nicht, wenn der Verkäufer zwar den Tintenroller von Montblanc am Lager hat, den gewünschten Kugelschreiber allerdings erst in einer Woche liefern kann. Hier agiert der Gönner eher unflexibel. Wenn er nicht wie geplant einen lieben Menschen sofort glücklich machen kann, ist er bitter enttäuscht. Wenn der Verkäufer jetzt mit Gleichgültigkeit und Schulterzucken reagiert, hat er sich bei diesem Kunden nicht nur einen Abschluss verbaut. Denn die Hilfsbereitschaft, die der Gönner anderen Menschen gegenüber zeigt, erwartet er auch vom Verkäufer. Hier ist also voller Einsatz gefragt. Doch was soll der Verkäufer tun, wenn er an Lieferfristen gebunden ist?

Werden Sie ein Glückskomplize

Behalten Sie immer im Kopf, was der Gönner möchte: Er will einem anderen Menschen Freude bereiten und damit letztendlich sich selbst. Dafür darf schon der Verkaufsprozess so erfreulich wie möglich ablaufen. Ist das Produkt seiner Wahl nicht verfügbar, sparen Sie sich Sätze wie »Wir haben hier noch ein ähnliches Produkt in einer etwas günstigeren Ausführung, das dafür allerdings 100 Euro weniger kostet«. Es ist geradezu unmöglich, dem Gönner eine gleichwertige oder gar billigere Alternative aufzuschwatzen. Upselling, also das Verkaufen eines höherwertigen Produktes oder Zusatzartikels, ist hingegen sehr leicht möglich. »Wir haben da noch ein Lederetui, das genau zu dem Kugelschreiber passt«, wäre die ideale Verkaufsstrategie bei diesem Käufertyp.

Falls das Produkt in Ihrem Geschäft nicht verfügbar ist, zahlt es sich für Sie als Verkäufer trotzdem aus, diesen Kunden bei seinem Ziel zu unterstützen: »Ich frage schnell in unserer Filiale nach, ob dort die Bassetti-Bettwäsche in dem von Ihnen gewünschten Design vorrätig ist.« Sogar wenn Sie sagen: »Eventuell bekommen Sie dieses Produkt auch bei der Firma Müller zwei Straßen weiter, ich rufe mal gerade für Sie dort an«, führt Sie das zum Ziel. Natürlich hätten Sie für heute den Kunden verloren, allerdings nur in Bezug auf diesen Abschluss. Die Wahrscheinlichkeit ist sehr hoch, dass er zu einem späteren Zeitpunkt in Ihren Laden zurückkehrt und Sie dann von seiner Großzügigkeit profitieren lässt.

Auch ausgefallene Beschaffungsideen, wie »Ich bestelle Ihnen das Produkt direkt beim Hersteller und lasse es gerne mit einem Overnight-Express bis morgen früh 10 Uhr direkt zu Ihnen nach Hause liefern«, sind diesem Kundentyp sehr willkommen. So zeigen Sie ihm Ihr Verständnis für seine Situation und Ihre Bereitschaft, sich genauso für andere einzusetzen, wie er das tut. Und das honoriert der Gönner gerne mit lang anhaltender Kundentreue.

Die besondere Chance

Wenn der Gönner bereits ein Produkt im Auge hat, ist er ein dankbarer Abnehmer für alle möglichen Optionen, Zubehörartikel und Add-on-Dienstleistungen. Aber auch ganz neue Ideen wird er gerne annehmen. Weihnachten, Ostern oder Pfingsten – irgendein Anlass für einen Kauf lässt sich immer finden, und auch der nächste Geburtstag kommt ganz bestimmt. Je besser Sie diesen Kunden kennen, desto mehr können Sie ihn bei seiner Suche nach Geschenken für seine Lieben unterstützen. »Für den neuen Mini Ihrer Tochter haben wir jetzt gerade ein Spezial-Angebot mit Winterreifen und weißen Felgen, die würden perfekt zu dem Rot passen. Darf ich Ihnen einen kompletten Satz zurücklegen? Ihre Tochter wird sich doch sicherlich darüber freuen!« Oder: »Sie hatten ja seinerzeit für Ihren Freund den Kugelschreiber gekauft, aktuell gibt es das passende Set aus Füller und Tintenroller aus der gleichen Serie in einem Geschenkpaket. Vielleicht wäre das ein tolles Weihnachtsgeschenk für ihn?« Mit solchen Hinweisen unterstützen Sie den Gönner auf seiner ständigen Suche nach Geschenken.

Der Gönner: kurz & kompakt

➤ Teilen und verstärken Sie die Freude Ihres Kunden.

➤ Nehmen Sie seine Hilfe an.

➤ Beziehen Sie die Möglichkeit mit ein, dass der Kunde für jemand anderen sucht.

➤ Feiern Sie den Genuss mit, den der Beschenkte damit haben wird.

➤ Für wen wird eingekauft? Ermitteln Sie den Anlass.

➤ Verstärken Sie den Verschenk-Eifer.

➤ Raten Sie nicht von einem Kaufwunsch ab.

➤ Vernunft-Argumente und Rechtfertigungsfragen sind ein No-go.

➤ Handeln Sie engagiert und emotional.

➤ Wecken Sie nicht den Anschein, bei der Erfüllung der Wünsche handele es sich um Luxus.

➤ Werden Sie zum Glückskomplizen.

Schmale Unterlippe – der bewusste Geber

Wirtschaftliches Denken ist eine Tugend. Und es gibt Menschen, die das bis zur Perfektion entwickelt haben. Dabei bezieht sich ihre Sparsamkeit keineswegs nur auf Geld, sondern auch auf Energie, Zeit und Arbeitsaufwand. Diese Menschen sind in jeder Hinsicht umsichtig und achten darauf, sich nicht zu verausgaben. Bevor sie jemandem etwas zusagen, prüfen sie zunächst ganz genau, ob sich der Aufwand lohnt. Diesen Menschentyp als knauserigen Sparfuchs abzutun, würde nicht ihren Kern treffen. Denn hat er sich bewusst dafür entschieden, einem bestimmten Menschen gegenüber großzügig zu sein, dann kann man ihn im besten Sinne des Wortes als freigiebig bezeichnen. Der bewusste Geber kann durchaus auch über ein prall gefülltes Bankkonto verfügen. Doch er würde niemals über die Stränge schlagen oder gar verschwenderisch das Geld verprassen. Geiz ist nicht das handlungsleitende Motiv, sondern vielmehr der Wunsch, das richtige Maß zu treffen. Deshalb trägt er diesen Namen: der bewusste Geber.

Dieser Kundentyp ist ein Meister im Schaffen von Win-win-Situationen, denn er hält die Interessen aller Beteiligten im Auge – mit einem leichten Schwerpunkt auf seinen eigenen. Dadurch wirkt er sehr vernünftig und bedacht, was ihm bei seinen Zeitgenossen viel Bewunderung einbringt. Hintergrund seines Verhaltens ist meist die erlernte Angst, von anderen Menschen ausgenutzt zu werden – das will der bewusste Geber auf jeden Fall vermeiden. Seiner Meinung nach ist es nur seiner Vorsicht zu verdanken, wenn er finanziell gut dasteht.

Es gibt allerdings einen Menschen auf diesem Planeten, dem gegenüber der bewusste Geber bei Weitem nicht so zurückhaltend ist, und bei dem er auch gerne mal ein Schippchen drauflegt: Das ist er selbst. So kann man ihn in einem sündhaft teuren Auto antreffen oder erstaunt feststellen, welchen Luxus er in seinem heimischen Umfeld genießt. Diese beiden Facetten, das bewusste Abwägen, wenn es um andere geht, und die Freigiebigkeit sich selbst gegenüber, sind im Verkaufsumfeld ein wichtiger und durchaus angenehmer Aspekt im Umgang mit dem bewussten Geber.

An Weihnachten zelebriert der bewusste Geber keinen nicht enden wollenden Geschenkemarathon nach dem Gießkannenprinzip, sondern er verschenkt nur wenige, aber dafür bewusst ausgewählte Aufmerksamkeiten. Seine Bescheidenheit hat in diesem Fall durchaus etwas Nobles an sich. Womit er nicht ganz so gut klarkommt, sind Situationen, in denen er großzügig von anderen beschenkt wird oder sie dabei beobachtet, wie sie seiner Meinung nach ihr Geld verprassen. Das kann für interessante Verkaufssituationen sorgen, wenn zum Beispiel ein Paar den Laden betritt, bei dem einer von beiden Partnern ein bewusster Geber ist. Ein Verkäufer tut also gut daran, diesen Käufertyp schon an der Eingangstür zu erkennen und seine Verkaufsargumente bereitzulegen.

3-Sekunden-Scan: So erkennen Sie den bewussten Geber

Auf manche Lippen kann man schon deswegen nicht beißen, weil sie kaum vorhanden sind. Sieht die Unterlippe fast aus wie ein Strich, schmal und nur wenig ausgeprägt? Dann steht Ihnen ein bewusster Geber gegenüber. Das ist ganz leicht zu merken, denn diese Unterlippe ist genauso dünn wie der Strich unter der Addition seines Vermögens.

1. »Rentiert sich das auch?«

Bewusste Geber sehen einen Einkauf als Investition. Vor und während des Verkaufsgesprächs bauen sie in ihrem Kopf Kosten-Nutzen-Diagramme auf und stellen Vergleiche an: Die Dinge müssen sich rentieren, Nutzen und Vorteil müssen die investierten Mittel übersteigen, das ist ihr grundsätzliches Anliegen. In dieser Hinsicht ist der bewusste Geber ganz bodenständig und denkt pragmatisch, unternehmerisch. Um den Ansprüchen dieses Kundentyps gerecht zu werden, darf der Verkäufer sehr gut vorbereitet sein. Insbesondere die Nutzen-Argumentation steht hier im Vordergrund. Zu jedem Zeitpunkt des Gesprächs muss ganz klar sein, wie der Kunde von der Dienstleistung genau profitiert.

Hinweise wie »Man gönnt sich ja sonst nichts«, »Das gehört heute einfach dazu« oder »Natürlich zahlen Sie fürs Design des iPhone auch ein bisschen mehr als für ein 08/15-Handy«, wären für diesen Kundentyp ein Anlass, den Laden so schnell wie möglich wieder zu verlassen. Der bewusste Geber gehört auch nicht zu den Kunden, die sich eine unvernünftige Entscheidung so lange schönreden, bis sie letztlich mit einem guten Gefühl kaufen. Doch wie kann der Verkäufer diesen Kunden aus der Reserve locken?

Überzeugen Sie mit Transparenz

Mit absoluter Offenheit bezüglich Nutzen und Preiswürdigkeit des Produkts vermitteln Sie Ihrem Kunden Sicherheit. Solange Sie sich argumentativ zwischen diesen beiden Aspekten bewegen, sind Sie immer auf der sicheren Seite. Beim Preis sollten Sie allerdings nicht nur bei den Anschaffungskosten vollkommen offen sein, sondern auch auf eventuelle Folgekosten hinweisen. Der bewusste Geber möchte das Handy günstig für einen Euro kaufen, aber auch genau abschätzen können, welche monatlichen Kosten anschließend auf ihn zukommen.

Zeigen Sie ihm, dass Sie ein Verkäufer sind, der nicht mit doppeltem Boden agiert und aus jedem Zylinder noch ein weiteres Preis-Kaninchen zieht.

Falls er etwas für sich selber kauft, ist der Hinweis auf persönliche Annehmlichkeiten, die das Produkt mit sich bringt, erlaubt und wünschenswert – solange dies mit vernünftigen Argumenten untermauert wird. »Dieser Komfortsessel ist unser absolutes Spitzenprodukt, darin werden Sie auch in zehn Jahren noch liebend gerne sitzen. Und da es sich um ein Ausstellungsstück handelt, sparen Sie gegenüber dem Neupreis 28 Prozent.«

2. »Kann ich Ihnen vertrauen?«

Das höchste Ziel eines Verkäufers muss es im Umgang mit dem bewussten Geber sein, sein Vertrauen zu gewinnen. Der bewusste Geber scheint Menschen in zwei Kategorien einzuteilen: Die meisten gehören der Gruppe »Außenwelt« an. Das sind all die Personen, die potenziell gewillt sein könnten, dem bewussten Geber sein Kostbarstes abzujagen. Und dann gibt es noch den »Clan«. In diese Gruppe gehören meist die engsten Verwandten, also zum Beispiel die eigenen Kinder. Manchmal schafft es auch der Partner, in diesen Clan aufgenommen zu werden, das ist allerdings nicht selbstverständlich.

Der Verkäufer wird zunächst der Gruppe »Außenwelt« zugeordnet. Nur wenn er bewiesen hat, dass er seiner Aufgabe absolut im Kundeninteresse nachgeht und jedes Angebot passend begründen kann, erwirbt er sich im Laufe der Zeit eine Vertrauensposition.

Für Verkäufer, die teure Investitionsgüter anbieten, langfristige Verträge verkaufen oder einen belastbaren Businesskontakt zum bewussten Geber aufbauen möchten, lohnt sich der Aufwand allemal.

Geben Sie den Rabatt spät

Sollten Sie zu erkennen geben, dass Sie nur auf den schnellen Euro aus sind, sind Sie bei diesem Kundentyp sofort unten durch. Vermitteln Sie ihm, dass Sie sein Anliegen verstehen und die Produktempfehlungen genau auf ihn zuschneiden. Individualität ist für ihn Trumpf, nur extra kosten sollte sie nicht. Auch wenn dieser Kunde auf den ersten

Blick kein Rabattjäger ist, freut er sich am Ende doch über den einen oder anderen gut platzierten und begründeten Nachlass.

Behalten Sie dieses Ass jedoch bis in die letzten Runden im Ärmel und werden Sie auch an dieser Stelle des Verkaufsgesprächs nicht zu marktschreierisch. Statt: »Also wenn Sie sich heute noch für den Kauf entscheiden, kann ich Ihnen einen zusätzlichen Rabatt von fünf Prozent anbieten«, argumentieren Sie besser so: »Für besondere Kunden unseres Hauses erlaubt mir die Geschäftsleitung, einen zusätzlichen fünf-Prozent-Rabatt einzuräumen. Obwohl wir uns erst heute kennengelernt haben, möchte ich Ihnen den anbieten.« So wird der Rabatt zum Tüpfelchen auf dem i, ohne in den Verdacht eines billigen Kundenüberrumpelungstricks zu kommen.

3. »Ich will da nicht voreilig sein«

Besonnen, zurückhaltend und immer mit Berechnung geht der bewusste Geber vor, wenn er Entscheidungen trifft. Das kann ganz schön viel Zeit in Anspruch nehmen. Wenn er sich nicht vollends über eine Entscheidung im Klaren ist, vertagt er sie ganz einfach. In dieser Situation an die Spontaneität des Kunden zu appellieren, zielt ins Leere, mit aufmunternden Sätzen wie »Jetzt geben Sie sich doch einfach mal einen Ruck!« erntet man im besten Fall ein Stirnrunzeln. Druck ist für den bewussten Geber nur der klare Beweis, dass der Verkäufer nicht im Kundeninteresse handelt, und dann nimmt er sofort Reißaus.

Ganz vorsichtig sollte der Verkäufer auch mit Rabatten umgehen, speziell am Anfang des Gesprächs. »Hier haben wir ein Sondermodell, das wir diese Woche 25 Prozent unter der Preisempfehlung des Herstellers anbieten.« Mit einer solchen Gesprächseröffnung lässt der Verkäufer das Alarmsystem des Kunden anspringen. »Achtung, der will mich mal schnell eben zu etwas überreden, was ich später bereuen könnte«, denkt sich der Kunde. Gibt es überhaupt eine Chance bei diesem Verkäufertyp den Abschluss zu beschleunigen oder wenigstens seine Entscheidungen zu forcieren?

Sprechen Sie Einwände offen an

Bleiben Sie gelassen. Auch wenn die Kaufentscheidung des bewussten Gebers sich in die Länge zieht, sollten Sie ihn nicht bedrängen. Auf die Tabuliste gehören auch subtile Gesten wie das deutliche Schauen auf die Uhr, weithin vernehmbares Ein- und Ausatmen oder genervte Fragen.

Sprechen Sie die Widerstände ruhig offen an, wenn Sie merken, dass Ihr Kunde zögert: »Haben Sie Bedenken wegen des Verbrauchs?« – »Sind Sie noch unsicher mit der Farbe?« Betonen Sie noch einmal die Profitabilität des Produkts, stellen Sie Kosten-Nutzen-Vergleiche an und bringen Sie damit seine Augen zum Leuchten.

Kein Problem, wenn er am nächsten Tag noch einmal wiederkommen oder ein Telefonat zu einem anderen Zeitpunkt fortsetzen möchte. Werten Sie diesen Wunsch als Hinweis darauf, dass dieser Kunde ganz knapp davor ist, den Deal mit Ihnen zu machen. Schließlich hat dieser Kunde bereits Zeit in das Verkaufsgespräch mit Ihnen investiert. Und da er nicht nur mit seinem Geld, sondern auch mit seinem Zeiteinsatz effektiv umgeht, wird er nicht einfach den nächstbesten Laden aufsuchen und das Procedere wieder von vorn beginnen. Es ist sehr wahrscheinlich, dass er am nächsten Tag zurückkommt, Ihnen bestenfalls noch ein oder zwei Fragen stellt und dann die Verträge unterschreibt oder das Produkt mitnimmt.

Am besten ist es natürlich, dass Ihre Argumente und Ihr Produkt so gut sind, dass sogar dieser Käufertyp sofort davon überzeugt ist. Dann erreichen Sie auch einen schnellen Abschluss, auf den Sie wirklich stolz sein können.

Die besondere Chance

Die Sparsamkeit des bewussten Gebers dient nicht dem Ziel, Produkte billig zu erwerben, sondern preiswert. Er achtet sehr wohl auf die Qualität der Waren und legt damit klassische Kaufmannstugenden an den Tag. Ideale Voraussetzungen für Fachgeschäfte, mit fachkundiger Beratung und guten Produkten, den Discountern und großen Einkaufszentren den Rang abzulaufen und die Online-Konkurrenz im Bereich von Dienstleistungen wie Versicherungen und Beratung hinter sich zu lassen.

Wenn Sie es schaffen, in den Clan des bewussten Gebers aufgenommen zu werden, haben Sie einen Kunden auf Lebenszeit. Er will zwar immer noch vom Preis-Leistungs-Verhältnis überzeugt und von der Nutzenargumentation gewonnen werden. Aber da er Ihnen vertraut, fällt er seine Entscheidungen viel schneller und ist auch hier und da bereit, etwas mehr Geld springen zu lassen.

Der bewusste Geber: kurz & kompakt

> Betonen Sie die Profitabilität: »Es lohnt sich für Sie, weil …«
> Arbeiten Sie die Vorteile heraus, begründen Sie Inhalte.
> Thematisieren Sie die Individualität für Ihren Kunden.
> Kümmern Sie sich zügig um den Kunden.
> Schenken Sie ihm viel Aufmerksamkeit.
> Greifen Sie Widerstände aktiv auf.
> Vermitteln Sie Ankerkennung.
> Übertreiben Sie es nicht mit Emotionen.
> Die Bescheidenheit Ihres Kunden sollte nicht zum Thema werden.
> Drängen Sie den Kunden nicht.
> Appellieren Sie nicht an seine Spontaneität.
> Fokussieren Sie auf Exklusivität zum angemessenen Preis.

Der Spickzettel

> Volle Unterlippe: der Gönner

> Typische Aussage: »Ach komm, das nehme ich auch noch!«

> Haltung des Verkäufers: Ich bin dein Glückskomplize.

➤ Schmale Unterlippe: der bewusste Geber

➤ Typische Aussage: »Ich lasse mir nichts andrehen.«

➤ Haltung des Verkäufers: Sparsamkeit ist auch eine Tugend.

DRITTE SEKUNDE

11. Da geh ich lieber kein Risiko ein

Die Gesichtsform

Danny Revenstein ist inzwischen froh darüber, dass sich ihr Freund Carlo von ihr getrennt hat. Ihre Interessen waren einfach zu unterschiedlich und irgendwie passten sie nicht zusammen. Ihr Leben hat sie weitestgehend neu sortiert, nur einen Computer, den braucht sie dringend. Schließlich hat ihr Ex die komplette Ausstattung bei seinem Auszug mitgenommen. Nun fängt sie notgedrungen von vorn an und muss sich ihren ersten eigenen Computer kaufen.

Als die 29-Jährige zum ersten Mal den großen Computerladen betritt, fühlt sie sich wie in eine andere Welt versetzt. Überall stapeln sich Kartons, auf Preisschildern stehen unglaublich viele Informationen zu den Exponaten und Danny wird aus all dem Fachchinesisch überhaupt nicht schlau. Abwartend bleibt sie in der Nähe des Eingangs stehen, und sie ist unsicher, ob sie hier wirklich etwas kaufen möchte. Kevin Himmelbait, Informatikstudent im dritten Semester und Aushilfsverkäufer im Laden, beobachtet dies mit einem leichten Schmunzeln. Er begrüßt die Kundin mit einem schüchternen »Hi, willkommen«, und fragt Danny Revenstein nach ihren Wünschen. »Wissen Sie, ich brauche einen eigenen Computer und leider hatte mein Bekannter Andi keine Zeit, mich heute Nachmittag zu begleiten. Er kennt sich gut aus mit Computern, aber ich hab gar keine Ahnung, was all diese Informationen hier bedeuten«, erklärt sie mit einem fast verzweifelten Blick auf die unzähligen Preisschilder.

Da ist sie bei Kevin genau an den Richtigen geraten. Er gibt ihr erst einmal einen kompletten Überblick über das Sortiment:

»Hier haben wir die Macs, die sind bei Designfreaks sehr beliebt, dafür auch ein bisschen teurer. Dort steht unsere Hausmarke mit acht verschiedenen Modellen in siebzehn Ausbaustufen und dann haben wir natürlich noch die Standardware von HP, Fujitsu-Siemens, Packard Bell und seit einem Monat ganz neu bei uns auch Dell.« Er merkt, dass Danny Revenstein etwas weiter weggerückt ist und auch ihr zögerliches »Aha« lässt ihn aufhorchen.

Daher rollt er das Feld noch einmal von der anderen Seite auf: »Im Wesentlichen gibt es zwei Betriebssysteme: Windows und Macintosh …« Der Student lässt einen Einführungskurs in Hard- und Software, Betriebssysteme, einen Ausflug in die Geschichte moderner Computer und einen Ausblick auf die Zukunftsfähigkeit der Systeme folgen. Er beendet seine Ausführung mit der Frage:

»Also da müssten Sie jetzt schon mal eine erste Entscheidung treffen, welches System grundsätzlich für Sie infrage kommt.« Die Gesichtsfarbe der Kundin wechselt von eher blass zu leicht gerötet, als sie etwas gepresst hervorbringt: »Also, ich wollte so ungefähr 1.500 Euro für alles ausgeben, meinen Sie, das genügt?« »Och ja, damit kommen wir schon ganz schön weit«, freut sich Kevin und fragt weiter: »Soll es sich denn eher um ein Notebook handeln oder einen Desktop? Vielleicht kommen Sie ja auch mit einem I-Pad hin oder einem günstigen Netbook, da könnten Sie sogar ein paar Euro sparen.«

Jetzt ist Danny völlig überfordert: »Wissen Sie was, ich überleg mir das noch mal und komme einfach mit Andi wieder vorbei, sobald er Zeit hat. Ich verstehe nicht einmal die Fragen, die Sie mir stellen.« Mit einem kurzen Dank verlässt die Kundin den Laden.

Dieses Verhalten erschließt sich Kevin jetzt überhaupt nicht. Er hatte sich Zeit genommen und er ist sich auch sicher, dass er alles so erklärt hat, dass die Kundin ihn hätte verstehen müssen. Ob sie ihn nicht mochte?

Schmal oder breit?

Manche Kunden stürmen in den Laden hinein, als würde er ihnen gehören, während andere nur ganz zögerlich eintreten und äußerst zurückhaltend bleiben. Denn den selbstbewusst auftretenden Typ möchten Sie nicht bremsen und der andere verlangt fast schon nach einer umfassenden Fürsorge. Wie gut ist es da, dass Sie leicht erkennen können, wie viel Unterstützung der nächste Kunde benötigt. Schauen Sie ihm einfach ins Gesicht und prüfen Sie, ob es schmal oder breit ist.

Einfach ist es, eine Metapher aus der Tierwelt heranzuziehen. Denn bei manchen Kunden wirkt das Gesicht so breit wie bei einem Löwen. Er ist forsch, traut sich einfach alles, geht seinen Weg und kennt sein Ziel. Andere wiederum lassen sich besser mit einem Reh vergleichen, das scheu am Waldrand steht und bei der kleinsten Veränderung sofort das schützende Dickicht aufsucht. Wenn sie allerdings die Gegend kennen, die Situation einschätzen können und alles selbst geprüft haben, trauen sie sich auch in die Mitte der Lichtung. In ähnlicher Weise verhält es sich mit den Kunden. Hier der Löwe, da das Reh und mittendrin der Verkäufer, der seine Strategie jetzt sehr flexibel an den jeweiligen Typ anpassen darf.

Schmales Gesicht – der Vorsichtige

Es ist ein bisschen wie bei den Krebsen am Meeresstrand: Sie nehmen jede Regung in ihrer Umwelt wahr, erspüren mögliche Gefahren schon von Weitem. Nur das bekannte Wasser mit seinen kontinuierlichen Wellen lässt sie gelassen bleiben. Daran haben sie sich ganz offensichtlich gewöhnt und wissen, dass ihnen von dieser Seite keinerlei Gefahr droht. Auch für manche Menschen ist »Vorsicht die Mutter der Porzellankiste«, und das bringt ihnen auch die Bezeichnung ein: die Vorsichtigen.

Am liebsten würde sich der Vorsichtige nicht mit völlig neuen Situationen konfrontieren. Und wenn doch, dann tut er dies gerne in Begleitung von Freunden und anderen Vertrauten, auf die er sich verlassen kann. Gerne informiert er sich vorher, was ihn genau erwartet, schaut sich Lagepläne an oder fragt andere Menschen, womit er in der neuen Umgebung rechnen muss. Er ist sehr wissbegierig, lernt gerne dazu und stellt auch viele Fragen. Dies hilft ihm dabei, Schritte in unbekanntes Terrain kalkulierbar zu machen und das Risiko in engen Grenzen zu halten.

Je besser sie in ihrem eigenen Umfeld bewandert sind, desto selbstbewusster treten sie auf. Denn sie wissen genau, was sie sich zutrauen können und wo ihre Grenzen sind. Man kann sich darauf verlassen, dass der Vorsichtige sich sehr gut auskennt, wenn er das von sich selbst behauptet, andernfalls hört er lieber zu. Dieses Verhalten lässt ihn in Gesellschaft zurückhaltend und sehr höflich wirken.

Rückzug statt Offensive, gemeinsames Erobern statt Alleingang – so lautet die Prämisse des Vorsichtigen. Sie handeln gerne bedacht und prüfen mögliche Risiken, bevor sie welche eingehen. In solchen Situationen hilft dem Vorsichtigen Zuspruch und Unterstützung durch andere Menschen.

3-Sekunden-Scan: So erkennen Sie den Vorsichtigen

Ob es sich beim Gegenüber um eine Person mit einem schmalen Gesicht handelt, sehen Sie auf den ersten Blick. Doch was macht ein schmales Gesicht aus?

Achten Sie auf die Breite des Gesichts am Ende der Augenbrauen. Dann vergleichen Sie diese Breite mit der Länge des gesamten Gesichts – also vom Ende der Stirn, dem Haaransatz, bis zum Ende des Kinns. Ist das Gesicht weniger als halb so breit wie lang, ist es klar: Vor Ihnen steht ein Vorsichtiger.

1. »Bitte schicken Sie mir die Informationen vorab«

Ob als Schüler im Klassenzimmer oder Teilnehmer im Seminar: Vorsichtige sitzen anfangs lieber auf den mittleren bis hinteren Plätzen. So können sie sich in Ruhe auf alles einstellen, was geschieht. Ein Vorsichtiger, der einen Laden allein betritt, wird sich erst einmal ein wenig umschauen, Wegweiser studieren, bereits laufende Verkaufsgespräche beobachten oder auch an einem Verkaufsregal stehen bleiben und von dort aus die Lage peilen. Noch lieber ist es ihm, in einer Gruppe, mindestens aber zu zweit einzukaufen. Wenn zum Beispiel zwei Freundinnen gemeinsam shoppen gehen, lohnt sich ein prüfender Blick des Verkäufers, ob nicht mindestens eine von den beiden ein schmales Gesicht hat.

Für den Verkäufer wäre es natürlich eine ideale Gelegenheit, diese Rolle des Anführers zu übernehmen. Hat er einen Vorsichtigen als Kunden identifiziert, ist höchste Aufmerksamkeit gefragt.

Gut begonnen ist halb gewonnen!

Vorsichtige benötigen ein Terrain, auf dem sie sich sicher fühlen, um eine Entscheidung zu treffen. Je sanfter Sie sich einem Vorsichtigen nähern, desto schneller wird er Vertrauen zu Ihnen fassen, und desto eher können Sie in das eigentliche Verkaufsgespräch einsteigen. Achten Sie auf Ihre Stimme, sprechen Sie weich und freundlich mit ihm.

Im Gespräch geben Sie ihm einen kurzen Einblick. »Schauen Sie sich jetzt erst einmal unser SPA-Programm an. Im Wesentlichen haben wir drei Angebote, die klassische Sportmassage, die Hot-Stone-Massage oder die beliebte Aromaöl-Massage, bei der Sie sich Ihr Öl selbst aussuchen dürfen.« Das genügt schon. Zu viele Informationen und Details können diesen Kunden überfordern. Beginnen Sie bei einem Aspekt des Produkts oder der Produktlinie und konzentrieren Sie sich so lange darauf, bis der Kunde dazu eine Entscheidung getroffen hat. Danach geht es weiter, Schritt für Schritt, von Detail zu Detail. Wichtig ist, dass Sie immer wieder nachprüfen, ob der Kunde alles verstanden hat und sich weiter gut aufgehoben fühlt. Bringen Sie Ihre gesamte Sensibilität und Ihre Bereitschaft ins Spiel, dem Kunden das Gefühl von Sicherheit zu geben und ihn beim Treffen einer guten Entscheidung zu unterstützen.

Aggressive Strategien und Druck sind beim Vorsichtigen tabu. Vermeiden Sie jede Form von Konfrontation, offensive Fragestrategien, Überrumpelungstaktiken. Schon ein forsches »Ja, das müssten Sie ja jetzt schon wissen, ob Sie einen Außen- oder Innenkamin einbauen lassen wollen« kann zum vorzeitigen Abbruch des Kaufs führen.

Haben Sie im Business-Umfeld einen Termin mit ihm vereinbart, beispielsweise zur Absicherung der Altersvorsorge? Dann nutzen Sie die Chance und schicken Sie ihm vorab Informationsmaterial und eine Übersicht über die wichtigsten Fragen. So kann er sich schon einmal mit dem Angebot und den Fachbegriffen vertraut machen. Hören Sie Ihrem Kunden bereits bei der telefonischen Terminabsprache sehr genau zu. Wenn dieser Sie bittet: »Senden Sie mir bitte vorher das Leistungsverzeichnis und die Preisübersicht Ihrer Produkte«, dann sollten Sie das auch tun. Auch wenn Sie in üblichen Sales-Trainings etwas anderes gelernt haben und dem Kunden das Produkt nur live vorstellen sollen. Beim Vorsichtigen dürfen Sie in diesem Fall trotz aller Vorschriften eine Ausnahme machen. Er wird es Ihnen danken.

2. »Könnte etwas schiefgehen?«

Es ist ein hohes Ziel des Vorsichtigen, Fehler zu vermeiden und sich nicht in Situationen zu bringen, die für ihn unüberschaubar oder schwer zu meistern wären. Er geht in seinem Kopf die möglichen Konsequenzen durch, ohne sich diese gleich in den schlimmsten Farben auszumalen. Und das ist durchaus vernünftig.

Bevor der Vorsichtige in eine Anschaffung investiert, will er sichergehen, dass alles gut durchdacht ist: Ist der Laptop mit dem neuartigen Display wirklich schon ausgereift? Ist das Leasing-Modell tatsächlich passend? Erst wenn alle Risiken gebannt sind, Unsicherheiten und Gefahren vollständig ausgeklammert wurden und alles dreimal geprüft und bis zum Ende durchdacht wurde, ringt er sich zu einem Entschluss durch. Offene Punkte werfen den Vorsichtigen schnell aus der Bahn: Können nicht alle Fragen vollständig geklärt werden, besteht die Gefahr, dass er das Projekt erst einmal wieder auf Eis legt.

Für den Verkäufer ist es eine Herausforderung. Wenn der Vorsichtige im Verkaufsgespräch Einwände und innere Widerstände hat, benennt er sie nicht immer deutlich und greifbar. Der Verkäufer tappt dann im Dunkeln: Wenn er nicht weiß, wo der Schuh drückt, ist es schwierig, angemessen darauf einzugehen. Wenn der Vorsichtige Fragen stellt, kann der Verkäufer das auf jeden Fall als ein positives Zeichen werten. Dieser Kunde vertraut ihm immerhin schon so weit, dass er auf seine Meinung wert legt.

Bestätigen Sie ihn positiv

Genauigkeit und eine klare Sprache sind Trumpf. Kritikpunkte und Widerstände erspüren Sie, wenn Sie bei Fragen des Kunden nicht nur auf das vordergründig genannte Anliegen achten, sondern auch den Kern bzw. das Anliegen hinter der Frage erfassen.

Sobald Sie eventuell bestehende Einwände ausgemacht haben, die Ihren Kunden ins Zweifeln bringen, gehen Sie offen auf die Vorbehalte ein. Bügeln Sie die von ihm befürchteten Risiken und indirekt angesprochenen Ängste nicht als nebensächlich ab. Ein bis zwei Sätze je Kritikpunkt können schon genügen. Denn der Vorsichtige ist kein Bedenkenträger. Meist genügt es ihm, wenn Sie ihn positiv bestärken, kleine Einwände aus dem Weg räumen und ihn in seiner anstehenden Entscheidung ermutigen. Oft reicht schon: »So ein Fehler ist bisher bei keiner der von uns verkauften Mikrowellen aufgetreten. Sie können sicher sein, dass Sie da sehr gute Qualität kaufen. Sollte trotzdem etwas passieren, greift automatisch die Herstellergarantie.«

Geben Sie dem Kunden immer wieder die Entscheidung zurück, machen Sie ihm Mut und fördern Sie seine Fähigkeit, zu sagen, was er will. Das Ziel dieser Bemühung ist, dass er immer mehr zu seiner eigenen Entscheidung steht und damit auch in vollkommener Sicherheit zum Abschluss kommt. Nur dann wird dieser Kunde auch lange nach dem Kauf noch viele gute Gefühle mit dem Produkt und Ihnen verbinden, denn er hat sich wirklich selbst dafür entschieden.

3. »Ob ich was Neues ausprobiere?«

Bei all der vorsichtigen Zurückhaltung könnte ein Verkäufer den Eindruck gewinnen, dass es am leichtesten wäre, diesen Käufertyp einfach zu bevormunden. »Also ich empfehle Ihnen die Minianlage von Sanyo, die ist bewährt, hat gute Testergebnisse, kostet nur 420 Euro und genügt allen normalen Anforderungen« – zack und fertig. Verkäufer, die den Vorsichtigen zum Abschluss drängen, sind jedoch auf dem Holzweg. Mag sein, dass der Kunde das Produkt mitnimmt, weil er dem Verkäufer nicht widersprechen wollte. Aber er bringt es dann auch wieder zurück, weil er einfach kein gutes Gefühl mit dem Produkt und dem Verkäufer verbindet.

Ein Verkäufer, der so agiert, hat das Wesen des Vorsichtigen nicht verstanden. Der Vorsichtige hat durchaus eine eigene Meinung. Er weiß sogar sehr genau, was er möchte, was ihm gefällt und wovon er lieber die Finger lassen möchte. Betritt der Vorsichtige einen Laden oder geht er in ein Beratungsgespräch, so ist er sehr gut vorbereitet, verfügt über Detailwissen und kann Preise gut einordnen. Er traut sich in vielen Fällen nur nicht gleich, seine Meinung auszusprechen.

Zeigen Sie Verständnis

Ihr Ziel als Verkäufer muss es also bei diesem Kunden sein, als vertrauenswürdige Person eingestuft zu werden. Das erreichen Sie nicht durch maximales Expertenwissen oder indem Sie versuchen, ihm Ihre eigene Meinung aufzuzwingen. Agieren Sie als zurückhaltender Berater und Motivator, dem es viel wichtiger ist, dass dieser Kunde ein noch stärkeres Selbstwertgefühl entwickelt, als einfach nur einen Abschluss hinzubekommen.

Wenn Sie dem Vorsichtigen die nötige Sicherheit geben, dass er alles richtig macht, wird er einer Ihrer treusten Kunden werden. Vielleicht möchten Sie sogar so weit gehen, dass Sie ihm Ihre Visitenkarten mit Ihrer persönlichen Handy-Nummer nach dem Abschluss überreichen, damit er Sie für Rückfragen anrufen kann. Das wird er wahrscheinlich gar nicht in Anspruch nehmen, aber er wird das Zeichen sehr wohl verstehen und es als vertrauensbildende Maßnahme zu schätzen wissen.

Die besondere Chance

Das Verkaufsgespräch mit dem Vorsichtigen trägt schon Züge einer persönlichen Coaching-Sitzung – und das ist gut so. Lassen Sie sich also ruhig einmal fordern und zeigen Sie ihm – und sich selbst –, dass Sie Ihr Metier beherrschen und sich gut in einen Kunden mit besonderen Bedürfnissen hineinversetzen können. Diesen Kundentyp elegant zu einem Abschluss zu führen, ist eine Auszeichnung und verleiht Ihnen den Titel »Kundenflüsterer«. Sie haben einem Menschen, der es wirklich gut gebrauchen kann, geholfen, zu sich selbst zu stehen und sich etwas Neues zuzutrauen. Dafür dürfen Sie sich ruhig auch mal selbst auf die Schulter klopfen.

Geben Sie dem Vorsichtigen genügend Raum und Sicherheit, dann wird er einer Ihrer treuesten und besten Kunden überhaupt. Mit ihm genießen Sie einen ganz entscheidenden Vorteil: Dieser Kunde geht definitiv nicht in einen anderen Laden der Konkurrenz, nur um zu schauen, ob er vielleicht auch dort einen guten Verkäufer trifft.

Der Vorsichtige: kurz & kompakt

➤ Geben Sie – wenn möglich – Informationen vorab.

➤ Portionieren Sie die Informationen gut, und geben Sie sie immer eine nach der anderen.

➤ Beantworten Sie alle Fragen.

➤ Treten Sie zurückhaltend auf.

➤ Unterstützen Sie den Kunden auch nach dem Kauf weiter.

➤ Setzen Sie eine positive Sprache mit unterstützenden Vokabeln ein.

➤ Geben Sie dem Kunden Zeit.

➤ Bieten Sie zusätzliche Rückversicherungen an.

➤ Setzen Sie einen Punkt nach erfolgtem Kauf, bestehen Sie nicht auf Zusätzen.

➤ Versuchen Sie nicht, dem Vorsichtigen etwas aufzuschwatzen.

➤ Verwenden Sie Vokabeln aus dem Wortfeld »Sicherheit« – beispielsweise »absichern«, »Sicherheit«, »unterstützen«, »Halt geben«.

➤ Sorgen Sie dafür, dass der Kunde sich bei Ihnen wohlfühlt.

Breites Gesicht – der Mutige

»Hier bin ich, hier komm ich. Ich treffe jede Entscheidung, und wenn Sie möchten, übernehme ich das für Sie gleich mit.« So tritt er auf und so wirkt er auch, der Mensch mit dem breiten Gesicht. Er hat gerne das Steuer in der Hand und meistert neue Situationen mit Leichtigkeit. Für andere ist er mit seinem starken Selbstbewusstsein ein großes Vorbild, denn aus ihrer Sicht ist dieser Mensch einfach immer unglaublich mutig – bewundernswert! Seinem Auftreten verdankt er auch seinen Titel: der Mutige.

In einer neuen Umgebung bleibt dieser Menschentyp nicht lange im Abseits, denn am liebsten möchte er bei allem beteiligt werden. Tatsächlich fällt es den Mutigen schwer, sich im Hintergrund zu halten und nur eine unterstützende Funktion zu übernehmen. Er möchte wissen, was gespielt wird, wer die Regeln festlegt, und wenn er schon mal da ist, spielt er am liebsten auch gleich mit. Am liebsten wird er selbst zum Regelmacher, schmeißt vorhandene Strukturen um und nutzt sein Durchsetzungsvermögen, um dort zu sein, wo er am liebsten ist: an der Spitze. Anführer zu sein liegt dem Mutigen im Blut. Vor allem, wenn er das Gefühl hat, dass es nicht so recht vorangeht, reißt er die Dinge gern an sich.

Während andere noch zögern, ob sie etwa eine berufliche Herausforderung annehmen wollen, meldet er sich bereits zu Wort. Selbst wenn er sich nicht ganz sicher ist, ob er die Aufgabe wirklich meistern kann, ruft er auf jeden Fall in die Runde: »Das mach ich!« Denn Mutige lieben Herausforderungen.

Mutige kommen überall gut zurecht. Was gibt es Schöneres als die Eroberung von Neuland? Dabei bauen sie auf ihre initiative Struktur: Sie wollen, dass die Dinge angegangen werden, jetzt und sofort. Bevor sie gar keine Entscheidung treffen, setzen Mutige eher auf eine Lösung, die zwar nicht perfekt ist, aber der Devise folgt: besser als gar nichts! Eine gute Portion Optimismus und der Wunsch nach Anerkennung gibt ihm den perfekten Rückenwind.

3-Sekunden-Check: So erkennen Sie den Mutigen

Man muss kein Schokoladen-Liebhaber sein, um sofort an den Slogan zu denken: quadratisch – praktisch – gut. Länge und Breite des Gesichts sind beim Mutigen nahezu identisch, es wirkt fast quadratisch. Übrigens ist bei Babys und Kleinkindern die Kopfform fast immer etwas breiter. Die Wirkung ist beeindruckend: Wer möchte sich schon mit dem Durchsetzungsvermögen eines Kindes anlegen?

1. »Ich entscheide«

Mutige wollen wahrgenommen werden, wenn sie das Ladengeschäft, die Vorhalle des Hotels oder den Empfang eines Unternehmens betreten. Dabei geht es ihnen nicht so sehr um einen großen Auftritt. Viel mehr legen sie Wert darauf, dass ihr Führungsanspruch von allen Beteiligten wahrgenommen und gewürdigt wird. Hier lauert für den Verkäufer schon ganz am Anfang des sich anbahnenden Geschäfts eine erste Klippe. Knickt er ein, zeigt sich zu unterwürfig oder gar unsicher, wird er vom Mutigen nicht mehr ernst genommen. Ebenso schädlich für die Beziehung zum Kunden wäre es, wenn etwa der Inhaber des Ladens, seine Machtposition allzu deutlich verteidigen würde.

Dann fühlt der Kunde sich in seiner Souveränität infrage gestellt und bei seiner Ehre gepackt. Kommt es zum unerbittlichen Hahnenkampf, kann das nicht gut ausgehen. Falls der Kunde ihn gewinnt, wird er das Geschäft hoch erhobenen Hauptes verlassen, wenn er ihn verliert, wird er erst recht kein Kunde werden.

Seinen Führungsanspruch behält der Mutige im Verlauf der gesamten Kundenbeziehung bei. Selbst wenn er seit langen Jahren treuer Stammkunde ist, erwartet er, dass sich das Verkaufspersonal in die Rolle eines kompetenten, fachkundigen und stets respektvollen Experten fügt. Für den Verkäufer ist es eine heikle Gratwanderung, dass er einerseits dem Kunden das Gefühl geben muss, dass dieser das Ruder in der Hand hat – andererseits aber das Verkaufsgespräch in Richtung Erfolg führen will.

Bleiben Sie höflich und bestimmt

Die richtige Einstellung für das Gespräch mit dem Mutigen: Seien Sie nicht die Boje, die als Spielball der Wogen hin- und hergeworfen wird, sondern der Wellenbrecher, der aus der Sturmflut einen erträglichen Wellengang macht. Treten Sie selbstbewusst auf, indem Sie Blickkontakt suchen, mit fester Stimme sprechen und die Körperspannung halten. Zollen Sie ihm aber von der ersten Sekunde an Respekt, lassen Sie ihn das Tempo bestimmen und geben Sie ihm immer das Gefühl, dass er der Herr der Lage und der Entscheider ist.

Bleiben Sie im Dialog mit dem Mutigen stets höflich und bestimmt. Bieten Sie ihm Ihre Empfehlung immer als Möglichkeit an und keinesfalls als einzige Lösung. Statt: »Sie sollten die neuen Gartenstühle auf jeden Fall in Edelstahl nehmen«, sagen Sie also: »Wenn Sie die Gartenstühle aus Edelstahl wählen, dann hätte das den Vorteil, dass sie länger halten.« Diese Technik lässt dem Kunden die Führungsrolle und gleichzeitig die Wahl. Und das ist genau das, was der Mutige von Ihnen erwartet.

Achten Sie auch darauf, dass Sie Ihren Redeanteil bei diesem Kunden in Grenzen halten. Ihr Stil sollte eher sachlich kurz als überschwänglich sein. Abstrakte Informationen sind wichtiger als emotional ausschweifende Berichte. Ergreift der Mutige im Verkaufsgespräch die Initiative, spricht neue Themen an oder unterbricht Sie etwa bei Ihrer Präsentation, nehmen Sie ihm das nicht übel. Es bedeutet nicht, dass er nicht kaufen möchte, sondern er will meistens nur seinen Führungsanspruch noch einmal kurz untermauern. Korrigieren Sie ihn nicht, wenn er bei allgemeinen Aussagen Fehler macht, und lassen Sie ihn immer ausreden. Kurzum – bleiben Sie locker und gönnen Sie Ihrem Gegenüber die Königskrone.

2. »Ich habe Großes vor«

Der Mutige denkt als echter König in großen Maßstäben und Bezugsräumen, wenn es um seine Entscheidungen geht – ist nicht Mut eine der wichtigsten Eigenschaften, die die Eroberer vergangener Zeiten hatten? Ähnlich sucht auch der Mutige immer wieder große Herausforderungen und meistert sie anschließend. Mutige lieben große Projekte; das Schloss in Versailles ist ja auch keine Zwei-Zimmer-Wohnung. Das große Ganze, die Vision und das Ergebnis – das ist alles, worauf es ankommt. Da kann einem als Verkäufer schon mal ganz schwindelig werden, wenn dieser Kundentyp nicht mit Siebenmeilenstiefeln unterwegs ist, sondern auch gleich noch nach den Sternen greift. Das endgültige Ergebnis darf für den Mutigen reizvoll sein, dann kauft er. Schließlich möchte er gern bewundert werden, nicht nur im Verkaufsgespräch selbst, sondern auch durch das, was er mit dem Geschäftsabschluss bezweckt und erreicht.

Bewundern Sie den Kunden

Bringen Sie die Augen Ihres Kunden zum Leuchten, indem Sie Ihr Produkt in einen größeren Zusammenhang stellen. Machen Sie den Maßstab groß, betonen Sie weniger die Details, sondern vielmehr den Nutzen und die vielen Möglichkeiten, die sich durch den Abschluss ergeben. Das große Ganze zählt, und für den Mutigen als Kunden kann es nicht groß genug sein. Steigen Sie in dieses Szenario ein und unterstützen Sie das ganz große Kino im Kopf des Kunden mit passenden Szenen: »Mit dieser Strategie werden Sie Marktführer«, »Diese Software-Lösung bringt Sie an die Weltspitze« oder »Diese neue Produktionsstraße macht Sie sofort zur Nummer eins.« Denn das möchte er sein.

Einwände von Ihrer Seite möchte der Mutige nicht hören. Vermeiden Sie zögerliches Auftreten oder gar Bedenkenträgerei. Wenn Sie zur Vorsicht mahnen – »Ich frage mich gerade, ob die angedachte Lösung bei Ihrem Geschäftsvolumen nicht viel zu groß ist?« –, dann wird der Mutige sehr schnell ungeduldig und haut auch mal mit der Faust auf den Tisch: »Ihre Bedenken haben hier keinen Platz, schließlich werden wir extrem schnell wachsen, und dann brauchen wir vermutlich sogar die nächstgrößere Version.«

3. »Ich liebe das Risiko«

Mutige sind Menschen der Tat. Und sie sind risikobewusste Menschen. Das müssen sie auch sein, denn wer Entscheidungen schnell und ohne Extraschleifen trifft, kann nicht in allen Belangen und Details auf Nummer sicher gehen. Sie packen die Dinge energisch an und möchten sich und ihre Mitmenschen in Bewegung bringen – Stillstand ist für sie eine Qual. Auch im Beratungs- und Verkaufsgespräch möchten sie schnell und direkt zur richtigen Entscheidung kommen. Deswegen sind Mutige dankbare Kunden, denn der Verkäufer muss mit seiner Überzeugungsarbeit nicht bei Adam und Eva anfangen. Auch der Preis ist nicht unbedingt entscheidend. Umso wichtiger ist dem Kunden die zügige Abwicklung, basierend auf kompakter Beratung. Denn hat er seinen Abschluss getätigt, kann sich der Mutige gleich wieder der nächsten Aufgabe widmen.

Eine der positivsten Eigenschaften des Mutigen ist, dass er am liebsten den besten aller möglichen Ausgänge seiner Vorhaben plant. Da ist er ganz Optimist, und er unterstützt alles, was ihn schnell genug zu diesem Traumziel bringt. Gleichzeitig möchte er, der gerne die ganze Welt erobern würde, in jedes Detail mit einbezogen werden. Diese Paradoxie zu lösen, ist eine Herausforderung für den Verkäufer.

Beteiligen Sie den Kunden

Ihr Hauptaugenmerk sollten Sie bei einem Verkaufsgespräch mit diesem Kundentyp darauf richten, dass es immer zügig vorangeht. Nehmen Sie jede Abkürzung wahr, die sich Ihnen anbietet, und verzichten Sie auf ausschweifende Diplomatie. Kommen Sie schnell auf den Punkt: Argumentieren Sie direkt, führen Sie nur die wesentlichen Unterschiede und Vorteile an. Details dürfen ruhig außen vor bleiben.

Lassen Sie den Mutigen nicht nur während des Verkaufsgesprächs an allen wichtigen Entscheidungen teilhaben, sondern zeigen Sie auf, wie er während eines langfristigen Projekts immer wieder beteiligt sein wird. Das ist einer der wichtigsten Schlüssel zum Herzen dieses Kunden. Der Trick ist, dass es vor allem um die gefühlte Beteiligung geht. Bei größeren Projekten möchte dieser Kunde natürlich nicht den ganzen Tag neben Ihren Programmierern oder Schreinergesellen stehen. Er möchte die Gewissheit haben, dass er die Fortschritte kontrollieren und in verschiedenen Phasen noch mal Einfluss nehmen kann. Geben Sie diesem Kundentyp also vor und nach dem Abschluss das Gefühl, dass er das entscheidende Rad im Getriebe ist.

Die besondere Chance

Mutige denken in großen Dimensionen. Und was Sie als Verkäufer an diesem Kunden definitiv lieben werden, ist seine Fähigkeit und der gleichzeitige Wille, sich extrem schnell zu entscheiden. Unerschrocken geht er Risiken ein und nimmt Herausforderungen mutig an. Eine Riesenchance für Sie, denn das ist der Kunde, der das Neueste vom Neuesten kauft, und mit dem Sie selbst große und komplexe Projekte zügig zu einem Abschluss bringen. Seine Lebenseinstellung »Das schaffe ich!« kann auch auf Sie ansteckend wirken und Sie dazu inspirieren, gemeinsam mit Ihren anderen Kunden Horizonte zu erweitern. Genießen Sie es!

Der Mutige: kurz & kompakt

➤ Kommunizieren Sie direkt und ohne Umschweife.

➤ Bieten Sie von vornherein eine auf Ihren Kunden zugeschnittene Auswahl an.

➤ Überlassen Sie die Wahl dem Kunden.

➤ Treten Sie selbstbewusst und selbstsicher auf.

➤ Beschränken Sie sich auf das Wesentliche, die Quintessenz.

➤ Lassen Sie die Aufmerksamkeit durchgehend beim Kunden.

➤ Agieren Sie schnell.

➤ Verzichten Sie auf unwichtige Details.

➤ Geben Sie kurze, knackige Antworten.

➤ Sprechen Sie mit deutlicher, starker Stimme.

> ➤ Zeigen Sie keine Zweifel, treten Sie nicht zögerlich auf.
>
> ➤ Ordnen Sie die Angebote in große Zusammenhänge und Visionen ein.

Der Spickzettel

➤ Schmales Gesicht: der Vorsichtige

➤ Typische Aussage: »Da gehe ich lieber kein Risiko ein.«

➤ Haltung des Verkäufers: Ich gebe Sicherheit und unterstütze Sie gerne.

➤ Breites Gesicht: der Mutige

➤ Typische Aussage: »Das mach ich einfach!«

➤ Haltung des Verkäufers: Ich finde Sie klasse.

12. Bitte wie immer!

Die Wangenknochen

Der Bäckerei Amselmann in Berlin Friedrichshain kann man schon von Weitem ansehen, warum sie unter den Werbefachleuten des Viertels als kultig gilt: Die Fliesen mit dem orangefarbenen Blumenmuster sind noch original aus den fünfziger Jahren und die umständlich zu bedienende Registrierkasse rechnet schon einige Generationen lang Berliner Schrippen ab. Spätestens seit sie als »Kult-Bäckerei« in einem Stadtmagazin erwähnt wurde, reißt sich ein bunt gemischtes Publikum um die zwanzig verschiedenen Brotsorten, die alle vor Ort gebacken werden. Die Webdesigner und Grafiker der diversen Medienagenturen im Umkreis mischen sich unter die Familien und die alteingesessenen Kunden aus dem Viertel wie auch Annemarie Wohlfahrt, die schon ihr ganzes Leben lang hier eingekauft hat – ein Milchbrötchen ohne Rosinen, so wie jeden Tag. Annemarie ist sehr glücklich, dass die Bäckerei inzwischen auch sonntags geöffnet hat, sodass sie ihr Brötchen wirklich an sieben Tagen die Woche bekommt. Und da die Bäckerei Amselmann sehr auf Tradition bedacht ist, wurde auch das Rezept in den letzten 35 Jahren nicht verändert. Es schmeckt immer gleich, und dafür ist Annemarie sehr dankbar.

Ganz anders geht es dem jungen Mann Thorben Wuschl, der gerade mit seinem knallroten Kapuzenpulli, mit grüner Hose und gelben Schuhen sein himmelblaues Fahrrad vor der Tür parkt. Seit er bei der Agentur schräg gegenüber jobbt, findet auch er hin und wieder mal den Weg in diese Bäckerei.

Isabella Graupner, die Verkäuferin an der Theke, fragt den schräg gekleideten Kreativen auch gleich: »Was darf es denn für Sie sein?«

»Mmmhhh, ein Brot für die WG, ich bin diese Woche dran. So ein mittelgroßes vielleicht. Was hätten Sie denn da?« Frau Graupner legt voller Stolz los und präsentiert dabei einen prachtvollen dunkelbraun-knusprigen Laib: »Unser Klassiker ist der Berner Bauernlaib mit der kernigen Kruste.«

Bereits die Erwähnung lässt das Gesicht von Thorben aufleuchten. Er zieht die Arme aus dem Pulli und zeigt anerkennend auf das Brot: »Das hatten wir schon einmal, wirklich sehr lecker. Ham'se nich noch was anderes?«

 »Ja, hier, dieses Kümmel-Vollkorn-Brot, aber das ist natürlich eher herzhaft«, schlägt Frau Graupner daraufhin vor und erntet wieder begeisterte Zustimmung, denn Thorben liebt auch Pikantes. »Ach nee, Kümmel hatten wir gerade letzte Woche, das geht nicht.«

Jetzt läuft Annemarie Graupner zur Höchstform auf und präsentiert nacheinander ein Tiroler Landbrot, Das Uckermärker Original, einen Tessiner Stollen und ein Sonnenblumenbrot mit Bierkruste. Sie weiß um jedes Geheimnis der geschmackvollen Zubereitung der vielen traditionell zubereiteten Backwerke und preist ein duftendes Brot nach dem anderen an, stets mit ausgesprochen positiver Rückmeldung des Kunden – er findet sie alle gut und hat alle auch schon einmal probiert. Nur kaufen scheint der junge Mann nicht zu wollen. Schließlich sagt er: »Sie haben echt leckere Brote. Echte Klassiker. Aber ham´se nich vielleicht ein neues Brot, das es so noch nie gab? Ick hätte gerne mal wieder einen völlig anderen Geschmack.«

Da muss Annemarie Graupner leider passen: »Nein, das tut mir leid. Wissen Sie, wir legen sehr viel Wert auf Tradition, und alle Brotsorten, die wir heute im Angebot haben, gibt es so schon seit mindestens 25 Jahren. Einige sogar schon viel länger.«Thorben Wuschel bedankt sich höflich und verlässt unverrichteter Dinge die Bäckerei. »Es war nichts Neues dabei? Dass manche Menschen immer alles anders haben müssen. Dabei hat doch eine gute Tradition etwas so Beruhigendes und Beständiges«, wundert sich Annemarie Graupner.

Ausgeprägt oder flach?

Es gibt Verkaufsprozesse, die laufen so routiniert und zuverlässig ab wie ein Schweizer Uhrwerk. Da gibt es keine lange Aufwärmphase, es werden nicht viele Worte gemacht oder gar aufwendige Auswahlprozesse gestartet – diese Begegnungen beschränken sich auf ein »Guten Tag« und auf »Schönen Tag noch, bis zum nächsten Mal!« Manche Stammkunden wissen eben, was sie wollen, und die guten Verkäufer wissen es auch. Das hört sich traumhaft an und ist es auch fast. Denn wenn der Kunde immer dasselbe kauft, gibt es kaum Entwicklungs- oder Bewegungsspielraum, in dem sich neue Produkte oder ein Umsatzplus unterbringen lassen. Oder vielleicht doch?

Für einen anderen Menschentyp ist gleichbleibend ein Synonym für Monotonie und Langeweile. Sie vermeiden nach Möglichkeit jede Wiederholung. Sie lieben die Veränderung im Äußeren und die Abwechslung, brauchen immer was Neues, neue Dinge, Ideen, Menschen, Reisen, Eindrücke – und zum Glück auch immer neue Produkte. Diese Menschen sind nicht so sehr auf langfristige Ziele ausgerichtet. Sie probieren gerne neue Möglichkeiten aus und sind auf jeden Fall diejenigen, die in der Bettenabteilung des Möbelhauses auf jeder Matratze Probe liegen, selbst wenn sie gar keine Matratze kaufen wollen. Ein schönes neues Abenteuer am Wegesrand, das sie gerne mitnehmen.

Für sie ist das Neue und bisher noch Unbekannte das Maß aller Dinge. Statt »bitte wie immer« haben diese Menschen eher einen anderen Wunsch: »Aber bitte ganz anders als beim letzten Mal!« Das stellt den Verkäufer zwar vor Herausforderungen, eröffnet allerdings auch enorme Chancen. Vorausgesetzt, er weiß auf Anhieb, wer da vor ihm steht ...

Über wie viel Abenteuerlust ein Mensch verfügt, dass lässt sich an seinen Wangenknochen ablesen. Sind diese ausgeprägt und ragen weit nach außen? Oder sind sie kaum sichtbar, sodass die Gesichtskontur von der Höhe der Augen ohne seitliche Wölbung gerade nach unten in Richtung Kinn verläuft?

Hohe Wangenknochen – der Abenteuerlustige

Für manche Menschen muss jeder Tag Neuigkeiten auf Lager haben, am besten solche, die mit Abenteuer und Freiheit zu tun haben. Bei Reisen in ferne Länder buchen sie die Dschungel-Wanderung, die Klettertour mit Übernachtung im Fels oder den Wüstentrip mit Kamelritt – drei Tage – versteht sich. Die tiefen Einblicke in die kulinarischen Genüsse des fremden Landes dürfen natürlich nicht fehlen. Neues zu erleben ist eines der schönsten Gefühle, das sie kennen. Umziehen würden sie am liebsten alle zwei bis drei Jahre und in der Zwischenzeit verändern sie gerne mehrfach die Einrichtung, dekorieren neu und tauschen auch mal Arbeitszimmer und Schlafzimmer. Barfuß durch Unterfranken und Unterwasser-Motorsägen-Schnitzen – wenn Sie sich bisher gefragt haben, für wen solche Angebote gedacht sind, dann kennen Sie nun die Antwort: für den Abenteuerlustigen.

Der Albtraum der Abenteuerlustigen ist die Monotonie des klassischen Büro-Alltags. Deswegen arbeiten sie gerne in kreativen Berufen oder – falls das nicht möglich ist – bekämpfen sie die von ihnen gefühlte Eintönigkeit dadurch, dass sie am Tag zehn verschiedene Dinge tun. Es liegt in der Natur der Sache, dass dann oft viel mehr Aufgaben begonnen als abgeschlossen werden. Besonders viel Wert legen die Abenteuerlustigen auf das Aussehen und die Gestaltung von Gegenständen. Auch hier gilt: Ganz anders ist immer viel besser.

Die Interessen des Abenteuerlustigen sind breit gefächert, er findet alles spannend, was um ihn herum geschieht. In seinem Bekanntenkreis ist er der Pionier, der die frisch eröffneten Szene-Kneipen als Erster entdeckt oder die Freunde mit musikalischen Geheimtipps versorgt. Die können dann schon mal recht skurril und eigen ausfallen. Abenteuerlich eben.

3-Sekunden-Check: So erkennen Sie den Abenteuerlustigen

Die Wangenknochen des Abenteuerlustigen verleihen mit ihrer deutlichen Ausprägung dem Gesicht ein markantes Aussehen. Wenn Frauen sich schminken, betonen sie gern mit Rouge und anderen Tricks exakt diese Wangenpartie, bevor sie sich abends ins Abenteuer stürzen. Ein Symbol für ihre Verwegenheit und ihren Wagemut – Abenteuerlust pur.

1. »Einmal bitte alles neu«

Beim Einkauf und bei Verhandlungen wirkt die Anspruchshaltung der Abenteuerlustigen wie ein physikalisches Grundgesetz: Sobald sich Routine abzeichnet oder ein altbekannter Aspekt auftaucht, regt sich im Abenteuerlustigen Widerstand – er beginnt das Produkt oder den nahenden Abschluss innerlich abzulehnen. Denn seine Entscheidung soll ihn ja in die Freiheit und Weite des Unbekannten führen, nicht in die Niederungen des Altbekannten. Damit ist der Abenteuerlustige mit seiner immerwährenden Jagd nach dem Reiz des Neuen der Gegenentwurf zum typischen Stammkunden.

Von außen betrachtet mag der ständige Wunsch des Abenteuerlustigen nach neuen Impulsen wie Sprunghaftigkeit oder sogar Ziellosigkeit wirken. Damit würde man ihm aber Unrecht tun – es geht ihm eben darum, beständig seinen Horizont zu erweitern. Und das geht für ihn nur mit Innovationen, Neuheiten und frischen Impulsen. Der Verkäufer steht nun vor dem Problem, einen erfolgreichen Abschluss zu tätigen, auch wenn er nicht jeden Tag das Rad und passende Angebote neu erfinden kann.

Verkaufen Sie Abwechslung

Dass Sie im Gespräch mit diesen Kunden auf Attribute wie »bewährt«, »seit vielen Jahren« oder Sätze wie »Das machen wir schon immer so« verzichten, versteht sich von selbst. Erhöhen Sie lieber die Attraktivität Ihres Angebots für den Abenteuerlustigen, indem Sie seine spannenden und innovativen Seiten ins Rampenlicht stellen. Mit einem neuen, ungewöhnlichen Zusammenhang überraschen Sie ihn: »Der Wecker ist sehr zuverlässig – auf den können Sie sich auch im Basislager des Mount Everest verlassen.« Oder: »Dieses Brot ist die ideale Grundlage zu unserem neuen hausgemachten Hagebutten-Avocado-Aufstrich.« Mit diesem einfachen Mittel erstrahlen auch eher unspektakuläre Produkte in einem funkelnden Licht. Der Mehrwert für den Abenteuerlustigen: Er kauft Abwechslung und Abenteuer gleich mit.

Besonders hellhörig wird der Abenteuerlustige bei Produkt-Updates und Faceliftings. Mit diesen überarbeiteten Produktversionen soll ihm kein alter Wein in neuen Schläuchen verkauft werden – betonen Sie also das, was wirklich neu ist. »Diese Laser-Scheinwerfer gibt es bei diesem Modell zum ersten Mal; sie kamen noch nie in der Serienfertigung zum Einsatz.« Oder: »Es ist zwar auch ein Robaldimed-Club, doch dieser hat ein ganz anderes Flair und bietet ein spezielles Alternativ-Sport-Angebot. Der Fokus auf den Unterschied bringt den Kunden in Stimmung und Ihnen als Verkäufer Umsatz.

2. »Das hatte ich schon mal«

Der Wunsch nach neuen Impulsen und ihr Entdeckerdrang sorgen dafür, dass Abenteuerlustige oft neue Geschäfte ausprobieren – wer immer in denselben Laden oder zum gleichen Berater geht, verpasst in seiner Welt unzählige Chancen und vor allem das aufregende Gefühl, das damit verbunden ist! Abenteuerlustige bleiben dem einen Friseursalon nur so lange treu, bis sie von jedem Angestellten bedient wurden, alle Sorten Shampoo kennen und der nächste Salon ihre Aufmerksamkeit gewonnen hat. Der kann auch mal fünfzig oder mehr Kilometer entfernt sein. Für den Abenteuerlustigen stellt die große Entfernung kein Hindernis dar. Ganz im Gegenteil: Sie garantiert, dass es spannend, neu und anders wird.

Wie aber kann der Verkäufer den Abenteuerlustigen trotz seiner Vorlieben regelmäßig in sein Geschäft locken, auch wenn er nicht einmal im Monat alle Produkte und das gesamte Personal austauschen möchte?

Betonen Sie die Veränderung

Die Abwechslung, die sich Ihr Kunde wünscht, beginnt schon im Detail. Ein augenzwinkerndes Wortspiel im Programm der Autowaschstraße reicht schon aus, um im Abenteuerlustigen Glücksgefühle zu erzeugen. Ein frischer, wechselnder Blumenstrauß auf der Verkaufstheke des Frisiersalons wird zum Gesprächsanlass und führt am Schluss dazu, dass der Kunde nicht nur eine Tönung in der gleichen Farbe wie die herrliche Gerbera machen lässt, sondern auch gleich noch eine Flasche Rosenduft-Shampoo dazu kauft.

Auch ein Schaufenster kann schon mit einer kleinen Veränderung Tag für Tag neu erscheinen. Zudem punkten Sie beim Abenteuerlustigen mit Themenwochen oder einem Erlebniseinkauf: Das so heiß geliebte Entdeckerfeeling beginnt schon mit einem exotischen Käse zum Probieren oder einer besonderen Geschichte zu einem Produkt. Dass die ganz spezielle Wolle des Pullovers aus dem schottischen Hochland kommt, wo nur noch ein halbes Dutzend Züchter die besondere Schafrasse über die Heide führt, bringt ihn auf frische Ideen und eröffnet ihm neue Welten.

Ganz gleich, in welcher Branche Sie tätig sind – das Indiana-Jones-Feeling kann es auch in Ihrem Laden oder an Ihrem Beratungstisch geben. Als Versicherungsvertreter haben Sie die Möglichkeit, den Mehrwert ihres Angebots durch den Abenteuerfaktor zu erhöhen – gut versichert sind spannende Risiken gleich viel verträglicher. Und in Ihrer Bäckerei bieten Sie in der einen Woche eine Muffin-Weltreise und in der nächsten ein Schweiz-Special an. Präsentieren Sie dem Abenteuerlustigen große und kleine Neuheiten, wecken Sie seinen Entdeckergeist und zelebrieren Sie mit ihm das Robinson-Crusoe-Gefühl!

3. »Kann ich das mal anfassen?«

Abenteuerlustige lieben Geburtstage und Feiertage wie Weihnachten, aber nicht wegen der Ruhe, des üblichen Festtagsbratens oder gar der immer gleichen Rituale, sondern vor allem wegen des Auspackens der Geschenke und des damit verbundenen Überraschungsfaktors: Was kommt da zum Vorschein, was gibt es zu entdecken? Der Abenteuerlustige ist ein Mensch der Tat – und nicht des Kopfes. Er nimmt die Dinge in die Hand, und zwar im wahrsten Sinne des Wortes: Oberflächen, Materialbeschaffenheit und Strukturen spielen für ihn eine große Rolle.

Es ist gar nicht so leicht, bei all der Abenteuerlust den Kunden dahin zu führen, dass er sich auf ein bestimmtes Produkt festlegt. Abenteuerlustige sind wandlungsfähig, und das gilt natürlich auch für ihre Interessen: Da kommt ein Kunde in den Bücherladen, um einen Krimi zu kaufen, entdeckt dann voller Freude einen Amazonas-Bildband und geht kurze Zeit später mit dem frisch erschienenen Feng-Shui-Kochbuch zur Kasse.

Verkaufen Sie mit allen Sinnen

Warenproben, Vorführmodelle und Probierhäppchen sind für den Abenteuerlustigen das Paradies. Wie ein Kind in Disneyworld bewegt sich der Abenteuerlustige ständig in einer großen Wunderwelt, in der er am liebsten jede einzelne Erfahrung mit allen Sinnen machen möchte. Wie fühlt sich dieses Lammnappaleder an? Ob der Motorrad-Handschuh auch warm ist? Und welchen Geruch haben eigentlich diese Gänsedaunenkissen da hinten? Nur wenn der Abenteuerlustige seine Außenwelt betasten, beschnuppern, schmecken und ausprobieren darf, ist er wirklich zufrieden. Bieten Sie ihm ruhig so viele Muster, Dufttester oder Probierhäppchen wie möglich an. Von den fünfzehn neuen exotischen Sorten wird er sich mit einiger Wahrscheinlichkeit gleich die Hälfte einpacken lassen.

Auf eines müssen Sie allerdings sehr gut achten: Schließen Sie das eine ab, bevor Sie mit dem Nächsten starten. Das ist mit dem Abenteuerlustigen als Kunden leichter gesagt als getan. Als Verkäufer dürfen Sie dranbleiben: »Sie sind ja von dem Limonen-Raumduft hier sehr begeistert. Darf ich Ihnen davon schon eine Packung an die Kasse bringen, bevor Sie unsere Bademantel-Kollektion weiter ausprobieren?« Bringen Sie also am besten ein Produkt in den sicheren Abschlusshafen, bevor Sie zum nächsten Angebot übergehen.

Die besondere Chance

Der Abenteuerlustige bringt die idealen Voraussetzungen für ein gutes und schnelles Geschäft mit sich, denn er ist der geborene Spontankäufer. Er will Veränderungen: spürbar, sichtbar, hörbar – und sofort. Das heißt im Verkauf: Sobald ihn etwas begeistert, reichen ein kurzes Anschieben und gemeinsame Begeisterung – und Sie haben beispielsweise für die Wanderschuhe noch ein besonderes Pflegeset mit Meeresalgen oder am Obststand die exotische Kreuzung aus Drachenfrucht und Kiwi verkauft.

Der Abenteuerlustige: kurz & kompakt

➤ Bieten Sie Produkte und Dienstleistungen als Neuheit an.

➤ Gestalten Sie den Verkauf spannend und immer wieder neu.

➤ Bringen Sie die Sinne ins Spiel: Lassen Sie ihn anfassen, ausprobieren, riechen, schmecken und entdecken.

➤ Geben Sie dem Kunden die Möglichkeit, Produkte auszupacken.

➤ Stellen Sie die Unterschiede zum Vorgängermodell und Neuheiten heraus.

➤ Betonen Sie die Vielseitigkeit Ihres Produkts.

➤ Vermeiden Sie es, auf Ähnlichkeiten mit anderen Produkten hinzuweisen.

➤ Langweilen Sie nicht mit starren Verkaufsroutinen.

➤ Vergessen Sie Markentreue als Verkaufsargument.

➤ Präsentieren Sie die praktische Seite des Produkts, nicht die theoretische.

➤ Vermeiden Sie Argumente wie »Das hat sich bewährt«.

➤ Stellen Sie Produkte vor, die er gleich mitnehmen kann.

Flache Wangenknochen – der Beständige

Täglich grüßt das Murmeltier – alles ist gleich und bleibt gleich. Für den nun vorgestellten Kundentyp wäre es das Paradies: die gleiche Arbeitsstelle, dieselben Kollegen, die Frisur, die Wohnung, ja sogar die Urlaubsorte bleiben unverändert – im Frühjahr Freudenstadt im Schwarzwald, im Sommer Füssen im Allgäu und im Herbst ein Wochenende auf der Insel Amrum. Möbelstücke werden nie verrückt und Silvester wird seit zwanzig Jahren mit der Schwiegermutter gefeiert. Mit einem festen Rahmen fühlen sie sich wohl und geborgen: die Beständigen.

Abenteuer finden bei den Beständigen im Kopf statt, denn sie verfügen über ein ausgeprägtes Vorstellungsvermögen. Durch ihre Gedankenspiele gelangen sie an noch entferntere und exotischere Orte als jeder Abenteurer, doch in der Realität genießen sie ein stabiles Leben, aus dem das Unkalkulierbare so weit wie möglich eliminiert wurde. Werden sie zur Veränderung gezwungen, können sie genervt oder sogar feindselig reagieren.

Solange es den Mittagstisch beim Italiener gibt, wird dort samstags gegessen – immer um die gleiche Zeit, und immer Pasta Romana alla Casa. Auch der anschließende Einkauf hat feste Rituale für den Beständigen: Genau auf diesem Parkplatz stellt er das Auto schon seit Jahren ab, die bewährte Reihenfolge der Besorgungen bleibt unverändert. Wenn einmal etwas kaputt geht, schaut der Beständige, ob derselbe Hersteller dasselbe Produkt im selben Design noch immer anbietet. Wenn Marken wie Miele, Mercedes oder Krups bei manchen ihrer Modelle seit 25 Jahren praktisch nichts am Design verändern, haben sie diesen Kundentyp im Blick.

Die alltägliche Routine schafft eine hohe Effektivität. Der Energieaufwand, der zum Erreichen eines Ziels benötigt wird, ist vergleichsweise gering. Der Beständige muss sich nicht auf Experimente einlassen und erlebt daher auch kaum böse Überraschungen oder Enttäuschungen. Bewährtes ist gut und erprobt – wieso sollte man es dann ändern? Es funktioniert doch. Wenn der Beständige Abwechslung sucht, kann er ja auch ein Buch darüber lesen.

Dieser Kundentyp ist der ideale Stammkunde: Er bleibt dem Geschäft und am liebsten auch dem Verkäufer treu, nicht nur Jahre, sondern Jahrzehnte.

Darin liegt für den Verkäufer eine gewisse Herausforderung. Zum einen darin, den langjährigen Kunden nicht versehentlich zu vergraulen, zum anderen darin, ihn überhaupt erst einmal in sein Geschäft zu bekommen.

3-Sekunden-Scan: So erkennen Sie den Beständigen

So gradlinig wie es für den Beständigen in seinem Leben ablaufen soll, so gerade geht auch die Gesichtskontur von den äußeren Enden der Augenbrauen in Richtung Kinn. Die Wangenknochen, auch Jochbein genannt, ragen nicht aus dieser Linie heraus. Die Wangenknochen sind bei diesem Menschen kaum sichtbar.

1. »Da weiß man, was man hat«

Beständige kaufen gerne immer im selben Supermarkt, halten sich an eine begrenzte Auswahl an Produkten und lassen sich auch durch Rabattaktionen kaum in einen anderen Laden locken. Selbst dem gut gemeinten Tipp einer Freundin: »Du musst dringend mal den neuen Top-Zahnarzt ausprobieren, der vor zwei Wochen seine Praxis in der Maximilianstraße eröffnet hat«, folgt der Beständige nicht, solange er mit seinem jetzigen Zahnarzt zufrieden ist. In Filialen von 7-Eleven, McDonald's oder Starbucks, bei denen weltweit immer alles gleich ist, fühlt er sich wohl. Wenn aber in einem seiner Lieblingsgeschäfte Waren umgeräumt wurden und er die Marmelade nicht sofort findet, kann er schon mal genervt reagieren.

Beständige handeln stets überlegt und planen jeden Schritt. Für spontane Aktionen sind sie nicht leicht zu haben. Vor jedem Kauf prüft der Beständige akkurat seinen Bedarf, auch für wenige Artikel schreibt er einen Einkaufszettel. Das kann geht so weit gehen, dass er für die ganze kommende Woche im Voraus Mittag- und Abendessen plant, um den wöchentlichen Großeinkauf in geeigneter Weise durchführen zu können.

Ist bei diesem Kundentyp also in puncto Produktneuheiten und Spontaneität von vornherein Hopfen und Malz verloren?

Betonen Sie Bewährtes

Wenn das Lieblingsduschgel des Beständigen plötzlich die Aufschrift trägt: »Jetzt mit neuer Rezeptur«, wird ihn das eher in Panik versetzen, als beherzt zugreifen lassen. Beim Autokauf ist es dasselbe: »Die Heizung und Klimaanlage ist ja wirklich völlig anders, da muss ich ja komplett umlernen.« Doch es gibt eine Chance, Ihren Kunden auch dann noch zu gewinnen, wenn sich etwas geändert hat. Machen Sie ihn auf die Gemeinsamkeiten des Nachfolgeprodukts mit seinem Vorgänger aufmerksam: »Ja, auf den ersten Blick scheint hier vieles verändert zu sein. Doch wenn Sie noch einmal genauer hinschauen, stellen Sie fest, dass doch das meiste so gut geblieben ist, wie es war. Hier ist die Lichtsteuerung, der Scheibenwischerhebel, die Hupe. Sie sehen: Alles so wie immer. Den Knopf für den Warnblinker finden Sie weiterhin in der Mitte des Armaturenbretts.«

Verkäufer, die den Beständigen mit pauschalen Argumenten wie »brandneu«, »das Neueste vom Neuesten« oder »gerade erst auf den Markt gekommen« überzeugen wollen, gehen unweigerlich baden. Sprechen Sie im Verkaufsgespräch lieber Themen wie »hohe Qualität«, »lange Garantie« und »Bekanntheitsgrad der Marke« an.

Es gibt nicht viele Gründe, die den Beständigen veranlassen, als Neukunde zu Ihnen zu kommen – etwa weil der Laden seines bisherigen Händlers komplett renoviert wurde und »man da ja gar nichts mehr findet«. Oder weil die Jeans seiner Lieblingsmarke dort nicht in seiner Größe verfügbar ist. Der Beständige ist absolut markentreu – die Marke ist ihm noch wichtiger, als immer denselben Händler zu haben. Bringen Sie also die Logos der von Ihnen vertretenen Marken im Schaufenster und in Ihrer Verkaufsausstellung deutlich sichtbar an. Wenn Sie das bieten können, gestaltet sich das Verkaufsgespräch mit diesem Kunden extrem einfach. Er wird kaum Fragen stellen, sondern sehr schnell zum Abschluss bereit sein.

2. »Davon habe ich eine Vorstellung«

Eine der wichtigsten Eigenschaften des Beständigen ist bei Verkaufsgesprächen von großem Nutzen: Er kann sich alle möglichen Szenarien im Kopf vorstellen, ohne das Produkt auch nur gesehen zu haben. Wenn ein Verkäufer für diesen Kunden etwas anfertigen lassen möchte, was es noch gar nicht gibt – wie zum Beispiel einen Tisch, der nach den genauen Vorstellungen und Maßen dieses Kunden produziert werden soll –, braucht der Beständige meist nicht einmal eine Skizze. Er kann den Tisch gedanklich in seine Wohnung einpassen.

Diese Fähigkeit ist auch von großem Nutzen, wenn der Verkäufer mit diesem Kunden zum Beispiel eine technisch anspruchsvolle Lösung diskutieren muss. »Wenn wir bisher auf dieser Seite der Küche nur eine Spülmaschine gehabt haben, wie können wir dann an derselben Stelle eine Herdplatte unterbringen, die ja Starkstrom benötigt?« Bei dieser Frage kann der Verkäufer ohne aufwendige Computersimulationen den Verlauf der Leitungen und die konkreten Schritte benennen, die nötig sind. Denn dieser Kunde kann sich das alles sehr gut im Kopf vorstellen.

So steigern Sie Ihren Umsatz

Betritt der Beständige Ihr Geschäft, hat er in seinen inneren Filmen und Planungen wahrscheinlich schon das Gerät eines bestimmten Herstellers vor Augen. Achten Sie deshalb darauf, gleich nach der gewünschten Marke zu fragen, damit Sie nicht aufs falsche Pferd setzen: »Wenn Sie schon so konkrete Vorstellungen für die Aufteilung Ihrer neuen Küche haben, gibt es dann auch schon einen von Ihnen bevorzugten Hersteller für die Elektrogeräte?« Auf diese Weise kommen Sie viel schneller voran, als wenn Sie dem Beständigen erst all die Geräte der verschiedenen Hersteller zeigen, bis er mit einem »Oh, der ist von AEG, diese Geräte nehme ich am liebsten« die Suche beendet. Wenn Sie jetzt noch bestätigen: »Das ist auch wirklich exquisite Markenware«, dann wähnt sich der Beständige im Verkaufsparadies angekommen.

Auch wenn der Kunde Einwände hat, sind diesen Überlegungen meist etwas umfangreichere Gedankenspiele vorausgegangen. Auf die Frage, ob der Staubsauger-Roboter auch wirklich zuverlässig saugt, sollte der Verkäufer nicht nur mit: »Ja, dazu gibt es sogar einen Testbericht, in dem das belegt ist«, antworten, sondern gleich noch ergänzen: »Ich selbst habe das schon bei einem Kunden ausprobiert, der zwei große, langhaarige Hunde hat. Und dieser Roboter hat wirklich zuverlässig auch einen langflorigen Teppich gründlich sauber bekommen.« Selbst wenn dieser Käufer keine Haustiere hat, wird er dem Verkäufer Glauben schenken, denn die Erzählung hat in seinem Kopf Bilder von großen Hunden und riesigen Haarbergen entstehen lassen, die anschließend verschwunden waren.

3. »Ich bin kein Kennzeichen!«

Montagmorgen. Stellen Sie sich vor: Es ist 8.30 Uhr, als der Kunde panisch bei seinem BMW-Händler anruft. »Hier ist Mathias König, mein Wagen springt nicht an und ich muss dringend zum Kunden. Sie müssen sofort kommen.« Die Dame an der Infotheke reagiert routiniert. »Welches Kennzeichen?« Herr König antwortet entsetzt: »Wie, Kennzeichen? Hier spricht Ihr Stammkunde Mathias König, bitte schicken Sie mir einen Mechaniker.« Die Rezeptionistin gibt natürlich so schnell nicht auf: »Geben Sie mir lieber Ihr Kennzeichen, sonst finde ich Sie nicht so schnell in unserer Datenbank.« – Wer immer Autohändlern beigebracht hat, nach einem Kennzeichen zu fragen, oder anderem Verkaufspersonal, die Kunden- oder Bestellnummer zu erfassen, hat entweder noch nie etwas von Kundenbindung gehört oder sich entschieden, Kunden wie Herrn König möglichst schnell an die Konkurrenz zu verlieren. Für Beständige ist es ein absolutes Unding, so unpersönlich behandelt zu werden.

Noch mehr als anderen Kunden ist es dem Beständigen wichtig, dass er in seinen Lieblingsgeschäften wiedererkannt und am besten auch persönlich angesprochen wird. Im Hotel genießt er es ja auch, wenn sich die Bedienung beim Frühstück daran erinnert, dass er so gerne Espresso Macchiato zum Frühstück trinkt und Rührei mit Käse und Schnittlauch isst. Was auf den ersten Blick sehr einfach scheint, stellt für viele Verkäufer eine echte Aufgabe dar: Wie soll man sich nur bei so vielen Kunden die einzelnen Vorlieben merken?

Merken Sie sich die wichtigen Daten

Nicht jedes Unternehmen muss gleich in eine teure CRM-, also Customer-Relationship-Management-Software-Lösung investieren, um Kundendaten zu erfassen und auf dem aktuellen Stand zu halten. In vielen Fällen genügt eine simple Karteikarte, auf der diszipliniert die Vorlieben des Kunden, persönliche Besonderheiten wie zum Beispiel die Anzahl seiner Kinder und die Produkte und Marken vermerkt werden, für die er sich in der Vergangenheit entschieden hat.

Nicht nur bei größeren Verkaufsabschlüssen im Businessumfeld erleichtern Ihnen diese Informationen den Abschluss deutlich. Auch bei kleineren Geschäften können Sie schon kurz nach der persönlichen Begrüßung des Kunden quasi schon beim Abschluss sein: »Hallo Herr Zissemann, schön, dass Sie mal wieder bei uns sind. Was darf es dieses Mal sein? Wieder sechs Raummeter Buchenholz und vier Raummeter Fichte für Ihren Kamin?«

Seien Sie nicht erstaunt, wenn Sie auf diese Frage vom Kunden nur hören: »Ja, genau wie immer, bitte liefern Sie nächsten Donnerstag zwischen zehn und zwölf Uhr«. Als Nächstes steht nur noch der Gang zur Kasse an. Der Beständige liebt solche Einkäufe, weil sie schnell gehen, Sie seine Wünsche kennen und er sich darauf verlassen kann, dass Sie und Ihre Kollegen den Auftrag in gewohnt professioneller Manier abwickeln. Wenn Sie als Verkäufer also bereit sind, ein bisschen Aufwand zu treiben und Ihre Kundendatenbank auf dem Stand zu halten, können Sie auch den Beständigen optimal bedienen.

Die besondere Chance

Beständige kaufen gerne auf Vorrat. Mögen sie eine Kaffeetasse ganz besonders, erstehen sie eventuell ein zweites Exemplar für den Schrank, falls die erste Tasse einen Sprung bekommt. Wenn die Frage nach dem Hemd in der gewünschten hohen Qualität zufriedenstellend geklärt ist, kaufen sie gerne gleich drei davon, um für die nächsten Jahre gewappnet zu sein. Denn es macht dem Beständigen absolut nichts aus, wenn all seine Schuhe vom selben Hersteller stammen und Sommer-, Winter- und Windjacke dasselbe Label tragen. Sprechen Sie diese Vorliebe aktiv an: »Diesen Pullover haben wir auch noch in Blau, Grün und Rot in Ihrer Größe am Lager. Möchten Sie die auch noch anprobieren? Die Passform steht Ihnen ja wirklich ausgezeichnet.« So kommen Sie mit diesem Kunden nicht nur schnell zum Abschluss, sondern können auch im Handumdrehen Ihren Umsatz verdoppeln oder gar verdreifachen.

Der Beständige: kurz & kompakt

➤ Betonen Sie bei neuen Produkten die Gleichheit mit früheren Versionen.

➤ Erwähnen Sie alle Faktoren, die Beständigkeit vermitteln.

➤ Betreuen Sie den Kunden durchgängig, vermeiden Sie Unterbrechungen.

➤ Planen Sie mit dem Kunden, spielen Sie seine Gedankenspiele mit.

➤ Entwickeln Sie mit ihm Lösungen, die Bewährtes bestehen lassen.

➤ Pflegen Sie Ihre Kundendaten und halten Sie diese auf dem aktuellen Stand.

➤ Bieten Sie bevorzugt Klassiker aus der Angebotspalette an.

➤ Gehen Sie auf Bedenken ein, vermitteln Sie Sicherheit.

➤ Sprechen Sie den Kunden nach Möglichkeit mit seinem Namen an.

➤ Erinnern Sie sich an die von ihm bevorzugten Marken.

➤ Bieten Sie ihm das Produkt mehrfach (Vorratskauf) oder in verschiedenen Versionen an.

Der Spickzettel

➤ Ausgeprägte Wangenknochen: der Abenteuerlustige

➤ Typische Aussage: »Ich will mal was Neues.«

➤ Haltung des Verkäufers: Ich mache aus jedem Produkt ein Abenteuer.

➤ Zurückhaltende Wangenknochen: der Beständige

➤ Typische Aussage: »Da weiß man, was man hat!«

➤ Haltung des Verkäufers: Treue Kunden sind Gold wert.

13. Ich weiß, was ich will!

Der Kieferknochen

Tino Starck freut sich auf diesen Abend, an dem er bei einer neuen Bekannten seiner Frau Tupperware präsentieren darf. Zugegebenermaßen sind die meisten Kundinnen und Kunden überrascht, wenn er als Mann bei einer Tupper-Party die Kunststoff-Schüsselchen, -Schälchen und Küchenhelfer vorstellt. Aber daran hat er sich längst gewöhnt und er kennt sich mit den Produkten auch so gut aus, dass er jeder Kundin auf den Kopf zusagen kann, was sie benötigt. Gerne gibt er Empfehlungen und Hinweise, wie sich Vorräte optimal lagern und Schulbrote perfekt verstauen lassen – natürlich immer in dem passenden Plastikgefäß.

So ist der 39-Jährige auch nicht erstaunt, dass an diesem Abend in der fröhlichen Runde mit vierzehn Frauen und zwei Männern so gut wie alles glattgeht. Die Präsentation kommt gut an und die Anwesenden füllen auch fleißig ihre Bestellzettel aus. Dabei stöhnt die eine oder andere Kundin, dass sie kaum mehr Platz in der Küche hat und jetzt noch gar nicht weiß, wo sie das alles unterbringen soll. Aber Tino hat auch für solche Fälle die richtige Lösung: »Unsere Produkte sind perfekt stapelbar, und schauen Sie hier, diese fünf Schüsseln lassen sich wie eine russische Puppe in einanderstellen und dafür brauchen Sie wirklich kaum mehr Platz im Küchenschrank.«

Mit diesem Argument lassen sich alle überzeugen – bis auf eine: Anna Pfefferle sitzt vor ihrem leeren Bestellbogen. Sie reicht die angebotenen Muster zügig weiter und wirft meist auch nur einen flüchtigen Blick darauf. Als Tino das bemerkt, beginnt er sich mehr und mehr auf diese Kundin zu konzentrieren. »Also dieses Schüsselset ist gerade im Angebot, und Sie bekommen fünf statt drei, wenn Sie nur zehn Euro drauflegen. Allerdings gilt dieses Angebot nur diesen Monat. Seien wir mal ehrlich«, und jetzt blickt Tino ihr direkt in die Augen, »solch ein Schüssel-Set braucht jeder Haushalt. Wie ist es denn mit Ihnen, haben Sie schon so was zu Hause?« Anna Pfefferle antwortet freundlich, aber bestimmt: »Nein, daran habe ich überhaupt keinen Bedarf.«

»Oh, eine Widerspenstige« denkt sich Tino. »Die knack ich auch noch.« So geht es Produkt für Produkt weiter, Tino kocht Reis, schleudert Salat trocken, zerkleinert einen Berg Zwiebeln und Paprika in Windeseile. Doch jedes Mal, wenn er das dazugehörige Produkt speziell Anna empfiehlt, lehnt diese ab. So geht das Runde um Runde weiter. Der Pfannenwender – nein, der Eierschneider – nein, die neue Brotbackform – nein, die schon gar nicht, und auch nicht die Käseglocke mit Spezialklimatronic – absolut geruchsfrei, versteht sich. Tino ist nun wirklich kein Mensch, der leicht aufgibt, aber an Anna scheint er zu verzweifeln.

Als die Präsentation zu Ende ist und all die verschiedenen Produkte im Wohn- und Esszimmer der Gastgeberin ausgebreitet sind, geht Anna dann allerdings schnurstracks auf die Pausenbrotdose zu. Tino wittert seine große Chance und gesellt sich sofort zur Kundin, die auch gleich eine Frage zum Produkt hat: »Wissen Sie, meine beiden Töchter bekommen immer ein Pausenbrot und etwas Obst mit in die Schule. Was ich suche, ist eine mittelgroße Pausenbrotbox mit einer Trennwand, damit das Brot nicht feucht wird und die Kinder es auch appetitlich finden.«

»Brotdosen, ja, da haben wir diese beiden hier«, erklärt Tino siegesgewiss. »Die ist etwas kleiner und das hier ist das große Modell. Das rate ich Ihnen, da passen das Obst und das Pausenbrot locker zusammen rein.«

»Ja, aber die kleine hat gar keine Trennwand und die große ist viel zu riesig für einen kleinen Schulranzen«, meint Anna und stellt die Dosen wieder zurück.

»Das ist gar kein Problem, dann nehmen Sie am besten zwei kleine Döschen aus einer anderen Serie und damit sind Brot und Obst ganz sicher getrennt«, erklärt Tino und deutet auf einen Berg von Vorratsbehältern. Doch die Kundin bleibt unwillig: »Nein, das möchte ich auf keinen Fall, ich glaube, Sie haben einfach nicht das Richtige im Angebot für mich. Ich gucke mich anderweitig um, danke.«

Tino fällt es schwer, seine Enttäuschung zu verbergen. Jetzt hat er schon so viele Schüsselchen und Döschen im Sortiment und trotzdem kann er diese Kundin nicht überzeugen. Dabei hat er ihr so eine gute Alternative angeboten. Warum nur hat diese Kundin sich so wenig für seine Vorschläge interessiert?

Schmal oder breit?

Manche Menschen geben immer den Ton an. Egal wo sie sind, werden sie von allen als Autorität anerkannt – auch in der Verkaufssituation. Andere hingegen bleiben eher erst einmal im Hintergrund und beugen sich auch schon mal der Meinung eines anderen, wenn sie ihn als Autoritätsperson anerkennen. Verkäufer, die beide Kundentypen auf dieselbe Art und Weise betreuen, kommen nicht weit. Zwar ist das Verkaufen auch als die Kunst der Verführung bekannt, doch zum Kauf verführen kann der Verkäufer den Kunden am besten, wenn er versteht, ob dieser Handlungsanweisungen und Vorschläge von ihm annimmt oder ob er sich besser zurückhalten soll.

Was die beste Strategie ist, darüber gibt die Breite des Unterkiefers Auskunft. Mal ist dieser ausladend wie bei dem Kragen eines Königs, der damit seine Autorität unterstreicht, und mal ist der Kiefer so schmal wie bei einer Gazelle, die eher ein zurückhaltendes Tier ist.

Schmaler Kieferknochen – der Zurückhaltende

Sie sind eher schüchtern, selten Anführer und nehmen auch gerne mal den Vorschlag eines anderen Menschen an – so lauten die wichtigsten Verhaltensweisen dieses Kundentyps. Wenn etwas Neues auf sie zukommt, reagieren sie eher nachdenklich, lassen sich Zeit damit, sich eine Meinung zu bilden und diese zu äußern. Da sie sich selbst nicht so gerne in den Vordergrund spielen, kann es schon einmal vorkommen, dass sie von einem anderen Menschen schlicht überrannt werden. Dieser Kundentyp hält sich zunächst zurück und bleibt ein wenig im Hintergrund, und daher wird er tituliert als: der Zurückhaltende.

Seine eher unauffällige Außenwirkung geht gar nicht unbedingt von ihm selbst aus, sondern wird ihm von anderen zugeschrieben. Der Zurückhaltende hat die Erfahrung gemacht, dass er immer mal wieder übersehen wird, was auch darauf zurückzuführen ist, dass er sich eher im Hintergrund hält.

Seine bedächtige Vorgehensweise unterstreicht die Art des Zurückhaltenden, mitunter zögerlich zu reagieren und ins Nachdenken zu geraten. Wenn jemand eine rasche und eindeutige Entscheidung von ihm verlangt, fühlt er sich schnell bedrängt und gerät in Stress. Wenn einem anderen Menschen daran gelegen ist, dass der Zurückhaltende sich wohlfühlt, sollte er folglich den Druck aus seinen Fragen nehmen und dem anderen genügend Zeit für eine Entscheidung lassen. Dann ist auch der Zurückhaltende durchaus in der Lage, seine eigene Meinung zu bilden und auch zu äußern.

Bei aller anfänglichen Schüchternheit ist der Zurückhaltende nicht zu unterschätzen! Auch wenn er auf Führungsrollen nicht so viel Wert legt, so ist seine Rolle in einer Gruppe dennoch unschätzbar wichtig. Zurückhaltende sind gute Teamplayer und übernehmen innerhalb einer Gruppe wichtige Funktionen: Mit ihrem ausgeglichenen Wesen tragen sie dazu bei, Konflikte gar nicht erst entstehen zu lassen. Da sie von niemandem in der Gruppe als bedrohlich empfunden werden, hört sich jeder gerne ihre Meinung an und folgt auch ihren Schlichtungsvorschlägen. Deshalb macht es einfach Spaß, mit dem Zurückhaltenden beruflich oder privat in einem Team zusammen zu sein.

3-Sekunden-Scan: So erkennen Sie den Zurückhaltenden

Werfen Sie bei Ihrem Gegenüber einen Blick auf den Kieferwinkel. Das ist der Knochen, der sich bewegt, wenn Sie den Mund öffnen. Dort erhalten Sie Aufschluss: Ist der Kieferknochen schmal und ist das Gesicht auf dieser Höhe gar enger als am Ende der Augenbrauen? Dann stehen Sie einem Zurückhaltenden gegenüber.

1. »Huhuuuuu, halloooo, ich bin auch da …«

Zurückhaltung ist eine Tugend, die diesen Käufertyp auszeichnet. Er gehört nicht zu den Menschen, die jede Tür schwungvoll bis zum Anschlag öffnen oder einen ganzen Raum mit einem einzigen »Guten Tag« für sich in Beschlag nehmen. Denn der Zurückhaltende ist kein Freund lauter Töne, seine Stilmittel sind eher das Understatement und ein Auftritt, der nicht so große Wellen schlägt. In einem Verkaufsraum, in dem sich mehrere Kunden aufhalten, kann dies dazu führen, dass der Zurückhaltende nicht sofort wahrgenommen wird. Und die Gefahr besteht, dass er übergangen wird, weil Verkäufer und Berater sich automatisch den raumgreifenderen Kunden zuwenden.

Die zurückhaltende Art führt den Verkäufer zudem leicht aufs Glatteis, wenn er das Verhalten des Kunden falsch interpretiert und annimmt, dass sein Gegenüber nur oberflächlich interessiert sei und sich nur einmal umschauen möchte. Wer beim Zurückhaltenden auf deutliche Signale der Kontaktaufnahme wartet und sich zwischenzeitlich anderen Dingen zuwendet, erzeugt bei diesem Kunden das Gefühl, dass der Verkäufer nicht interessiert ist. Der Zurückhaltende wird in diesem Fall nicht darum kämpfen, dass man ihn beachtet, sondern lieber den Laden verlassen und woanders einkaufen. Und damit hat der Verkäufer den Deal in den Sand gesetzt und es vielleicht noch nicht einmal bemerkt. Wie geht man also mit diesem Kunden richtig um?

So geben Sie ihm Aufmerksamkeit

Kommunikation mit dem Zurückhaltenden gleicht einer Fahrt mit dem Tandem: Wenn der eine Beteiligte nicht so stark in die Pedale tritt, darf der andere sich ruhig etwas mehr einbringen, damit beide gut vorankommen. Begegnen Sie also der Zurückhaltung Ihres Kunden mit Offenheit und Freundlichkeit, und zwar von Anfang an. Legen Sie bereits bei der Begrüßung Wert auf Augenkontakt, und suchen Sie diesen auch später immer wieder. Falls Sie, wie es im Beratungsgespräch der Fall sein könnte, den Namen Ihres Gegenübers wissen, so greifen Sie diesen hin und wieder auf: »Ich kann mir sehr gut vorstellen, Frau Moorenweiß, dass dieser Vorschlag ideal zu Ihnen passt.« Doch finden Sie dabei das richtige Maß: Wenn Sie allzu laut und oder gar überdreht auftreten, lösen Sie beim Zurückhaltenden eher Rückzug aus. Freundliches Understatement, so sollte Ihre Maxime im Umgang mit Menschen dieses Kundentyps lauten.

Werten Sie Ihre Beratung mit persönlichen Elementen auf. Sprechen Sie Ihren Kunden beispielsweise anerkennend auf Details seiner Kleidung an oder gehen Sie auf Einzelheiten seiner Äußerungen ein. Wenn eine Unterbrechung sich nicht vermeiden lässt, signalisieren Sie unbedingt sofort Verbindlichkeit: »Ich bin gleich wieder bei Ihnen.«

Übrigens: Auch die Kommunikation mit dem Zurückhaltenden jenseits von Verkaufsraum und Beratungstisch ist dann erfolgreich, wenn Sie sie persönlich gestalten. Greifen Sie also eher zum Telefonhörer, als eine Mail zu senden. Durch die direkte Ansprache lässt sich schneller und damit auch einfacher ein positives Ergebnis erzielen.

2. »Wozu würden Sie mir raten?«

Um die Führungsrolle macht der Zurückhaltende lieber einen Bogen. Er fühlt sich wohler, wenn er nicht alle Entscheidungen selbst treffen muss und sich auf klare Regeln zurückziehen kann. Zudem hilft es ihm, wenn andere Menschen ihre Meinung äußern, denn dann kann er seine eigene Sichtweise ins Verhältnis dazu setzen. Mindestens ebenso wichtig ist es ihm, dass er genügend Zeit hat, über alles nachzudenken. Das macht ein Verkaufsgespräch nicht gerade einfach. Denn zum einen soll er als Kunde ja über den Kauf bestimmen, andererseits darf der Verkäufer bei diesem Kundentyp das Gespräch führen und die Entscheidung vorsichtig forcieren. Das ist ein Drahtseilakt, der von dem Verkäufer viel Aufmerksamkeit und Sensibilität erfordert. Denn das richtige Maß ist bei jedem zurückhaltenden Kunden wieder neu zu entschlüsseln, damit das Verkaufs- oder Beratungsgespräch in den richtigen Bahnen läuft. Wie findet nun also der Verkäufer den perfekten Mix aus Führung, Einmischung und Abwarten?

Nutzen Sie Ihr Feingefühl

Wie in jeder guten Mannschaft denkt der eine für den anderen mit und ist mit der Sicht des anderen vertraut. Konkret bedeutet das für Sie: Nehmen Sie die Wünsche Ihres Kunden auf und schlüpfen Sie gedanklich in seine Rolle, identifizieren Sie sich mit seiner Bedürfniswelt: Was braucht er konkret? Was hilft ihm wirklich? Wie sieht der Rahmen aus, in dem seine Entscheidung getroffen wird? Mit Sätzen wie »Ich würde Ihnen raten«, »Für Ihren Zweck ist es das Beste« oder »Sie werden sehr zufrieden sein mit Ihrer Entscheidung« nehmen Sie für den Zurückhaltenden die Rolle eines interessierten Teampartners ein.

3. »Dann gehe ich lieber«

Entscheidungen können beim Zurückhaltenden länger dauern. Je konkreter ein Produkt in die engere Auswahl kommt, umso schwieriger fällt es diesem Kunden, sich endgültig dafür zu entscheiden. Vor allem, wenn er sich gestresst fühlt. Ähnlich wie auf dem Fünf-Meter-Brett im Schwimmbad muss er seinen ganzen Mut zusammennehmen, auch wenn er schon vorn auf dem Brett steht und nur noch einen Schritt tun müsste, um zum Ziel zu gelangen. Dem Springer hilft es, wenn er von anderen Menschen

Zuspruch erhält und angefeuert wird – in der Verkaufssituation übernimmt im besten Fall sanft der Verkäufer diese Rolle.

Manche Verkäufer versuchen allerdings, Druck aufzubauen und mit Hinweisen wie »Diese Jacke ist nur noch einmal vorrätig« oder »Nein, ich kann diese Ware leider nicht bis morgen reservieren« zu punkten. Dieses Vorgehen wird beim Zurückhaltenden garantiert nach hinten losgehen.

Auch wenn er einem allzu offensiven Verkäufer nicht gleich Einhalt gebietet, lässt er sich doch nicht überrumpeln. Auch der Zurückhaltende weiß, was er will. Manchmal dauert es nur ein wenig länger, bis er das artikuliert. Aggressive Verkaufsstrategien sorgen nur dafür, dass der Kunde aus dem Laden rennt und sicher nicht wiederkommt. Denn wenn er seine Meinung nicht äußern darf, resigniert dieser Kundentyp schnell. Er wirft die Flinte ins Korn, weil er keine Lust hat, für sein Recht zu kämpfen. Flucht ist in diesem Fall für ihn die einfachere Alternative als eine Auseinandersetzung mit seinem Gegenüber.

Umgarnen Sie den Kunden

Drängeln ist tabu – geben Sie dem Zurückhaltenden den nötigen Raum und die gewünschte Zeit zum Überlegen. Oft ist es auch so, dass Zurückhaltende ihre Unsicherheit thematisieren, dahinter steckt der Wunsch gehört zu werden. Als Verkäufer benötigen Sie natürlich ein feines Gespür, um solche Hinweise als das wahrzunehmen, was sie sind: ein Zeichen dafür, dass der Kunde mit ihrer Art, das Verkaufsgespräch zu führen, nicht einverstanden ist.

Ihre wichtigste Fähigkeit im Umgang mit dem Zurückhaltenden ist Ihre persönliche und auch kommunikative Sensibilität. Nur wenn Sie in der Lage sind, auch feine körperliche Signale und sprachliche Andeutungen wahrzunehmen und richtig zu interpretieren, werden Sie diesem Kunden ein angenehmes Einkaufserlebnis bieten können.

Denken Sie daran, dass Menschen mit dieser Gesichtsstruktur im Alltag häufig das Gefühl haben, kämpfen zu müssen, um wahrgenommen, akzeptiert und mit ihrer Meinung respektiert zu werden. Je mehr es Ihnen gelingt, Ihrem Kunden diesen Druck zu nehmen, desto leichter wird das Verkaufsgespräch sein und desto sicherer haben Sie den Abschluss in der Tasche.

Die besondere Chance

Der Zurückhaltende legt Wert auf Ratschläge und orientiert sich gerne an anderen. Nutzen Sie Ihre Chance auf einen beschleunigten Abschluss und gewinnen Sie sein Einverständnis mit einer überzeugenden Kaufempfehlung. Wenn Sie dem zurückhaltenden Kunden eine Lösung vermitteln, in der er sich gut wiederfindet und respektiert fühlt, können Sie sich über ein schnelles Ergebnis freuen.

Das erreichen Sie, indem Sie einen konkreten Vorschlag machen und dann die einzelnen Aspekte aus Kundensicht durchgehen. »Gut, Sie möchten den Sauger auch als Nass-Sauger nutzen – dann ist die gelbe Modellreihe von Kärcher auf jeden Fall die richtige. Denn die hat ein stärker isoliertes Kabel und auch einen gekapselten Motor. Vorhin haben Sie erwähnt, dass Ihnen ein geringes Gewicht auch wichtig ist: Dann rate ich Ihnen zum Modell G5300.« So behalten Sie den Verkaufsprozess im Griff und vermitteln zugleich Ihrem Kunden das Gefühl: »Hier werde ich verstanden.«

Lassen Sie nach diesem klaren Kauftipp dem Kunden Zeit, das Gesagte zu verdauen und mit seiner eigenen Meinung abzugleichen. Bleiben Sie in dieser Phase trotzdem voll konzentriert bei Ihrem Kunden und lassen Sie sich auch nicht von anderen Kaufwilligen oder Kollegen aus der Situation herausreißen. Wenn Sie das beachten, wird auch dieser Kunde gerne kaufen und wiederkommen.

Der Zurückhaltende: kurz & kompakt

➤ Schenken Sie Ihrem Kunden die volle Aufmerksamkeit und bedienen Sie keine anderen Kunden parallel.

➤ Treten Sie aufmerksam, freundlich und präsent auf.

➤ Jenseits von Beratungstisch und Laden: Ziehen Sie den telefonischen Kontakt einer Korrespondenz via E-Mail vor.

➤ Lassen Sie Ihrem Kunden Zeit zum Denken.

➤ Versetzen Sie sich in Ihren Kunden, solidarisieren Sie sich mit seinen Zielen.

> ➤ Erfragen Sie genau seine Bedürfnisse und gehen Sie im Gespräch immer wieder auf diese ein.
>
> ➤ Treten Sie nicht zu autoritär auf.
>
> ➤ Nehmen Sie geäußerte Bedenken ernst.
>
> ➤ Sprechen Sie klare Empfehlungen aus.
>
> ➤ Wählen Sie eine sanfte, weiche Sprache.

Breite Kieferknochen – der Souveräne

Gibt es geborene Anführer? Sicherlich nicht, denn die meisten Führungsqualitäten bilden sich erst im Laufe des Lebens heraus. Aber es gibt Menschen, denen die anderen mehr Autorität zusprechen und von denen sie sich gerne führen lassen. Diese Menschen strahlen eine natürliche Autorität aus, und selbst wenn sie es nicht unbedingt wollen, gewinnen sie die Betriebsratswahl oder bekommen den Chefsessel zugesprochen. Diese Menschen handeln sogar unter Stress selbstsicher und souverän: Sie sind die Souveränen.

Die Souveränen erwecken den Eindruck, als bräuchten sie keine Hilfe von anderen, dabei werden sie häufig als stärker wahrgenommen, als sie sich tatsächlich fühlen. Gleichzeitig vermeiden sie aber so gut es geht das Gefühl von Unsicherheit, einer der Gründe, warum sie zu den absoluten Schnellentscheidern zählen. Viele Souveräne haben eine vergleichsweise tiefe Stimme und klingen auch autoritär. Und diese Autorität muss unter allen Umständen gewahrt werden.

Eine ausgeprägte Halspartie zeigt Souveränität und Stärke an. Viele Tiere täuschen zusätzliche Autorität vor, indem sie Federn aufstellen, Flossen oder Kiemen abspreizen oder wie der Elefant die Ohren zur Seite klappen. Auch Ferrari, Porsche & Co haben ein breites »Gesicht«: Schweller an den Radkästen unterstreichen die souveräne Wirkung, diese sind sozusagen die Kieferknochen der fahrbaren Untersätze.

Der Souveräne wird von anderen gerne um seine Meinung gebeten. In Gruppen kann es vorkommen, dass er mit wenigen klaren Sätzen sicher geglaubte Abstimmungsergebnisse ins Wanken bringt. Durch seine Klarheit und Entschlossenheit ist er ein Vorbild für andere, er spricht gerne über Ergebnisse und gibt die Richtung vor, in die alle sich bewegen dürfen, wenn das gewünschte Ziel erreicht werden soll.

Was diese Menschen nicht ganz so gerne tun: sich nachträglich für einen Fehler entschuldigen. Auch liegt es ihnen fern, einen gut gemeinten Tipp von jemand anderem anzunehmen. Das würde ebenso wie eine Bitte um Verzeihung einen Autoritätsverlust bedeuten. Ganz wichtig ist für den Souveränen ein möglichst großer Entscheidungsspielraum und die Freiheit zu tun und zu lassen, was er möchte – eine wichtige Erkenntnis für die Verkaufssituation.

3-Sekunden-Scan: So erkennen Sie den Souveränen

Wie der breite und prächtige Kragen eines königlichen Umhangs: Wenn die Kieferknochen unterhalb des Ohrs kräftig und deutlich sichtbar hervorstehen, sehen Sie sofort: Vor Ihnen steht ein Souveräner.

1. »Ich bestimme, wo's langgeht«

Das Auftreten des Souveränen hat eine klare Wirkung auf seine Mitmenschen: Hier steht der Bestimmer, derjenige, der Entscheidungen trifft. Dieser Kunde weiß, was er will, und er weiß auch, was er nicht will. Alles, was er äußert, scheint in Stein gemeißelt zu sein. Eine tiefe Stimme oder ein klar und eindeutig formulierter Wunsch bewirkt, dass dem Kunden vom ersten Augenblick des Gesprächs die Autorität und die Führungsrolle zugesprochen werden.

Das bringt einen Verkäufer in eine ungewohnte Lage. Von jetzt auf gleich ist er nicht mehr der gefragte Berater, von dessen Meinung der Kunde profitiert. Sondern er mag sich sogar zum reinen Erfüllungsgehilfen degradiert sehen. Denn wie soll er einen Kunden bei der Produktauswahl beraten oder gar steuern, wenn der so souverän auftritt? Denn klar ist eins: Wenn hier ein Machtkampf um die Führungsrolle entsteht, ist der Verkäufer bei diesem Kunden an den Falschen geraten. Trotzdem kann der Verkäufer den Souveränen auf ein interessantes Zusatzprodukt, eine Alternative oder eine Verkaufsaktion hinweisen, ohne dass sein Kunde seine Autorität untergraben sieht.

Konzentrieren Sie sich auf die Beratung

Nicht nur Ihr Kunde darf im Verkaufsgespräch souverän agieren, sondern Sie ebenfalls. Vermeiden Sie den Machtkampf, denn wenn beide Gesprächsparteien sich in die eigene Rolle finden, profitieren alle davon. Geben Sie Ihrem Kunden also den Respekt und die Entscheidungsfreiheiten, die er benötigt – machen Sie aber auch das, was er von Ihnen erwartet: aktiv beraten und verkaufen. Verleihen Sie Ihrer Rolle als Verkäufer Autorität, indem Sie wirklich beraten – und nicht nur vorschlagen. Achten Sie dabei auf Feinheiten bei den Formulierungen, weg von »Schauen Sie sich doch mal diesen Koffer von Samsonite an, der ist genau richtig für Sie« hin zu »Dieses Modell von Samsonite hat übrigens die von Ihnen gewünschten Maße und bietet im Vergleich zu jenem Modell eine feste und damit haltbarere Außenschale«. Also, weg von Befehlston und eigener Meinung hin zur reinen Information über das Produkt.

Zu Ihrer Verkäuferrolle gehört es selbstverständlich auch, dem Kunden das nächst größere Modell zu empfehlen. Hat er Ihnen gegenüber klar geäußert, dass er bei seinem neuen Auto einen 120-PS-Motor möchte? Dann haben Sie keine Skrupel, ihm die teurere Variante mit 145 PS anzubieten. Wenn der Souveräne kein Interesse an diesem Angebot hat und seiner Entscheidung treu bleiben möchte, dann sagt er das auch. Wenn er sich für Ihr Angebot entscheidet, dann freut es Sie. Also: Seien Sie mutig, beherzt und besinnen Sie sich auf die Ihre

Stärken – und die Ihres Kunden. Der Souveräne liebt klare und kurze Aussagen. Er ist niemand, der lange um den heißen Brei herumredet. Wenn er Kritik äußert, bleibt er in aller Regel sachlich. Von Ihnen als Verkäufer erwartet dieser Kunde dasselbe: Klare Aussagen, kurze Sätze und eine klare Fokussierung auf das gemeinsame Ergebnis.

2. »Ich kann mitreden«

Wenn es sich um ein erklärungsbedürftiges Produkt handelt, bei dem sich der Souveräne noch nicht so gut auskennt, muss der Verkäufer besonders geschickt agieren. Trotz seines überlegenen Fachwissens muss er den Kunden immer souverän wirken lassen. Schon ganz alltägliche Formulierungen können da falsch sein: »Ich empfehle Ihnen, die neue Telefonanlage über das Computernetzwerk per TCP/IP zu steuern. Wir werden einfach einen Kommunikationsserver installieren, die Telefone an die Netzwerkschnittstelle anschließen und dann den kompletten Telefonverkehr auf Voice over IP umstellen.« Falls der Kunde jetzt nur »Bahnhof« versteht, könnte das Verkaufsgespräch daran scheitern, denn nun fühlt er sich dem Verkäufer unterlegen, und das mag der Souveräne überhaupt nicht. Wie kann der Verkäufer speziell in einer solchen Verkaufssituation dafür sorgen, dass der Kunde seine führende Position behält und ihn gleichzeitig als den Experten anerkennt?

So geben Sie dem Kunden das, was er braucht

Als Verkäufer kennen Sie vermutlich die Geheimnisse der nonverbalen Kommunikation. Sitzen Sie nicht zu breitbeinig da, und wenn Sie eine teure Armbanduhr tragen, schieben Sie diese unter den Hemdsärmel. Halten Sie auch nicht allzu lange den direkten Blickkontakt – denken Sie an das Spiel aus Kindertagen: Wer zuerst wegschaut, hat verloren. In diesem Fall verlieren Sie nicht, sondern Sie sind dabei, den Kunden für sich zu gewinnen. Auch wenn Sie inhaltlich zumindest zeitweilig die dominierende Rolle innehaben, sollten Sie sich so kurz fassen, dass Ihr Kunde allein vom Redeanteil her die führende Position beibehält. Das mag sich für Sie alles etwas seltsam anhören, aber die Erfahrung – insbesondere aus dem Businessalltag – zeigt, dass diese Tipps und Tricks wirklich Hand und Fuß haben.

Wenn Sie zudem Fragen stellen wie: »Möchten Sie, dass ich Ihnen diesen Vorgang kurz näher erläutere?«, dann ist das ein weiterer deutlicher Hinweis darauf, dass Sie die Souveränität des Kunden anerkennen. Probieren Sie es aus und staunen Sie über Ihren Erfolg. Und vor allem: Sehen Sie es doch als ein Spiel, das Sie mit Ihrem Kunden spielen. Er möchte gerne die Nummer eins sein und Sie möchten gerne den Abschluss haben. Das passt doch sehr gut zusammen.

3. »Ich weiß, was ich will«

Da der Souveräne so überzeugend auftritt, geht man als Verkäufer fast schon selbstverständlich davon aus, dass er sich auch richtig gut auskennt und genau weiß, was er will. Das stimmt auch in aller Regel. Denn dieser Kundentyp weiß nicht nur, was er will, er kauft auch meist nur, wenn er sein Ziel vor Augen hat. Denn ansonsten könnte es zu Autoritätsverlust führen. Er ist eben nicht der vorsichtige Frager, der sich im Geschäft durch eine umfangreiche Beratung zum Produkt seiner Wahl führen lässt.

Doch genau dieses starke Auftreten sollte von dem Verkäufer auch nicht missverstanden werden. Davon auszugehen, dieser Kunde wisse schon alles, kann das Verkaufsgespräch in eine Sackgasse führen, denn eventuell setzt der Verkäufer Dinge voraus, die noch gar nicht entschieden sind.

Dieser Kunde kommt zum Beispiel zum Audio-Fachhändler und sagt zum Verkäufer: »Ich hätte gerne eine Dolby-Surround 5.1-Anlage mit separatem Verstärker, am liebsten von Pioneer oder Denon.« Wenn der Verkäufer jetzt davon ausgeht, dass er es hier mit einem Hi-Fi-Spezialisten zu tun hat, kann es gut sein, dass er sofort ins Fachsimpeln übergeht. »Da haben wir letzte Woche die neue 3780 reinbekommen, die ist der direkte Nachfolger von der 3540, allerdings mit der neuen digitalen Endstufe ...«

Doch was ist, wenn der Souveräne sich in diesem Gebiet überhaupt nicht auskennt? Dann entsteht ein echtes Dilemma, weil er dem Verkäufer nicht einfach sagen wird: »Wissen Sie, von all dem, von dem Sie mir eben erzählt haben, habe ich nicht mal einen blassen Schimmer.« Wie kann nun der Verkäufer herausbekommen, wie viel fachliches Know-how dieser Kunde hat, ohne ihn bloßzustellen?

Vermeiden Sie Machtspiele

Wenn Sie sich nicht sicher sind, wie sehr sich Ihr Kunde in Ihrer Materie auskennt, dürfen Sie sich vorsichtig herantasten. Zeigen Sie dem Souveränen erst einmal die Produkte: »Wenn Sie mir bitte hierüber folgen wollen. Hier haben wir alle aktuellen Modelle, die für Sie infrage kommen dürften.« Jetzt gilt es, das Feedback des Kunden genau zu beobachten. Nimmt er die Produkte in die Hand, probiert er sie aus oder gibt er einen fachkundigen Kommentar ab, zum Beispiel: »Oh, da haben Sie ja sogar die ganz neue …«, so heißt das Signal für Sie: Feuer frei! Bleibt der Kunde jedoch eher still, so beraten Sie lieber mit nicht zu vielen Fachbegriffen. Achten Sie dann darauf, möglichst wenige spezifische Fragen zu stellen und allgemein zu bleiben.

Letztlich ist es für Sie als Verkäufer vorteilhaft, dass der Souveräne in jeder Situation den Schein wahrt, weil Sie dadurch schneller zum Ende des Verkaufsgesprächs gelangen. Denn er fragt nicht nach jedem Detail und lässt sich auch nicht allzu viel erklären, selbst wenn das für ihn bedeutet, dass er zu Hause längere Zeit allein mit der Bedienungsanleitung beschäftigt ist, um das erworbene Gerät zum Laufen zu bringen.

Die besondere Chance

Dieser Kunde entscheidet schnell, sehr schnell sogar. Und das macht ihn aus Verkäufersicht zu einem angenehmen Zeitgenossen. Unter Druck oder Stress legt er sogar noch einen Zahn zu. Dann entscheidet er sich noch schneller als sonst, denn er gewinnt dadurch das Gefühl von Sicherheit. Und Selbstsicherheit ist ihm sehr wichtig. Es mag verblüffend auf Sie wirken, aber gerade bei diesem Kundentyp müssen Sie als Verkäufer keine Bedenken in der Abschlussphase haben. Selbst wenn es um größere Geldbeträge und langfristige vertragliche Bindungen geht, wissen Sie nun um sein Geheimnis und können den Abschluss gelassen und sicher nach Hause bringen.

Der Souveräne: kurz & kompakt

➤ Geben Sie dem Kunden Bestätigung und positives Feedback.

➤ Lassen Sie den Kunden ausreden und geben Sie ihm Raum.

➤ Treten Sie klar auf und formulieren Sie kurze, deutliche Sätze.

➤ Schaffen Sie Klarheit über die Verteilung der Rollen: Der Kunde hat die Autorität über seine Entscheidungen – der Verkäufer hat die Fachautorität mit seiner Kenntnis der Waren.

➤ Gehen Sie Machtkämpfen mit dem Kunden aus dem Weg.

➤ Lassen Sie Ihr Gegenüber immer das Gesicht wahren.

➤ Treten Sie nicht besserwisserisch auf.

➤ Machen Sie Ihre Stimme so tief wie möglich.

➤ Stellen Sie Ihren Kragen hoch oder klappen Sie ihn rechtzeitig runter.

Der Spickzettel

➤ Schmale Kieferknochen: der Zurückhaltende

➤ Typische Aussage: »Was meinen Sie denn dazu?«

➤ Haltung des Verkäufers: Ich bin die sanfte Autorität.

➤ Breite Kieferknochen: der Souveräne

➤ Typische Aussage: »Ich weiß, was ich will!«

➤ Haltung des Verkäufers: Sie sind die Autorität.

14. Einmal sagen reicht!

Die Nasolabialfalte

Paul Plauter hat einen perfekten Tag erwischt: Heute ist Samstag, die Sonne scheint und damit ist dem Gartenhausverkäufer klar, dass an diesem Tag der Rubel rollt. Denn aus Erfahrung weiß der 49-Jährige, dass die Kunden bei diesem Wetter besonders gerne Gartenhäuser aussuchen. Nach einigen Regentagen wird es auch Zeit, dass das Geschäft wieder in Schwung kommt, und außerdem hat Paul viel zu lange kein ausführliches Gespräch mehr mit einem Kunden geführt. Und genau das liebt er doch so sehr. So ist er voller Begeisterung, als Florian Sonnenwende kurz nach Ladenöffnung vor ihm steht: »Guten Morgen, ich hätte gerne ein Gartenholzhaus, das mindestens vier auf vier Meter groß ist, vorne eine Veranda hat zum Sitzen und Grillen und eventuell auf der Rückseite noch zusätzliche Staufläche für den Rasenmäher und die Gartengeräte.«

»Hach, was für ein Genuss, dass schon der erste Kunde ein Produkt aus der Topliga kaufen will«, denkt sich Paul, während er den Kunden zu den Exponaten führt. »Da haben wir auf jeden Fall das Richtige für Sie, kommen Sie doch einfach mal mit mir mit. Es ist aber auch ein schöner Tag heute, haben wir nicht absolutes Glück, dass nach diesem Dauerregen endlich wieder die Sonne scheint? Ich habe mich ja heute Morgen beim Aufstehen schon so sehr gefreut, dass es jetzt endlich Sommer wird. Genau die richtige Zeit zum Grillen, um sich mit Freunden zu treffen oder einfach nur am See zu sitzen und den Wellen zuzuschauen.«

Florian ist ein wenig verwirrt, dass der Verkäufer so gar nicht über die Produkte redet, aber vermutlich will er nur die Verkaufssituation ein bisschen auflockern, denkt er sich. Doch weit gefehlt, die beiden kommen zwar nach wenigen Metern bei den größeren Gartenhäusern an, aber jetzt ist der Verkäufer gerade mitten im Handballspiel der Altherrenmannschaft vom TV Weißblau angekommen, bei dem er letzte Woche wegen seiner Knieverletzung wieder mal nur als Spieler auf der Ersatzbank teilnehmen konnte. »Das war auch wirklich eine dumme Geschichte, als mir da der Hammer direkt aufs Knie gefallen ist … Ach übrigens, schauen Sie mal dort drüben, dieses weiße runde Gartenhaus mit den Verzierungen, das haben wir erst letzte Woche reinbekommen. Es ist rundherum verglast, aber besonders schick, finden Sie nicht?«

Florian Sonnenwende murmelt nur ein kurzes: »Ja, schon.« Er ist ein recht gelassener Zeitgenosse, was er hier gerade erlebt, lässt ihn allerdings langsam unruhig werden. Am schlimmsten ist, dass er nicht so recht versteht, warum dieser Verkäufer ihm all diese Informationen gibt. Es scheint so gar keinen Sinn zu machen. Innerlich schmunzelt Florian über den nächsten Gedanken, der ihm dazu in den Kopf kommt: »Ich sollte auf jeden Fall freundlich weiterlächeln, denn falls dies eine Aufzeichnung der Sendung Versteckte Kamera ist, wäre es schon blöd, wenn ich hinterher als Muffelkopp im Fernsehen rüberkomme.« Insgeheim merkt er, nachdem Paul Plauter ihn auf ein kleines grell-orange gestrichenes Gerätehaus aufmerksam macht, dass er innerlich schon bei der Siedetemperatur angekommen ist. Deshalb hört sich sein nächster Versuch, aufs Thema zurückzukommen, auch schon etwas gepresst an: »Also wissen Sie, mich interessiert, wie bereits gesagt, ein Gartenholzhaus, dass mindestens vier auf vier Meter groß ist, vorn eine Veranda hat zum Sitzen und Grillen und eventuell auf der Rückseite noch zusätzliche Staufläche für den Rasenmäher und die Gartengeräte.«

Paul Plauter lenkt auch sofort ein »Ja, da stehen wir ja direkt davor, das sind die drei Modelle, die wir haben. Schauen Sie sich die doch mal in Ruhe an.« Florian atmet erleichtert auf, vor allem das Wort Ruhe bringt ihm neue Hoffnung. Doch zu früh gefreut, Paul Plauter nutzt die entstehenden Denkpausen und die Stille der Beobachtung galant für weitere Berichte. Von der Bürgermeisterwahl, die nächste Woche ansteht, über das Kirschblütenfest im anderen Ort, über die Preise von Brennholz bis zu den jüngsten Erlebnissen seines Freundes, der beim ADAC-Pannendienst arbeitet. Florian resigniert: Auch wenn er wirklich gewillt war, das Gartenhaus hier zu kaufen, was zu viel ist, ist zu viel. Vor allem versteht er nicht, was all diese Themen miteinander zu tun haben. Und nachdem er sich inzwischen absolut sicher ist, dass nirgendwo eine Kamera versteckt ist, bedankt er sich förmlich bei dem Verkäufer und zieht von dannen. Paul Plauter bleibt völlig enttäuscht zurück, so schönes Wetter, so ein netter Kunde – und dann das.

Glatt oder Falte?

Einem anderen Menschen zuzuhören ist immer eine Frage der Konzentration, und für Verkäufer bedeutet dies, dass sie praktisch den ganzen Tag mit voller Aufmerksamkeit bei der Sache sein müssen. Erschwert wird diese Aufgabe dadurch, dass manche Kunden reden wie ein Wasserfall, während andere dem Verkäufer einen einzigen oder maximal zwei wohlgeformte Sätze mit auf den Weg geben. Während also bei dem einen Kunden in der kommenden Viertelstunde des Gesprächs genügend Raum bleibt, noch einmal nachzufragen, den Wunsch zu spezifizieren und das Bedürfnis allmählich so genau herauszuschälen, dass man diesen Kundenwunsch auch wirklich befriedigen kann, ist der Umgang mit den anderen allerhöchste Präzisionsarbeit. Denn sie reden nicht ein einziges Wort zu viel, alles hat Bedeutung und sie erwarten von ihren Mitmenschen – und das bedeutet natürlich insbesondere von einem richtig guten Verkäufer –, dass sie auch jedes ihrer Worte zu schätzen wissen. Was sie am meisten stört, sind Wiederholungen. Für den Verkäufer ist es also sehr angenehm zu wissen, was er von seinem nächsten Kunden zu erwarten hat. In diesem Fall gibt die Falte, die von den Nasenflügeln auf beiden Seiten abwärts hinunter zu den Mundwinkeln führt, Auskunft. Sie heißt in der Fachsprache Nasolabialfalte. Ob sie vorhanden ist oder nicht, macht für das Verkaufsgespräch einen deutlichen Unterschied.

Ohne Nasolabialfalte – der Talkmaster

So wie Tarzan sich von Liane zu Liane schwingt, so gibt es Menschen, die beim Reden von Thema zu Thema federn, ohne jemals den Boden zu berühren. Die Sätze sprudeln unaufhörlich dahin, Wiederholungen gehören dazu und Pausen sind so gut wie ausgeschlossen. Sie finden einfach in jeder Situation ohne viel Überlegung ein Thema, über das sie erzählen können. Keine Frage: Smalltalk ist für diese Personen eine ganz große Sache. Sie sind wahre Meister des Redeflusses, richtige »Talkmaster«.

Der Talkmaster hat diese Art des Sprechens zu einer wahren Kunstform weiterentwickelt. Seine auf Ausdauer trainierte Stimme pflegt er mit Übung und Raffinesse. Den so kultivierten Sprechgesang setzt er bei jedem Gespräch in allen nur denkbaren Facetten ein. Auf die Mitmenschen wirkt der Sprachfluss des Talkmasters zunächst beeindruckend. Wenn er aber immer raumfüllender und zeitraubender wird, stellt er sowohl die Geduld als auch die Nerven auf eine Zerreißprobe. »Was will er mir eigentlich sagen, will er überhaupt irgendwas Bestimmtes?« In einigen Fällen wirkt der Talkmaster einfach sehr irritierend – besonders weil es dem Gegenüber schwerfällt, das Wichtige herauszufiltern.

Talkmaster lieben Aufmerksamkeit. Aber das ist gar nicht der ausschlaggebende Grund für ihren Redefluss. Der liegt an anderer Stelle: Sie können Gesprächspausen nicht gut ertragen; Schweigen ist für sie ein Anzeichen für schlechte Stimmung und Distanz der Gesprächspartner. Daher füllen sie jede entstehende Leere mit Worten. Ganz so, wie in manchen Ladengeschäften als Geräuschkulisse das Radio im Hintergrund läuft.

Was der Talkmaster nicht so gerne mag, ist das Gefühl, dass ein anderer Mensch ihm nicht genügend Beachtung schenkt. Eine seiner wichtigsten Fähigkeiten ist es, mit Sprache und dem Klang der Stimme ganze Bilderwelten zum Leben zu erwecken. Er scheut auch nicht davor zurück, spontan eine Gruppe von Menschen zusammenzubringen, um seine Erlebnisse mit möglichst vielen Anwesenden zu teilen. Auf diese Weise löst er die Distanz zu anderen Menschen auf, fühlt sich ihnen nahe und schafft eine Verbindung zu ihnen.

Die Haut zwischen Oberlippe und Nase geht beim Talkmaster glatt und ohne Faltenwurf in die Wangen über, genau so wie sich ein Satz nahtlos an den anderen reiht. Es ist so, als hätten Falten hier gar keine Zeit, sich festzusetzen – der Mund ist ja immer in Bewegung. Viele kleine Kinder und Jugendliche haben diese Gesichtsstruktur ebenfalls; die Eltern kennen die Monologe, deren Zweck und Ziel nicht recht bestimmbar sind. Das erklärt auch die horrenden Telefonrechnungen von Jugendlichen, die glücklicherweise im Zeitalter der universellen Flatrates mehr und mehr der Vergangenheit angehören. Während Eltern aber meist hocherfreut sind, dass ihr Nachwuchs so eloquent ist, und vielleicht davon träumen, dass dieser vielleicht tatsächlich eines Tages die Nachfolge von Günther Jauch und Thomas Gottschalk antreten wird, wird ein Kunde, der zugetextet wird, wohl eher an Flucht denken.

3-Sekunden-Scan: So erkennen Sie den Talkmaster

Die ausgeprägte Nasolabialfalte würde an den Nasenflügeln und dann nach unten links und rechts an den Mundwinkeln vorbeilaufen, diese »Einkerbung« grenzt sozusagen die Wangen vom Mund ab, vor allem beim Lachen – vorausgesetzt natürlich, sie ist überhaupt vorhanden. Und daran erkennen Sie den Talkmaster gleich, noch bevor er den Mund zum Reden öffnet: Bei ihm gibt es diese Falten nicht.

1. »Bitte schenken Sie mir Ihre Aufmerksamkeit«

Klar: Kaum ein Kunde mag es, wenn er wie in unserer Geschichte mit dem Gartenhaus-Verkäufer unter einem Berg von Informationen – zum angefragten Produkt gehörend oder auch nicht – begraben wird. Mit ein wenig Selbsterkenntnis wird der Verkäufer lernen können, auch mal den Mund zu halten. Was aber, wenn es der Kunde ist, der den Verkäufer zutextet?

Wort für Wort, Satz für Satz, Thema für Thema. Und dann noch einmal von vorn. Auch ohne Blick auf die Uhr weiß der Verkäufer bei einem Talkmaster bald, dass es länger dauern wird. Zeit ist Geld, denkt sich da mancher und rechnet im Stillen aus, dass er in der Zwischenzeit gleich dreimal so viele Kunden hätte bedienen und damit einen viel höheren Umsatz erzielen können.

Doch diese Gedanken bringen ihn natürlich nicht weiter und rücken den Abschluss in weite Ferne. Typische Reaktionen wie der nervöse Blick auf die Uhr, das Trommeln mit den Fingern auf die Tischplatte oder sogar das Rollen der Augen sind zwar allzu verständlich, werden das Verkaufsgespräch aber sicher nicht beschleunigen. Manche Verkäufer, die in den Redefluss eines solchen Kunden geraten sind und zu ertrinken drohen, versuchen, parallel ein Verkaufsgespräch mit anderen Kunden im Laden zu beginnen: »Entschuldigung, ich muss mich mal kurz um die Dame dort drüben kümmern.« Auch keine gute Idee, wenn Sie den Talkmaster glücklich machen wollen.

All diese Reaktionen sind vor allem deswegen nicht zielführend, weil es dem Talkmaster mit seinen ausschweifenden Erzählungen vor allem um eins geht: Er möchte die ungeteilte Aufmerksamkeit seines Gegenübers haben und sich ernst genommen fühlen. Vor allem will er zu einer Gemeinschaft mit dem Verkäufer finden.

Und doch gibt es Möglichkeiten, das Verkaufsgespräch so abzukürzen, dass der Verkäufer den Abschluss zumindest mit einem hochwertigen Fernglas am Horizont erahnen kann.

So bleiben Sie gelassen

Wenn Sie den Talkmaster schon kennen und mit ihm zum Beispiel im Businessumfeld einen Termin vereinbaren können, sollten Sie sich mit ihm zum Mittagessen verabreden. Dabei können Sie das Angenehme mit dem Nützlichen verbinden und wenn Sie zudem noch ein Restaurant am See oder eine andere hübsche Umgebung aussuchen, genießen Sie die ein bis zwei Stunden dieses Verkaufsgesprächs auf jeden Fall und gleichzeitig noch das nette Ambiente.

Kommt der Talkmaster ohne Ankündigung zu Ihnen ins Geschäft, dann achten Sie vor allem darauf, dass keine Denkpausen entstehen. Denn die müsste der Talkmaster aus einem inneren Drang heraus überbrücken – genau das, was Sie verhindern wollen. Geschlossene Fragen helfen Ihnen dabei, schnell in jede Gesprächspause zu springen. Je mehr Sie fragen, desto mehr bestimmen Sie das Thema des Gesprächs und desto leichter gelingt es Ihnen, den Kunden auf das Verkaufsthema zu fokussieren. Hier hilft Ihnen eine gute Vorbereitung und es ist darüber hinaus von Vorteil, wenn Sie in der Lage sind, konkrete Tipps schnell zu geben. Wenn Sie selbst erst überlegen müssen, wird das Gespräch ein wenig länger dauern.

2. »Reden macht Spaß«

Für den Talkmaster ist das Sprechen an sich eine Form der Kunst. Im Verhältnis dazu kann der Inhalt des Besagten eine gewisse Nebenrolle einnehmen. Das ist wie bei einem Bild im Museum, das der Führer eine Dreiviertelstunde lang mit allen Facetten und im Detail vorstellt: mit welcher Technik, welchen speziellen Farben, welchen Hintergründen und mit welchen Werkzeugen der Künstler das Kunstwerk geschaffen hat. Was der Künstler da überhaupt dargestellt hat, geht dann gerne mal unter.

So wie jeder gute Künstler meint ein Talkmaster genau das, was er sagt. Er empfindet es nur als unnötig, seine Meinungen zu gewichten. Solange dieser Käufertyp in seinem Redefluss keine Prioritäten setzt, bleibt dem Verkäufer nur, sich an den schönen Geschichten zu erfreuen und wie eine Katze vor einem Mauseloch darauf zu warten, dass sich eine verwertbare Information zeigt.

Jede Information bringt Sie weiter

Bleiben Sie als Verkäufer aktiv am Gespräch beteiligt, fragen Sie nach und vertiefen Sie ruhig einzelne Themen, für die Sie sich persönlich interessieren. Auch wenn Sie ausreichend Zeit für diesen Kunden einplanen, lenken Sie das Gespräch immer wieder auf das Produkt. Sprechen Sie das Kaufergebnis an:»Werden Sie mit dem neuen Hochdruckreiniger nur Ihr Auto abspritzen oder wollen Sie damit auch Ihre Terrasse säubern? Dann hätten wir hier nämlich noch weitere Aufsätze.« Durch solche und ähnliche Fragen helfen Sie dem Kunden, Ihnen mehr von seinen Bedürfnissen zu erzählen. Damit ergibt sich für Sie die Möglichkeit, weitere Zusatzartikel, alternative Produkte oder auch zusätzliche Dienstleistungen zu verkaufen. Denn auch beim Talkmaster gilt: Je mehr Sie über den Kunden wissen, desto besser und leichter können Sie ihm etwas verkaufen.

3. »Ich liebe Input«

Die Geschichten des Talkmasters machen das Leben auf jeden Fall bunter. Das kann in dem manchmal eintönigen Verkäuferalltag durchaus ein Lichtblick sein. Denn dieser Kundentyp versteht es, selbst aus kleinen Begebenheiten und Situationen noch eine runde Geschichte zu machen. So kann es sein, dass die beachtliche Eloquenz dieses Kunden einem Verkäufer Anhaltspunkte dafür gibt, wie er seine eigenen Geschichten noch besser erzählen und vielleicht selbst erlebte Begebenheiten seinen anderen Kunden noch interessanter darstellen kann.

Der, der viele Geschichten erzählt, möchte natürlich auch viele spannende Situationen erleben, die er bei nächster Gelegenheit in einer neuen Erzählung verarbeitet. Wie kann es dem Verkäufer gelingen, aus einer ganz alltäglichen Verkaufssituation ein Erlebnis zu machen, das diesen Kunden fesselt, und damit gleichzeitig mit voller Konzentration in den Verkaufsraum zurückbringt?

Machen Sie aus dem Kauf ein Erlebnis

Gestalten Sie den Verkauf deutlich spritziger, so als ob Sie einen Schuss perlendes Mineralwasser in trüben Apfelsaft schütten. Dann bleiben die Fäden und damit auch der zeitliche Ablauf in Ihrer Hand.

Beziehen Sie Ihren Kunden schon in die Produktvorstellung eng ein: »Schauen Sie doch mal hier«, »Berühren Sie doch mal diese Oberfläche« oder »Heben Sie mal diesen Gartenstuhl, der ist viel leichter, als es auf Grund der massiven Verarbeitung aussieht.« Was bei einem neuen Auto die Probefahrt ist, kann bei Ihrem Produkt vielleicht das Probesaugen, das Testen des Anschlags der Computertastatur, das Drüberfassen oder Anhören sein. All diese konkreten Erfahrungen stoppen den Erzählfluss des Talkmasters. Gemeinsam mit Ihnen konzentriert er sich auf das, was er gerade erlebt. Und dann ist er ganz bei Ihnen und bei Ihrem Produkt.

Begeisterung ist die beste Möglichkeit, dass dieser Kunde gern immer wieder bei Ihnen kauft, denn sie macht auch das Einkaufserlebnis einmalig. Schnell ist er Feuer und Flamme, wenn er mitbekommt, wie überzeugt Sie von Ihrem eigenen Produkt, Ihrer eigenen Dienstleistung sind. Übrigens: Wann haben Sie persönlich das letzte Mal einen Verkäufer getroffen, der Ihnen sein Produkt vollkommen begeistert angeboten hat? Ebenso magisch wirkt so ein Enthusiasmus auf den Talkmaster – wenn nicht sogar stärker.

Die besondere Chance

Diese Erlebnisse beim Einkauf macht der Talkmaster zum Stoff für neue Geschichten: »Du machst dir keine Vorstellungen, wie seidenweich sich die Oberfläche dieser Schreibtischunterlage aus Leder angefühlt hat. Der Verkäufer, Herr Lamm, hat sich die Zeit genommen, mir all die verschiedenen Oberflächen zu zeigen.« So werden Sie bald selbst Gegenstand einer der vielen Geschichten des Talkmasters, was Ihnen mit etwas Glück weitere Kunden beschert. So wird der Talkmaster zu einem Werbeträger für Sie und Ihr Unternehmen.

Der Talkmaster: kurz & kompakt

➤ Sehen Sie gesprächige Stammkunden als Umsatzchance.

➤ Fragen Sie nach, hören Sie aktiv zu und zeigen Sie Begeisterung.

➤ Lassen Sie das Produkt konkret werden, machen Sie es greifbar und fühlbar.

➤ Achten Sie auf Details in der Rede des Kunden, um seine Wünsche herauszufiltern.

➤ Unterstützen Sie die Fokussierung mit geschlossenen Fragen.

➤ Bieten Sie kurze Anreize und Empfehlungen, setzen Sie Impulse.

➤ Lassen Sie Sprüche wie »Ja, das haben Sie schon erzählt«…

➤ Nutzen Sie gelungene Formulierungen des Kunden für eigene Verkaufsgespräche.

➤ Fassen Sie sich kurz.

➤ Machen Sie aus dem Kauf ein Erlebnis mit Kaffee und Produkttest.

Ausgeprägte Nasolabialfalte – der Konkrete

Wie oft Menschen im Alltag Floskeln gebrauchen, merkt man besonders dann, wenn jemand auf sie verzichtet. »Naja, wie auch immer«, »Eigentlich wollte ich ja immer schon« oder »Ich sag mal so …« – während der eine solche Redewendungen und Füllelemente ständig verwendet, verzichtet der andere völlig darauf. Er trifft stattdessen immer den Nagel auf den Kopf, bringt alle Dinge gleich auf den Punkt und äußert sich gerne so konkret wie möglich: der Konkrete.

Der Konkrete formuliert sehr präzise, klar und deutlich und perfektioniert das im Laufe seines Lebens immer weiter. Mit ihm kann man zum Beispiel folgende typische Szene erleben: In einem Business-Meeting sitzen mehrere Personen im Raum, die angeregt über die Lösung einer Herausforderung diskutieren. Eine der Beteiligten hält sich auffällig zurück, ist allerdings, man sieht das deutlich, die ganze Zeit konzentriert bei der Sache. Wie häufig in solchen Meetings gehen die Argumente hin und her, Beispiele werden gesucht und es scheint, als wären einige der Gesprächsteilnehmer bemüht, einfach nur ihren Redeanteil zu erhöhen. Plötzlich meldet sich die Konkrete: »Meiner Meinung nach lösen wir das am besten mit diesen drei Schritten ...« In nicht einmal 60 Sekunden fasst diese Person alles zusammen und trägt eine exzellente Lösung vor, mit der sich noch dazu alle Anwesenden einverstanden erklären. Ein Wunderwerk! Konkrete bringen gut überlegt Klarheit in manch verworrene Situation und finden eine Lösung, die zum Wohl aller Beteiligten beiträgt. Dabei fällt ihr Fazit gelegentlich sehr deutlich aus. Doch sie sind immer wohlwollend.

In ihrem Freundeskreis werden Konkrete als gute Zuhörer geschätzt. Sie sind geradeheraus – sie meinen das, was sie sagen und sagen das, was sie meinen. Manchmal legen sie noch eine kleine Denkpause ein, bevor sie loslegen. Das hängt damit zusammen, dass sie irgendwann in ihrem Leben gelernt haben, ihrem spontanen Ausdruck, dem ersten intuitiven Gedanken, nicht zu trauen, weil zum Beispiel jemand anderes sie kritisiert hat. Ausschweifende Erklärungen sind für den Konkreten nicht nötig, in vielen Alltagssituationen stören sie ihn sogar. Wenn jemand anders ihm etwas zu ausschweifend erklärt oder sich sogar wiederholt, fühlt er sich nicht ganz ernst genommen. Es kommt aber auch nicht nur auf Schnelligkeit an: Da sich der Konkrete selbst Zeit für die geeignete Formulierung nimmt, ist das die Messlatte, von der er erwartet, dass alle anderen sie auch anlegen, bevor sie sprechen.

3-Sekunden-Scan: So erkennen Sie den Konkreten

Den Konkreten erkennen Sie auf den ersten Blick: Bei ihm sind die Nasolabialfalten sehr gut ausgeprägt. Direkt von den Nasenflügeln ausgehend erstrecken sich links und rechts vom Mund zwei Falten, die ganz deutlich die Mundwinkel von der Wangenpartie trennen.

1. »Empfehlen Sie mir die 5000er oder 7000er?«

Dieser Kunde ist völlig anders als andere: Er kommt in das Geschäft mit einer klaren Ansage: »Guten Tag! Ich möchte eine Spiegelreflexkamera kaufen. Eine Nikon. Ich schwanke noch zwischen dem 5000er und dem 7000er Modell. Mir sind Nachtaufnahmen wichtig – zu welchem Modell raten Sie mir?« Ein solch klarer Anfang macht es dem Verkäufer natürlich extrem leicht – wenn er darauf vorbereitet ist.

Die Erfahrung aus dem Alltag zeigt allerdings, dass die meisten Verkäufer überfordert sind, wenn ein Kunde genau weiß, was er möchte. Denn diese Eröffnung lässt keine Zeit zum Nachdenken oder Zögern. Dieser Kunde erwartet eine Antwort, die genauso schnell und konkret formuliert ist, wie seine Frage gestellt war. Hinzu kommt, dass die eingeschränkte Auswahl nur wenig Beratungsspielraum für den Verkäufer lässt.

So schaffen Sie den richtigen Einstieg

Der Konkrete betritt Ihr Geschäft in den allermeisten Fällen nur aus einem Grund: Er möchte etwas kaufen, benötigt eventuell noch ein paar Zusatzinformationen, und er will von Ihnen schnell und auf den Punkt beraten werden.

Um das leisten zu können, müssen Sie sich schon im Vorfeld auf Kundengespräche dieser Art vorbereiten. Vielleicht hilft es Ihnen, je nach Umfang Ihres Produktsortiments, sich zu jedem wichtigen und häufig verkauften Produkt fünf bis zehn Stichwörter aufzuschreiben, die im Rahmen eines Verkaufsgesprächs auf jeden Fall genannt werden sollten. Beim Zusammenstellen so einer Liste können Sie zusätzlich die Produktunterschiede herausarbeiten. Es ist die Präzision und die Geschwindigkeit Ihrer Antwort, die bei dem Konkreten als Kunden zählen. In unserem Beispiel sollte der Verkäufer also wissen – ohne lange in Produktblättern nachschauen zu müssen –, welches der beiden Modelle besser für Nachtaufnahmen geeignet ist. »Da sollten Sie auf jeden Fall die 7000er nehmen, weil die einen besseren Bildverarbeitungssensor hat, mit dem sie auch bei Kerzenschein noch sehr gute Bilder liefert.« Oder auch: »Da rate ich Ihnen zu dem Topmodell dieses Anbieters, denn nur das kann in einem Durchgang saugen und wischen.« Oder: »Nehmen Sie lieber das Sofa mit der Federkernpolsterung, die hält länger und ist auf Dauer angenehmer zum Sitzen.« – Solche klaren Antworten sind insbesondere beim Modellvergleich für den Konkreten ideal.

Wenn Sie schon etwas länger in Ihrer Branche als Verkäufer tätig sind, kennen Sie die typischen Kundenfragen und können die Antworten sicherlich spontan aus Ihrem Gedächtnis abrufen.

2. »Das weiß ich schon«

Je teurer ein Produkt ist, desto umfangreicher und oft auch unspezifischer sind die Informationen, die die Hersteller dem Kunden mit auf den Weg geben. Denken Sie nur an die Kataloge von Luxuslimousinen, teuren Investmentfonds und erlesenen Hotels. Es gibt viele Kunden, denen es Spaß macht, die von den entsprechenden Marketing-Abteilungen zusammengestellten, exquisiten 40-seitigen Bildbände in Ruhe auf sich wirken zu lassen. Der Konkrete gehört nicht dazu. Für ihn sind solche Broschüren Blabla-Kataloge.

Mindestens ebenso sehr stört ihn eine allzu große Redundanz, wenn etwa in fünf aufeinanderfolgenden Sätzen mit verschiedenen Wörtern letztlich dasselbe gesagt wird. Hierin liegt eine besondere Herausforderung für den Verkäufer. »Ja, das neue Computernetzwerk ist extrem sicher. Ja, es ist von den amerikanischen Militärs unter den härtesten Bedingungen getestet worden – wie oft wird er mir das eigentlich noch erzählen?«, denkt sich der Konkrete. Dabei kann es sein, dass es vier Wochen her ist, dass der Verkäufer die entsprechende Information dem Kunden auf einer Computermesse gegeben hat. Doch wer kann sich dann noch an seine Worte erinnern?

Formulieren Sie präzise

Wie sieht nun also die optimale Broschüre oder Verkaufsinformation für den Konkreten aus? Es ist ganz einfach: Spiegelstriche, extrem kurze Sätze und messerscharf formulierte Informationen. Das ist zugegebenermaßen für eloquente Verkäufer nicht unbedingt die leichteste Aufgabe. Denn egal ob Sie diesem Kunden eine Information im Internet, in einer Broschüre, einer E-Mail oder im persönlichen Gespräch von Angesicht zu Angesicht geben, stets sollte sie präzise formuliert sein.

Immerhin können Sie bei erklärungsbedürftigen Produkten auch ein Informationsblatt in Kurzform zur Hand haben, das Sie dem Kunden im Rahmen des Gesprächs überreichen. Bitte achten Sie darauf, dass wirklich nur relevante Informationen enthalten sind. Um es zur Sicherheit noch einmal deutlich zu sagen: Auch wenn dieser Kunde im Begriff ist, ein wirklich teures Produkt zu kaufen, lassen Sie die Bunte-Bildchen-Broschüre einfach in Ihrer Schublade.

Je teurer das Produkt ist, desto länger dauern meist auch die Kundengespräche oder Verkaufsverhandlungen. Das bedeutet im Umgang mit dem Konkreten, dass Sie als Verkäufer umso sensibler darauf achten sollten, welche Informationen Sie Ihrem Kunden bereits zur Verfügung gestellt haben. Ganz falsch wäre also in diesem Fall das Vorgehen nach der Devise: »Doppelt gemoppelt hält besser.« Dieser Kunde ist nicht nur in der Lage, sehr genau zu formulieren, was er möchte, er hat auch ein extrem gutes Erinnerungsvermögen. Darauf dürfen Sie also achten und es ist empfehlenswert, dass Sie sich Notizen dazu machen.

3. »Nennen Sie mir einfach die Eckpunkte«

Manch ein Verkäufer gibt einfach ungern klare Empfehlungen, weil er sich damit zwar für ein bestimmtes Produkt ausspricht, gleichzeitig aber das Gefühl hat, dass er gegen ein anderes argumentiert. In Zeiten der Kontrolleinkäufe durch die Hersteller (umgangssprachlich »checken« genannt) mag es sogar Punktabzüge bringen, wenn der Verkäufer so klar Position bezieht. Das liegt daran, dass die Verkaufsstrategen in den entfernten Management-Abteilungen der Meinung sind, hier würde der Verkäufer eventuell den gesamten Abschluss aufs Spiel setzen, weil er zu parteiisch ist.

Ähnlich geht es dem Verkäufer natürlich auch, wenn er komplexe Produkte anbietet. Für Verkaufsgespräche mit dem Konkreten gibt es ein klares Tabu: Beispielsweise wenn der Verkäufer seine Gedankengänge laut entwickelt: »Wir könnten natürlich das Haus erst innen streichen, und sobald wir dort fertig sind, lassen wir den Gerüstbauer kommen, um anschließend die Außenfassade zu renovieren. Obwohl – wenn wir erst das Gerüst bauen lassen, haben wir den Vorteil, dass wir gleich in einem Durchgang draußen und anschließend drinnen malern können ...« Das gibt Minuspunkte! Der Konkrete folgt ungern den Überlegungen seines Verkäufers, sondern wartet lieber ab, bis dieser sich im Kopf für eine Strategie entschieden hat und ihm diese dann vorträgt.

So geben Sie Ihrem Kunden Klarheit

Bereiten Sie das Ergebnis vor, bevor Sie dem Kunden eine Lösung präsentieren. Diese sollte keinerlei Widersprüche enthalten, die anschließend womöglich wortreich erklärt oder aus dem Weg geräumt werden müssen. Auch hier ist also maximale Klarheit von großer Bedeutung. Sollten Sie im Verkaufsgespräch doch in die Verlegenheit kommen, zwei Produkte miteinander vergleichen zu müssen, so benennen Sie auch hier die Unterschiede sehr klar: »Dieses große Modell hat alle Funktionen seines kleineren Bruders, hinzu kommen folgende Features ...« – und jetzt folgt wieder die Übersicht im Telegrammstil. So erhält der Konkrete alle wichtigen Informationen in kurzer Zeit.

Was Sie im Gespräch mit dem Konkreten immer wieder erleben können, sind kurze Denkpausen. In diesen ist es nicht unbedingt notwendig, dass Sie als Verkäufer weitere Informationen geben oder gar Fragen stellen. Lassen Sie den Kunden einfach nachdenken, denn das gibt ihm auch den Raum, weitere Fragen zu formulieren oder sich gleich dafür zu entscheiden, dass er Ihr Produkt oder Ihre Dienstleistung kauft.

Die besondere Chance

Angenehm und entspannend ist der Umgang mit dem Konkreten für Verkäufer, deren Trommelfell ja im Alltag normalerweise unter Dauerbelastung steht: Der Konkrete ist schlichtweg elegant und zurückhaltend. Weil er die Dinge auf den Punkt bringt, statt ausschweifend zu reden, können Sie als Verkäufer endlich auch einen Gang zurückschalten. Sie müssen nicht jedes Produktdetail und jede grundsätzliche Frage zweimal klären: Das ist buchstäblich eine Wohltat. Zeit zum Genießen – und dafür, einen guten, schnellen Abschluss zu machen.

Der Konkrete: kurz & kompakt

➤ Steigen Sie dort ein, wo der Kunde beginnen möchte.

➤ Geben Sie klare, kurze Antworten.

➤ Vermeiden Sie langatmige Erklärungen und Wiederholungen.

➤ Verzichten Sie auf Füllphrasen.

➤ Argumentieren Sie sachlich und übersichtlich.

➤ Lassen Sie dem Kunden Zeit zum Nachdenken.

➤ Geben Sie ihm Raum für seine Fragen.

➤ Führen Sie eine Kundenkartei, machen Sie sich Notizen.

➤ Werten Sie seine klaren Ansagen nicht als Unfreundlichkeit.

➤ Antworten Sie nicht auf Fragen, die der Kunde nicht gestellt hat.

➤ Stellen Sie die Unterschiede klar heraus.

➤ Seien Sie selbst informiert über die kennzeichnenden Unterschiede.

Der Spickzettel

➤ Ohne Nasolabialfalte: der Talkmaster

➤ Typische Aussage: »Ich sag immer: Sprechen verbindet.«

➤ Haltung des Verkäufers: Zurück zum Produkt …

➤ Ausgeprägte Nasolabialfalte: der Konkrete

➤ Typische Aussage: »Einmal sagen reicht.«

➤ Haltung des Verkäufers: Präzise argumentieren.

15.   Dann halt nicht!

Das Kinn

Hilde und Hans Plüsch sind stolz auf ihre Jugendstilvilla im Hamburger Nobelvorort Blankenese, in der sie inzwischen schon seit 43 Jahren gemeinsam leben. Hans schwelgt an diesem Morgen in Erinnerungen: »Weißt du, Liebes, ich bin so glücklich, dass wir damals das Haus von deiner Tante Erna und Onkel Fritz übernommen haben, es ist doch wirklich ein traumhafter Ort zum Leben. Und es ist auch so herrlich, dass bei uns alles noch aussieht wie damals, in der guten alten Zeit.«

Nur an dem antiken Esstisch, der ebenfalls von Tante Erna stammt, nagt der Zahn der Zeit. Es sind weniger die Wasserränder und Abdrücke von heißen Töpfen in der Tischmitte, die das Paar stören, schließlich lassen diese sich mit Deckchen ganz leicht kaschieren. Aber leider haben inzwischen auch die Tischränder die eine oder andere Macke – vor allem seit die Enkelkinder von Hilde und Hans größer und damit auch ein wenig wilder geworden sind.

Endlich hat das Paar sich durchgerungen und erwartet an diesem Morgen den Restaurator Frieder Schlüter. Und schon klingelt es an der Tür. Als der rüstige 62-jährige Handwerker das Haus betritt, kommt er sich vor wie auf einer Zeitreise in die Vergangenheit. Hier ist wirklich alles noch original: die Lampen, der Flur, die Fliesen auf dem Boden – der Traum jedes Restaurators.

Hans führt ihn nach der kurzen Begrüßung schnurstracks ins Esszimmer zu dem geliebten Tisch, der immerhin aus den 20er-Jahren des letzten Jahrhunderts stammt. »Hier ist das gute Stück, ich hatte Ihnen am Telefon ja schon alles erklärt. Er braucht dringend eine Frischzellenkur.«

Frieder schaut sich das ziemlich ramponierte Möbelstück in Ruhe an, doch er ahnt schon beim ersten Blick Schlimmes. »Tja«, sagt er dann nach einer längeren Denkpause. »Da muss ich Ihnen offen gestanden leider abraten. Diese Schäden kommen einem Totalschaden gleich. Denn schauen Sie hier: Da sich dieses Tischbein aus der Verankerung gelockert hat, müssen wir den kompletten Unterbau mit gleich alten Originalteilen neu aufbauen. Allein die Aufbereitung der Tischplatte dauert zwei Wochen, denn wir müssen alle Lackschichten abschleifen. Ich bin mir auch nicht sicher, ob wir am Ende wirklich jede Kerbe und jeden Topfrand wirklich perfekt hinbekommen. Also mein Fazit lautet: Die Kosten stehen in keinem Verhältnis zum Wert des Tisches.«

Jetzt mischt sich Hilde ein: »Oh nein, das sind ja schreckliche Nachrichten, an diesem Tisch habe ich schon als Kind gesessen. Damals stand er schon an der Stelle, wo er jetzt steht.« Hans kann kaum mit ansehen, wie seine Frau leidet: »Sagen Sie mal, was kostet das denn jetzt genau?«

Frieder überschlägt kurz: »Also ich rechne mit sieben- bis achttausend Euro. Aber nur, wenn diese beiden Flecken da in der Mitte nicht zu tief ins Holz eingedrungen sind. Ich sagte ja schon, das lohnt sich einfach nicht. Ein gut erhaltener Tisch aus derselben Epoche kostet stattdessen nur zwischen zwei- und dreitausend Euro.«

Aber Hans bleibt hartnäckig, nicht nur, weil er Hilde das nicht antun möchte, sondern auch, weil er im Leben eins gelernt hat: Nur konsequentes, diszipliniertes Dranbleiben bringt einen zum Ziel!

Die Debatte zwischen dem Paar und dem Restaurator geht noch zwanzig Minuten hin und her. Frieder Schlüter zieht wirklich alle

Register, um die beiden von seinem Vorschlag zu überzeugen, einen ähnlichen Tisch zu einem richtig guten Preis zu nehmen. Aber am Ende gibt er auf und nimmt den Restaurierungsauftrag an: »Okay, dann werden wir den Tisch in etwa sechs Wochen abholen und ihn so gut wie möglich wiederherstellen, wenn das wirklich Ihr Wunsch ist.«

Flexibel oder hartnäckig?

In manchen Verkaufssituationen meint man als Verkäufer ganz genau zu wissen, was für diesen Kunden das Richtige wäre. Und man sagt es ihm auch, hat fantastische Argumente, Kostenberechnungen und vielleicht sogar schriftliche Verkaufsunterlagen, in denen die Alternative ganz klar und logisch begründet ist. Aber es hilft einfach alles nichts. Der Kunde ist hartnäckig und bleibt bei seiner Meinung. Nur wenn der Verkäufer nach zähem Ringen aufgibt und dem Kunden doch seinen Wunsch erfüllt, kommt der Abschluss zustande. Andere Kunden sind da ganz anders: Wenn zum Beispiel das gewünschte Produkt gerade nicht vorrätig oder lieferbar ist, lassen sie sich leicht von einer Alternative überzeugen.

Doch wie kann man diese Kunden auseinanderhalten? Wenn der Verkäufer in der Lage ist zu erkennen, ob er es mit einem anpassungsfähigen und aufgeschlossenen Kunden zu tun hat oder mit einem, der an seinem Ziel – koste es, was es wolle – festhält, dann hat er viel gewonnen. Das entscheidende Gesichtsmerkmal ist in diesem Fall das Kinn.

Das zurückliegende Kinn – der Flexible

Wie herrlich ist es, Freunde, Bekannte und Verwandte zu haben, die locker bleiben, auch wenn etwas einmal nicht so funktioniert wie es geplant war! Ob die Weihnachtsgans drei Stunden länger im Ofen steht, weil der nicht heiß genug gedreht war, der geplante Freibad-Ausflug wegen des Regens sprichwörtlich ins Wasser fällt oder man eine Verabredung mit ihnen einen Tag vorher absagen muss – diese Menschen bleiben einfach immer locker.

Ihre wohl wichtigste Eigenschaft ist, dass sie so flexibel mit dem Leben umgehen. Deshalb heißen sie auch so: die Flexiblen.

Die Flexiblen nehmen die Dinge so, wie sie kommen. Das kann durchaus einmal den Eindruck erwecken, als sei ihnen einfach alles egal. Aber der Flexible hat seine ganz eigenen Werte und Maßstäbe, nach denen er urteilt – und er weiß sehr genau, was er will. Nur ist es ihm nicht so wichtig, diesen Willen auch um jeden Preis durchzusetzen. Das kann sehr angenehm sein, wenn zum Beispiel im Freundeskreis entschieden werden soll, wo man den Abend verbringt oder essen geht. Mit einem oder mehreren Flexiblen in der Gruppe wird es gleich viel einfacher, sich auf eine Variante festzulegen.

Mindestens genauso bewundernswert wie ihre Flexibilität ist die Fähigkeit dieser Menschen loszulassen. Das betrifft Dinge wie Möbel, Autos, alte Spielsachen oder eine komplette Plattensammlung ebenso wie Beziehungen, die nicht mehr so erquickend sind, wie sie es mal waren. Der Flexible wird dem Vergangenen nicht lange nachtrauern, sondern nach vorn blicken und alsbald neue Freunde finden.

Günstig für Verkäufer: Da es dem Flexiblen leichtfällt, sich von Dingen zu trennen, braucht er auch immer mal wieder was Neues.

3-Sekunden-Scan: So erkennen Sie den Flexiblen

Den Flexiblen erkennen Sie mit einem kurzen Blick auf sein Profil – und an seinem zurückliegenden Kinn. Achtung: Ein zurückliegendes Kinn ist nicht unbedingt ein fliehendes Kinn – es kann auch ganz ausgeprägt daherkommen. Entscheidend ist, wie es im Vergleich zum unteren Teil der Stirn, der sogenannten Glabella, also dem Bereich direkt über der Nase, liegt. Wenn das Kinn eines Menschen hinter einer gedachten Linie liegt, die von der unteren Stirn senkrecht nach unten führt, dann gehört er zur Gruppe der Flexiblen.

1. »Vielleicht haben Sie einen Moment Zeit?«

Der Flexible stürmt nicht offensiv in den Laden und auf den Verkäufer zu, sondern agiert eher zurückhaltend. Auch denkt er lieber erst noch einmal nach, bevor er allzu schnell oder gar überstürzt handelt. Manche Verkäufer deuten dieses Verhalten als Unentschlossenheit und legen sich umso mehr ins Zeug. Doch indem sie die Führung an sich reißen, tun sie sich und dem Kunden keinen Gefallen. Auch mit der Einstellung »Sie sind ja nun schließlich zu mir gekommen, weil Sie irgendetwas wollen. Dann legen Sie mal los!«, kommt der Verkäufer bei diesem Kundentyp gewiss nicht ans Ziel.

Dazu kommt, dass ein Flexibler nur dann locker bleibt, wenn er sich von seinem Gegenüber respektiert fühlt. Hat er den Eindruck, dass seine Meinung nicht gehört wird, zieht er sich eher mit seinen Wünschen zurück, als dass er laut wird, um mehr Gehör zu finden. Ein Flexibler ist einfach nicht der Typ, der mit der Faust auf den Tisch haut. Lieber wählt er eine feinere Gangart und erwartet von seinen Mitmenschen, dass sie die Nuancen mitbekommen und in feinster Weise darauf reagieren.

Mit einem Flexiblen als Kunden ist der Verkäufer in besonderem Maße gefordert, sein Verhalten an die Wünsche des Kunden anzupassen. Doch wie sehen diese Wünsche genau aus?

Seien Sie sehr höflich

Nähern Sie sich diesem Kundentyp behutsam, immer darauf bedacht, die für ihn optimale Art und Weise der Kommunikation zu finden. Mit einer gewählteren Ausdrucksweise können Sie beim Flexiblen punkten. Statt ihn mit einem Begrüßungswortschwall zu bombardieren, erkundigen Sie sich bei Ihrem Kunden: »Darf ich fragen, wofür Sie sich interessieren?«

Das ist eine für diesen Kundentyp geeignete Eröffnung, alles andere könnte ihm schnell zu viel werden. Im späteren Verlauf des Verkaufsgesprächs ersetzen Sie »Wollen Sie diese Jacke mal in Rot anprobieren?« lieber durch: »Wie würde Ihnen dieses Modell in der Farbe Rot gefallen?« Und statt: »Wollen Sie jetzt die Flatrate A oder B?«, wählen Sie: »Welches unserer beiden Flatrate-Angebote sagt Ihnen eher zu?« Mit sanfter Nachfrage statt penetranter Tiefenbohrung kommen Sie zum Ziel.

Wenn Sie aufmerksam sind, genügend Interesse zeigen und zudem ein wenig mehr Zeit investieren, werden Sie auch bei diesem Käufertyp in der Lage sein, seine Bedürfnisse sehr genau herauszufinden.

2. »So ganz gefällt mir das noch nicht«

Der Flexible ist ein großer Fan von Höflichkeit und guten Umgangsformen. Ihm darf man also durchaus die Tür aufhalten oder auch den Vortritt lassen. Wie jeder Mensch mag er es einfach, mit Respekt behandelt zu werden. Andere Kunden können auch mal ein Auge zudrücken, wenn es in der Hektik des Geschäftsalltags ein bisschen ruppiger zugeht. Für den Flexiblen sind dagegen Höflichkeit und Zuvorkommenheit kein zusätzliches Verkaufsargument, sondern ein absolutes Muss, und Respekt und Wertschätzung eine grundlegende Voraussetzung dafür, dass er sich wohlfühlt – und vom Interessenten zum Kunden wird.

Schon ein wohlgemeinter, aber recht bestimmt ausgedrückter Tipp kann für den Flexiblen zu viel sein: »Diese rote Jacke steht Ihnen absolut perfekt, die sollten Sie in jedem Fall kaufen.« Insbesondere dann, wenn dieser sich mit dem Kleidungsstück noch nicht ganz angefreundet hat.

Manch ein Verkäufer erkennt es instinktiv oder durch aufmerksame Beobachtung, wenn sich der Kunde nicht hundertprozentig wohlfühlt. Vielleicht ist es ein Zupfen am Ärmel, eine Bewegung der Schulter oder auch nur ein bestimmter Blick in den Spiegel, der ihm verrät: Dieser Kunde zögert noch und ist nicht überzeugt von dem Produkt. Beim Flexiblen bedeutet dieses Signal: Jetzt ganz vorsichtig sein, den Druck rausnehmen und die

Einwände des Kunden würdigen. Wer jetzt als Verkäufer Vollgas gibt, indem er zum Beispiel seine eigene Meinung mit weiteren Argumenten oder vielleicht sogar mit Unterstützung des anwesenden Ehemannes – »Finden Sie nicht auch, dass diese Jacke ihrer Frau exzellent steht?« – zu untermauern versucht, kann diesen Abschluss höchstwahrscheinlich in den Wind schreiben. Was ist also zu tun, wenn dieser Käufertyp unentschlossen wirkt?

Nehmen Sie die Bedenken Ihres Kunden an

Sobald Sie das nächste Mal Geburtstag haben oder Weihnachten vor der Tür steht, lassen Sie sich bitte den Knigge schenken oder buchen Sie ein entsprechendes Seminar, um alle aktuellen Regeln des guten Benehmens zu lernen. Denn je besser Ihre Umgangsformen als Verkäufer sind, desto mehr Flexible werden zu Ihren treuen Kunden gehören.

Der Schlüssel zum Erfolg: Der Flexible möchte anerkannt und respektiert werden, auch mit seinen Zweifeln. Wenn dieser Käufertyp ein bisschen zurückgezogen wirkt, dann wäre eine gute Frage, die Sie ihm stellen können: »Worüber denken Sie denn nach?« Das hilft Ihrem Kunden, seine Einwände zu formulieren und seine Vorbehalte offen zu äußern. Im Rahmen der Einwandbehandlung sind Sie bei diesem Kunden mit Sätzen wie: »Da haben Sie recht«, »Das ist ein wichtiger Punkt« oder »Ach so, Sie haben sich den Farbton der neuen Fliesen etwas dunkler vorgestellt« auf der sicheren Seite.

Nehmen Sie als Verkäufer die Gegenargumente Ihres flexiblen Kunden wertschätzend an. Damit geben Sie ihm die Unterstützung und auch den Raum, damit er sich über seine Bedenken in Ruhe klar werden kann. Dafür wird er Ihnen dankbar sein. Die Kurzanweisung für Sie könnte lauten: Tragen Sie diesen besonderen Kunden einfach auf Händen. Halten Sie sich mit Ihrer eigenen Meinung zurück, seien Sie höflich, fürsorglich und liebevoll, und schon werden Sie ein wundervolles Verkaufsgespräch erleben.

3. »Ich überlege noch«

Die Königsdisziplin des Verkaufens ist der Abschluss des Deals. Der Business-Alltag zeigt allerdings, dass viele Verkäufer um diese Phase des Verkaufsgesprächs einen regelrechten Tanz aufführen. Als würden sie barfuß über Kohlen laufen, scheuen sie klare Aussagen. Waren sie am Anfang noch selbstbewusst und präzise in ihren Ausführungen, wird es immer nebulöser, je mehr sich das Gespräch in Richtung Finale bewegt. Damit wird nur die eine Frage vermieden: »Welche Information benötigen Sie noch, bevor Sie das Produkt kaufen?«, beziehungsweise: »Was darf ich Ihnen noch zeigen, bevor wir zur Kasse gehen?«

Im Fall des Flexiblen ist die mangelnde Hinführung zum abschließenden Kauf besonders kontraproduktiv. Dieser Kunde darf zum Abschluss geführt werden. Denn wenn ein Flexibler das Ladengeschäft verlässt, ohne gekauft zu haben, sieht der Verkäufer ihn so schnell nicht wieder.

Bedeutet das nun, dass der Verkäufer den Abschluss um jeden Preis hinbekommen muss? Benötigt er etwa steinzeitliche Methoden, um diesen Kunden zu knacken?

Gehen Sie auf die Kundenwünsche ein

Nicht umsonst ist von Drückerkolonnen die Rede, wenn zum Beispiel Zeitschriftenvertriebe mit bedenklichen Methoden ihre Produkte an den Mann oder die Frau bringen. Denn genau das ist es, worum es geht. Hier wird mit Druck verkauft. Dieses Verhalten aus der Vertriebssteinzeit ist absolut unangebracht, insbesondere wenn ein Flexibler Ihr Kunde ist: Wenn Sie zu viel Druck ausüben, werden Sie feststellen, dass der Flexible wirklich sehr leicht loslassen kann – in diesem Fall Sie und Ihr Produkt.

Wenn der Flexible erklärt: »Diese Stereoanlage hat wirklich ein ausgefallenes Design und der feine Klang ist absolut überzeugend.« Dann wiederholen Sie das zu einem späteren Zeitpunkt im Gespräch auf keinen Fall mit völlig anderen Worten, wie: »Ihnen gefiel diese Anlage ja auch ganz gut, und Sie fanden, dass der Klang in Ordnung ist.« Sie dürfen als Verkäufer verstehen, dass es Ihre Aufgabe ist, die Kriterien des Kunden herauszufinden und diese anzunehmen. Die Devise lautet: Lassen Sie sich als Verkäufer von diesem Kunden führen. Dabei behalten Sie den Abschluss immer im Auge.

Die besondere Chance

Flexible sind herzerfrischend undogmatisch. Wenn das gewünschte Produkt gerade nicht verfügbar ist, nimmt dieser Kunde auch gerne eine Alternative in Kauf und lässt sich auch für ein anderes Produkt begeistern – sogar wenn es etwas teurer ist. Starre Eigenschaften wie Markenfixierung, bedingungslose Festlegung auf eine bestimmte Größe und Farbe oder die unverrückbare Vorstellung von bestimmten Produktdaten sind ihm fremd. Freuen Sie sich also über die Flexibilität Ihres Gegenübers – und machen Sie einen zufriedenen Kunden aus ihm.

Der Flexible: kurz & kompakt

➤ Zeigen Sie Ihre Wertschätzung und Aufmerksamkeit.

➤ Achten Sie auf Höflichkeit.

➤ Benutzen Sie das Vokabular und die Formulierungen des Kunden.

➤ Machen Sie Komplimente.

➤ Lassen Sie den Druck weg.

➤ Überreden Sie den Kunden nicht zu irgendetwas.

➤ Äußern Sie viele offene, wertschätzende Fragen.

➤ Die Kriterien des Kunden sind der Maßstab.

➤ Bieten Sie mehr an – Upselling gelingt mit Höflichkeit.

➤ Bieten Sie alternative Konzepte oder Produkte an, wenn das Gewünschte nicht verfügbar ist.

Das vorstehende Kinn – der Dranbleiber

Zu den Tugenden, die wohl jeder Mensch gerne haben würde, gehört die Hartnäckigkeit. Denn damit lassen sich Ziele erreichen – egal in welchem Bereich: beim Sport, beim Lernen, bei der Arbeit und in der Freizeit. Menschen, die über diese Zielstrebigkeit verfügen, sind hoch angesehen und können häufig auf beeindruckende Erfolge in ihrem Leben verweisen. Denn wenn sie sich erst einmal etwas in den Kopf gesetzt haben, dann bleiben sie dran. Daher sind sie ganz einfach: die Dranbleiber.

Dranbleiber kennen ihre Ziele und äußern diese auch gerne, wenn sie Menschen treffen oder nach ihren Zielen gefragt werden. Je nach Situation kann das manchmal auch ein wenig draufgängerisch wirken, wenn diese Menschen von ihren Aktivitäten berichten. Sie verfügen über einen angeborenen Mut. Auch wenn sie bedrängt werden, bleiben sie ihrem Standpunkt treu.

Typisch für Dranbleiber ist es auch, eine Sammelleidenschaft zu entwickeln. Das beginnt bei ganz alltäglichen Gegenständen wie Schuhen, Büchern, geht weiter über Möbelstücke und Küchenutensilien bis hin zu Autos und Immobilien. Wenn der Dranbleiber seinen Hang zum Sammeln entdeckt hat, kann es für die Partnerin oder den Partner, Verwandte, Freunde oder Bekannte eine echte Herausforderung sein, diesen Menschen zum Loslassen zu bewegen. Denn so wie er sich schon mal an einem Ziel festbeißt, dessen Erreichen ihm vielleicht gar nicht mehr die Vorteile bringt, die er sich früher einmal davon versprochen hat, so hält er auch an dem einen oder anderen Gegenstand fest, ohne dass dieser im Alltag noch eine praktische Bedeutung für ihn hätte.

Diese Sammelleidenschaft des Dranbleibers hat durchaus ihre positiven Seiten. So kann es zum Beispiel sein, dass sich in seinem umfangreichen Schraubenvorrat immer die passende Schraube findet, die man gerade benötigt. Es erfüllt den Dranbleiber mit Stolz, wenn er einem anderen Menschen auf diese Weise zeigen kann, wie sehr sich das Sammeln einmal mehr ausgezahlt hat.

Dranbleiber haben eine fest umrissene Position, von der aus sie die Dinge betrachten. Auch in der Kommunikation sind sie klar: Sie bevorzugen deutliche Worte und freuen sich darüber, wenn ihr Gegenüber diese Vorliebe teilt. Wenn sie Fragen stellen, möchten sie gerne eine Antwort haben, und zwar kurz und knapp statt umschweifig.

Mit Dranbleibern lassen sich gut Freundschaften schließen, die dann auch sehr lange Bestand haben. Bei diesen Menschen weiß man einfach auch über viele Jahre hinweg, woran man ist, denn genauso, wie er an Dingen festhält, wankt er nicht in seinen Charaktereigenschaften. Diese Beständigkeit macht ihn zum Fels in der Brandung – wohltuend in einer Zeit, die von hektischer Betriebsamkeit und extrem schnellen Veränderungen geprägt ist.

3-Sekunden-Scan: So erkennen Sie den Dranbleiber

An seinem ausgeprägten Kinn, das wie bei Michael Schumacher auffällig weit nach vorne ragt, erkennen Sie den Dranbleiber. Auch hier geht es um das Profil und eine gedachte Linie, die von der unteren Stirn, der Glabella, senkrecht nach unten führt. Liegt das Kinn vor dieser Linie, dann ist die Diagnose klar: Ein Dranbleiber steht vor Ihnen.

1. »Ich kam, sah und kaufte!«

Zack, gekauft! – So einfach ist das für jemanden, der weiß, was er will, und auch bei Einkäufen diese Mentalität an den Tag legt. Ein idealer Kunde, der nicht lange fackelt, sondern Nägel mit Köpfen macht und diese dann auch mit einem einzigen wuchtigen Schlag tief ins Holz versenkt. Da gibt es für den Verkäufer letztlich nur eins zu tun: schnell genug aus dem Weg springen, damit er nicht umgerannt wird. Am liebsten ist es diesem Kunden, wenn sein Gegenüber mindestens ebenso zielstrebig ist wie er selbst. Das Tempo mitzuhalten, kann für den Verkäufer eine Herausforderung sein. Doch es gibt genug Möglichkeiten, hier den Turbo einzuschalten.

Achten Sie auf eine kurze Begrüßung

Dieser Kundentyp braucht keine Phase zum Warmlaufen, er kommt schon auf Betriebstemperatur in Ihr Geschäft. Deshalb sind Dranbleiber keine Freunde von langen Begrüßungszeremonien, der Austausch von Höflichkeiten und netten Komplimenten darf recht kurz ausfallen. Verzichten Sie also auf:»Herzlich Willkommen bei uns, ich freue mich, Sie in unserem Geschäft empfangen zu dürfen. Ist das nicht ein herrlicher Tag heute? Wir haben bei uns zum Glück gerade die Aktionswoche für Holzkohlegrills, die finden Sie dort hinten mit allem Zubehör, das zeige ich Ihnen selbstverständlich immer gerne. Oder gibt es etwa einen anderen Grund, der Sie zu uns führt?« Stopp, bitte nicht bei diesem Kunden! Bleiben Sie kurz und knapp:»Herzlich Willkommen, welches Produkt darf ich Ihnen zeigen?«

Wenn Sie das vom Kunden gewünschte Produkt am Lager haben, sind Sie in diesem Moment auch schon fertig – eingepackt, bezahlt und tschüss. Wenn Sie Verkäufer geworden sind, weil Sie gerne mit Menschen plaudern, werden Sie vermutlich im Dranbleiber nicht den optimalen Gesprächspartner finden. Ansonsten gehört der Dranbleiber für Sie zu den angenehmsten Kunden.

2. »Ich möchte nur noch wissen, wie …?«

Dranbleiber wollen nur dann ausführlich beraten werden, wenn sie sich bei einem Produkt oder einer Dienstleistung nicht genug auskennen. Dann sind sie gerne bereit, Hinweise, Tipps und Vorschläge des Verkäufers anzunehmen. Die Voraussetzung dafür ist allerdings, dass sie den Verkäufer als Autorität in diesem speziellen Fachgebiet anerkennen. Ist das der Fall, hören auch diese Kunden voll konzentriert zu, und zwar mit einer bewundernswert langen Aufmerksamkeitsspanne. Das hat einen Grund: Der Dranbleiber will das Produkt kaufen bzw. sein Problem lösen. Diesem Ziel ordnet er alles andere unter, auch wenn es noch so lange dauert.

Hat dieser Kunde bereits eine Vorstellung von seiner idealen Lösung oder verfügt er zum Beispiel im Business-Umfeld in einem bestimmten Fachgebiet schon über sehr viel Know-how, dann wird er sich nicht so leicht von seiner Meinung abbringen lassen, um es vorsichtig zu formulieren. Wie sicher sich dieser Kunde seiner Sache ist, das merkt der Verkäufer am leichtesten an den präzisen Fragen, die der Dranbleiber stellt. So schließt der Kunde letzte Wissenslücken.

Lässt sich der Verkäufer dazu verleiten, ausschweifender zu antworten und ein bestimmtes Wissensgebiet noch einmal grundsätzlich aufzurollen, steht er schnell auf verlorenem Posten. »Ja, das ist eine wichtige Frage, in welcher Dosierung Sie diesen Dünger auf den Rasen aufbringen. Ich möchte Ihnen zu diesem Thema erst noch einmal grundsätzlich die verschiedenen Düngertypen und auch die Methoden zur Vorbereitung des Rasens auf den Düngeprozess erklären …« – das ist keine gute Idee. Der Kunde hätte zwar das Durchhaltevermögen, um der längeren Antwort des Verkäufers zu lauschen. Es ist jedoch unwahrscheinlich, dass ihn die Erklärung des Verkäufers von seiner zuvor schon gefassten Entscheidung für ein Produkt abbringt. Wie kann der Verkäufer sich noch besser auf diesen Kunden einstellen?

So gehen Sie den direkten Weg

Hier ist der Kunde und dort ist sein Ziel. Ein, zwei Fragen und die passenden Antworten darauf sind der Schlüssel zu seinem Glück. Was haben Sie als Verkäufer jetzt zu tun? Beantworten Sie die Fragen kurz, knackig und auf den Punkt. Fühlen Sie sich nicht zu einem Steigbügelhalter degradiert, sondern freuen Sie sich daran, dass Sie einen Abschluss geschenkt bekommen.

Achten Sie genau darauf, was dieser Kunde von Ihnen wissen möchte. Wenn er zum Beispiel sagt: »Ich hätte gerne, dass Sie sich unsere Unternehmensbroschüre anschauen und mir sagen, wie wir die Texte anders anordnen können, sodass sie besser zur Geltung kommen«, dann machen Sie bitte keinen neuen Entwurf, indem Sie auch noch vorschlagen, alle Bilder auszutauschen und das Format der Broschüre zu verändern. Halten Sie sich genau an das, was Ihr Kunde gesagt hat und unterbreiten Sie ihm das entsprechende Angebot.

Präzision – das gilt auch für die Fragen, die Ihnen der Dranbleiber stellt. Überlegen Sie nicht, welche Wissenslücken dieser Kunde eventuell noch hat und ob er sich möglicherweise nicht doch noch für ein ganz anderes Angebot interessieren könnte. Geben Sie ihm das, was er haben will, und seien Sie glücklich. Dann ist es Ihr Kunde auch.

3. »Das hab ich noch, das brauch ich nicht.«

Dranbleiber kaufen nicht ständig alles neu, sie halten an den Sachen fest und benutzen den einen oder anderen Gegenstand auch gerne über viele Jahre. Klar – das bedeutet weniger Umsatz für den Verkäufer. Dafür hat dieser Wesenszug aber auch eine sehr positive Folge: Dranbleiber achten auf gute Qualität. Denn nur wer Qualität kauft, kann auch davon ausgehen, dass der jeweilige Gegenstand lange funktioniert. Das bedeutet nicht notwendigerweise, dass der Dranbleiber teuer einkaufen will. Gewiss ist allerdings, dass für ihn Qualität ein wichtiges Vergleichsmerkmal ist. Für den Verkäufer ist dies ein vielversprechender Ansatzpunkt.

Überzeugen Sie mit Qualität

Langlebigkeit, Haltbarkeit, exzellente Verarbeitung, wertige Materialien und langjährige Garantie – all das sind Attribute, die der Dranbleiber sehr zu schätzen weiß. Für einen guten Verkäufer ist es also wichtig, bei diesem Kunden die Qualitätsaspekte seines Angebots besonders hervorzuheben. Dabei geht es ihm nicht um technische Spielereien und um den allerletzten Schrei, sondern um Gediegenes und Altbewährtes.

Hier ein neuer Mikrochip, dort eine mitdenkende Waschmaschine – solche Neuerungen und Aspekte sollten Sie nur am Rande erwähnen oder gleich unter den Tisch fallen lassen, wenn Sie es mit dem Dranbleiber zu tun haben. Heben Sie stattdessen die Merkmale hervor, die seit vielen Jahren gleich geblieben sind und sich bewährt haben. »Diese automatische Lichtsteuerung verbauen wir so schon seit über 15 Jahren bei vielen Kunden«, »Das Modell hat zwar ein modernes Design, aber dahinter steckt absolut bewährte Technik« oder »Bei dieser Fernbedienung ist alles am gewohnten Platz.« Mit dieser Argumentation fühlt sich der Dranbleiber wohl.

Verzichten Sie auch tunlichst auf den Vorschlag umfassender Erneuerungsmaßnahmen: »Also wenn wir hier im Wohnzimmer Ihr Parkett neu verlegen, empfehle ich Ihnen, dass Sie auch gleich die Einbauschrankwand, den Boden im Flur und die holzvertäfelte Decke neu machen lassen.« Wenn Sie verstanden haben, dass es den Dranbleiber schon Überwindung kostet, sich von seinem lange Jahre gepflegten Bodenbelag im Wohnzimmer zu trennen, kommen Sie erst gar nicht auf die Idee, ihn mit weiteren Maßnahmen mehr als notwendig zu fordern. Auch in dieser Hinsicht ist der Dranbleiber ein echter Bewahrer der Tradition, und das dürfen Sie in Ihrer Argumentation immer berücksichtigen.

Treu ist der Dranbleiber auch in seinen Beziehungen: Er kauft gerne in Geschäften, die schon seit vielen Jahren am Ort sind. Und am liebsten ist es ihm, wenn auch der Laden noch an derselben Stelle steht wie vor 40 Jahren. Er wird auch immer wieder denselben Heizungsbauer fragen, wenn die jährliche Inspektion fällig ist. Außerdem möchte er, dass ihm möglichst derselbe Kundendienstberater zur Verfügung steht, wenn er in einigen Wochen oder Monaten noch einmal eine Frage zum Produkt hat.

Die besondere Chance

Die herausragende Eigenschaft dieses Käufertyps ist, dass er so schnell zum Abschluss kommt. Nutzen Sie diese Gelegenheit, vermeiden Sie jede Unterbrechung, sondern gehen Sie von Anfang an voll aufs Gas, dann erreichen Sie wenige Augenblicke später schon die Ziellinie. Das kann sehr viel Spaß machen und das ist auch genau der Aspekt, auf den Sie sich bei diesem Kunden besonders konzentrieren dürfen. Er kommt mit forschem Gang in den Laden und er ist auch schnell wieder weg. Und in der Zwischenzeit haben Sie ihm hoffentlich genau das verkaufen können, was er haben wollte. In jeder Hinsicht großartig.

Der Dranbleiber: kurz & kompakt

➤ Halten Sie sich fokussiert ans Thema.

➤ Fassen Sie sich kurz.

> ➤ Klammern Sie eigene, persönliche Themen aus.

> ➤ Verwenden Sie direkte, klare Sprache.

> ➤ Finden Sie heraus, worauf genau der Kunde Wert legt (Nachhaltigkeit, Marke etc.).

> ➤ Respektieren Sie die Kundenwünsche und setzen Sie sie auch dann um, wenn Sie anderer Meinung sind.

> ➤ Reden Sie dem Kunden seine Vorstellungen nicht aus.

> ➤ Besorgen Sie das Produkt, wenn es nicht vorrätig ist.

> ➤ Betonen Sie die Qualität.

Der Spickzettel

➤ Zurückliegendes Kinn: der Flexible

➤ Typische Aussage: »Kein Problem – dann halt anders.«

➤ Haltung des Verkäufers: Sei der Kavalier – Höflichkeit ist Trumpf.

➤ Vorstehendes Kinn: der Dranbleiber

➤ Typische Aussage: »Mein Wille geschehe!«

➤ Haltung des Verkäufers: Dein Wille geschehe!

Schauen Sie Ihren Möglichkeiten ins Gesicht

Herzlichen Glückwunsch, Sie sind angekommen. Und haben bis hierhin viel gelernt, was Sie in Ihrem Verkäuferalltag wirklich gut anwenden können. Ich vermute, dass Sie auch schon im Selbstversuch, im Umgang mit Bekannten und Verwandten und vor allem auch in sehr vielen Kundengesprächen festgestellt haben, wie zutreffend all die Hinweise in diesem Buch sind. Vielleicht haben Sie sich sogar die Frage gestellt, warum Ihnen das selbst alles nicht schon viel früher aufgefallen ist. Denn jetzt, nachdem Sie Face Communication besser kennengelernt haben, sind Ihnen all diese Merkmale klar und fallen Ihnen im Alltag ständig auf.

Natürlich ist es hilfreich, sich weiter eingehend mit diesem Thema zu beschäftigen. Die Teilnehmer meiner Seminare profitieren sehr davon, dass Sie während des Seminars immer einen Spiegel zur Hand haben, in dem sie ihre eigenen Gesichtsstrukturen genau beobachten können. Und dann folgt immer gleich der nächste Schritt. Sie schauen sich andere Teilnehmer an und finden so heraus, wie ein Gesichtsmerkmal in den verschiedenen Ausprägungen aussieht.

Die individuelle Kombination macht es aus

Für mich gehört dies zu den Wundern von Face Communication: Die zahlreichen verschiedenen Strukturen ergeben unzählige Möglichkeiten, und damit bleibt trotz der Schematisierung, die ja auch in diesem Buch vorgenommen worden ist, die Individualität des Einzelnen absolut gewahrt.

Aus der Erfahrung kann ich Ihnen verraten, dass das Abenteuer für Sie gerade erst begonnen hat. Sicherlich werden Sie in den kommenden Tagen, Wochen und Monaten feststellen, dass Sie immer wieder etwas in diesem

Buch nachschlagen. Dabei wird die Anwendung der neuen Erkenntnisse sich auf alle Lebensbereiche ausdehnen und vor allem auch in Ihren persönlichen Beziehungen zu viel mehr Verständnis der Verhaltensweisen anderer Menschen beitragen. Plötzlich verstehen Sie, warum jemand aufbrausend war, denn Sie haben gleich erkannt, dass hier die Augenbrauen der Drama-Queen im Spiel sind. Oder Sie beenden endlich die langen Diskussionen mit Ihrem Schwiegervater, der eben einfach nur extrem breite Nasenflügel hat. Jetzt nehmen Sie seine felsenfeste Meinung zu jedem beliebigen Thema vollkommen gelassen an. Denn das ist die optimale Reaktion auf diese Struktur. Face Communication schafft auf diese Weise Verständnis füreinander. Sie werden in ganz verschiedenen Situationen davon profitieren können.

Auch Sie haben ein Gesicht

Sicherlich haben Sie sich beim Lesen dieser Zeilen schon gefragt, inwiefern all das Wissen um die Gesichtsmerkmale auch für Sie eine große Bedeutung hat. Und tatsächlich liegt darin ein Geheimnis dieses Buches! Denn je besser Sie sich selbst verstehen und je mehr Sie bei sich beobachten, wie die Merkmale und die verschiedenen Verhaltensweisen tatsächlich zusammenpassen, desto leichter können Sie das neu erworbene Wissen auch bei Ihren Kunden anwenden. Die Empfehlung lautet, dass Sie sich nach Möglichkeit einen kleinen Taschenspiegel auf Ihren Schreibtisch, Ihren Sessel oder neben Ihr Bett legen. So können Sie immer mal wieder nachprüfen, wie deutlich ein bestimmtes Gesichtsmerkmal bei Ihnen ausgeprägt ist.

Außerdem verstehen Sie dann noch besser, dass Sie jeden Kunden immer im Verhältnis zu sich selbst wahrnehmen. Wenn Sie zum Beispiel ein ziemlich breites Gesicht haben und auf einen Kunden treffen, der ein noch breiteres Gesicht hat, wird Ihnen sein Verhalten so vorkommen, als hätten Sie ein schmales Gesicht. Gesichtsmerkmale sind also auch relativ zu sehen und der Maßstab für die anderen Menschen sind Sie selbst. Das ist ein weiterer Grund, warum es eine große Bedeutung hat, dass Sie sich über Ihre eigenen Gesichtsstrukturen im Klaren sind.

Gemeinsam schneller vorankommen

Falls Sie in einer Partnerschaft leben, empfehle ich Ihnen, dieses Buch auch Ihrer Partnerin oder Ihrem Partner zu lesen zu geben. Ich habe nämlich festgestellt, dass das gegenseitige Beobachten sehr viel Spaß macht. Außerdem lassen sich damit mindestens drei Fliegen mit einer Klappe schlagen: Sie lernen sich selbst besser kennen, erfahren viel über Ihre Partnerin oder Ihren Partner und nutzen das neu erworbene Wissen anschließend gleich auch für Ihren Beruf.

Ich wünsche Ihnen nun die besten Kunden, die es gibt: nämlich alle!

Und ich wünsche allen Kunden den besten Verkäufer, auf den sie treffen können: nämlich Sie!

Literaturverzeichnis

Literaturverzeichnis

Aerni, F.: *Begabung, Talent, Genie*, 2. Aufl. 2010, Carl-Huter-Verlag

Aerni, F.: *Huter und Lavater*, 1984, Kalos-Verlag

Bierach, A.: *In Gesichtern lesen*, 4. Aufl. 1992, Ariston Verlag

Biwer, A.: *Körperzeichen*, 2004, Schirner Verlag

Brown, S.: *Was ein Gesicht verrät*, 2000, Mosaik Verlag München

Castrian, W.: *Lehrbuch Psycho-Physiognomik*, 3. Aufl. 2004, Karl F. Haug Verlag

Dahlke, R.: *Körper als Spiegel der Seele*, 2007, Gräfe und Unzer Verlag

de Mente, B. L.: *Nin So Mi. Geheimnisse chinesischer Gesichtskunde*, 2004, Lotos

Fulfer, M.: *Amazing Face Reading*, 2. Aufl. 1996, Mac Fulfer

Glas, N.: *Das Antlitz offenbart den Menschen*, 1984, J. Ch. Mellinger-Verlag

Haner, J.: *The Wisdom of Your Face*, 2. Aufl. 2008, Hay House

Hartley, L.: *Physiognomy and the Meaning of Expression in Nineteenth-Century Culture*, 2005, Cambridge University Press

Henss, R.: *Gesicht und Persönlichkeitseindruck*, 7. Aufl. 1998, Hogrefe Verlag

Huter, C.: *Menschenkenntnis*, 1992, Kalos-Verlag

Huter, C.: *Physiognomik und Mimik*, 3. Aufl. 1985, Carl-Huter-Verlag

Huter, C.: *Der Innerlichkeits- und Äußerlichkeitsmensch*, 1992 Helioda-Verlag

Kuei, C. A.: *Geheimnisse, die das Gesicht verrät*, 1994, Scherz-Verlag

Kanto, E. und J.: *Your Face Tells All*, 2004, Kanto Productions LLC

Kupfer, A.: *Grundlagen der Menschenkenntnis*, Band 1, 1989, Carl-Huter-Verlag

Kupfer, A./ Kupfer, S.: Grundlagen der Menschenkenntnis, Band 2, 1995, Carl-Huter-Verlag

Landau, T.: *Von Angesicht zu Angesicht*, 1995, Rowohlt Taschenbuch Verlag GmbH

Lavater, J. C.: *Physiognomische Fragemente*, 2004, Reclam

Lefas, J.: *Physiognomy – The Art of Reading Faces*, 1975, Delta Editrice

McDowall, W.: *Mind in the Face*, 1882, Bibliolife

McCarthy, P.: *The Face Reader*, 2008, Penguin Books Ltd.

Palm S., Pinl A.: *Face Reading*, 2004, Kösel-Verlag

Prescott, J./ Prescott, D.: *2000 Face Language*, 1999, Lexicon Books

Rosetree, R.: *The Power of Face Reading*, 2001, Woman's Intuition Worldwide

Rosetree, R.: *Read People Deeper*, 2008, Woman's Intuition Worldwide

Schmölders, C.: *Das Vorurteil im Leibe*, 2007, Akademie Verlag

Stokes, G./Whiteside D.: *Louder Than Words*, 12. Aufl., 2005, VAK Verlags-GmbH

Stokes, G./Whiteside D.: *Under The Code*, 7. Aufl. 2005, VAK Verlags-GmbH

Strobel, T.: *Ich weiß, wer du bist*, 2011, Knaur

Swain, S.: *Seeing the Face*, 2007, Oxford University Press

Tickle, N.: *You Can Read a Face Like a Book*, 2003, Daniels Publishing

Wiegand, J.: *Texte für Klientinnen*, 2002, Kinesiologische Blätter

Whiteside, B.: *Nature's Message*, 2000, DeHart's

Whiteside, D.: *Struktur/Funktion in der westlichen Zivilisation*, 2. Aufl. 2010, VAK Verlags-GmbH

Whiteside, R.: *Face Language*, 1992, Lifetime Books Inc.

Xiang, Mian: *Discover Face Reading*, 2005, JY Books Sdn. Bhd.

Yap, J.: *Art of Face Reading*, 2009, Cico Books

Über die Autorin

Wiebke Lüth ist eine der wenigen NLP-Trainerinnen, die es an die Spitze der weltweiten Trainerriege geschafft haben. Mit ihrer Zielstrebigkeit und ihrer liebevollen Art zieht sie Menschen in ihren Bann und zeigt neue Wege auf, große Ziele auf wundervolle Weise zu erreichen. Wiebke Lüth wurde von NLP-Mitbegründer Dr. Richard Bandler persönlich ausgebildet und als einzige Deutsche zur NLP Master-Trainerin ernannt. Sie ist Geschäftsführerin eines der größten NLP-Institute in Europa, der fresh-academy am Starnberger See. Die Autorin ist Expertin für Face Communication und hat über viele Jahre diese Methode perfektioniert. Vor Ihrer Arbeit als Trainerin und Coach hat sie für namhafte Großunternehmen gearbeitet.

Als Degenfechterin stellt sie im Leistungssport ihr Können unter Beweis. Sie hat bei zahlreichen deutschen Turnieren erste Plätze errungen, war Deutsche Hochschulmeisterin und eine der 100 besten Fechterinnen der Welt. Sie ist 2010 in die Deutsche Nationalmannschaft der Damendegenfechterinnen der Master berufen worden und wurde 2012 mit der Mannschaft Europameister.

Stichwortverzeichnis